Martin Jaensch

Modulorientiertes Produktlinien Engineering für den modellbasierten Elektrik/Elektronik-Architekturentwurf

Band 8

Steinbuch Series on Advances in Information Technology

Karlsruher Institut für Technologie
Institut für Technik der Informationsverarbeitung

Modulorientiertes Produktlinien Engineering für den modellbasierten Elektrik/Elektronik-Architekturentwurf

von
Martin Jaensch

Karlsruher Institut für Technologie
Institut für Technik der Informationsverarbeitung

Zur Erlangung des akademischen Grades eines Doktor-Ingenieurs
von der Fakultät für Elektrotechnik und Informationstechnik des
Karlsruher Institut für Technologie (KIT) genehmigte Dissertation

von Martin Jaensch aus Hamburg

Tag der mündlichen Prüfung: 21. Mai 2012
Hauptreferent: Prof. Dr.-Ing. Klaus D. Müller-Glaser (KIT)
Korreferent: Prof. Dr.-Ing. Stefan Kowalewski (RWTH Aachen)

Impressum

Karlsruher Institut für Technologie (KIT)
KIT Scientific Publishing
Straße am Forum 2
D-76131 Karlsruhe
www.ksp.kit.edu

KIT – Universität des Landes Baden-Württemberg und nationales
Forschungszentrum in der Helmholtz-Gemeinschaft

KIT Scientific Publishing 2012
Print on Demand

ISSN 2191-4737
ISBN 978-3-86644-863-6

DANKSAGUNG

Die vorliegende Arbeit entstand in meiner Tätigkeit als Doktorand in der Abteilung E/E-Architektur und Standardisierung bei der Daimler AG.

Mein besonderer Dank gilt

Herrn Prof. Dr.-Ing. Klaus D. Müller-Glaser für die wissenschaftliche Betreuung sowie für den Freiraum in der Lösungsfindung dieser Arbeit,

Herrn Prof. Dr.-Ing. Stefan Kowalewski für die Übernahme des Zweitgutachtens dieser Arbeit,

allen Kolleginnen und Kollegen bei der Daimler AG, insbesondere Herrn Markus Conrath und Herrn Dr. rer. nat. Bernd Hedenetz, für die praxisnahe Aufgabenstellung, zielorientierte Zusammenarbeit und hilfsbereite Unterstützung,

Herrn Steffen Naß von der Aquintos GmbH für die kollegiale und spontane Unterstützung in Frage und Problemen zum E/E-Architekturmodellierungswerkzeug,

Frau Desirée Beuter sowie den Herren Kay Fiolka, Ralf Nörenberg und Lothar Tietz (in alphabetischer Reihenfolge) für die Korrekturlesung dieser Arbeit,

und den studentischen Mitarbeitern Onur Armac, Benjamin Fischer, Vikram Kasinathan, Harold Rosenbauer, Christian Rupert und Maya Safieddine (in alphabetischer Reihenfolge), die im Rahmen von Abschlussarbeiten und Praktika das modulorientierte Produktlinien Engineering umgesetzt und somit eine praktische Evaluierung ermöglicht haben.

Stuttgart, im März 2012
Martin Jaensch

KURZFASSUNG

Heutzutage werden neue Fahrzeuge mit der Hilfe von Modellierungsansätzen entworfen und abgesichert, um frühzeitig einen hohen Reifegrad in der Fahrzeugentwicklung zu erreichen. Dies wird auch im Bereich der Elektronik für die fahrzeugweite Vernetzung und Integration von Elektrik, Elektronik und Software mit dem modellbasierten Entwurf der E/E-Architektur, d.h. der E/E-Architekturmodellierung, durchgeführt. Dabei führen die zunehmende Variabilität und die steigende Komplexität durch die verschiedenen Fahrzeugvarianten, mögliche Ausstattungskombinationen, unterschiedliche Technologien, etc. zu neuen Herausforderungen im Umgang mit dem Umfang und Aufwand in der E/E-Architekturmodellierung. Um diese Herausforderungen zukünftig zu beherrschen, wird in dieser Arbeit das modulorientierte Produktlinien Engineering für die E/E-Architekturmodellierung eingeführt. Das Konzept und dessen Umsetzung zur effizienteren und baureihenübergreifenden E/E-Architekturmodellierung basiert dabei auf zwei Ansätzen: Zum einen auf der methodischen Einführung und Anpassung von Konzepten des Produktlinien Engineerings aus der Softwaretechnik für die E/E-Architekturmodellierung und zum anderen auf der strukturellen Einbindung von den Modulen aus der mechanischen Fahrzeugentwicklung in die E/E-Architekturmodellierung.

Für die E/E-Architekturmodellierung werden die Prozesse des Produktlinien Engineerings bezüglich der Anforderungen einer effizienten Modellierung angepasst und weiterentwickelt. Hierbei wird in die E/E-Architekturmodellierung eine getrennte Modellierung von Modellobjekten und E/E-Architekturmodellen, die methodische Wiederverwendung von Modellobjekten in den E/E-Architekturmodellen sowie eine Merkmalsmodellierung zur Konfiguration der E/E-Architekturmodelle neu umgesetzt. Die Einbindung der Module in die E/E-Architekturmodellierung folgt einer stärkeren Modularisierung in der Fahrzeugentwicklung. Durch die allgemeinen Vorteile in der Nutzung von Modulen und deren unternehmensweiten Einführung durch deren Modulstrategien, werden diese erstmalig explizit für die zukünftige E/E-Architekturmodellierung in dieser Arbeit methodisch betrachtet. Hierbei werden mit der Einbindung der Module in die E/E-Architekturmodellierung auch deren Anwendungsfälle zur Erstellung aus E/E-Architekturmodellen und Dokumenten, zur Konfiguration und Integration in die E/E-Architekturmodelle, zur Wiederverwendung für die Innovationsmodellierung sowie zum Austausch in den E/E-Architekturmodellen konzeptioniert und umgesetzt.

Die Kombination der beiden Ansätze ermöglicht mit dem modulorientierten Produktlinien Engineering eine Erhöhung der Modellierungseffizienz, eine

Verbesserung der Modellqualität sowie eine strukturierte Anwenderunterstützung für die Modellierung der komplexen E/E-Architekturmodelle. Dieser Effizienzgewinn für die E/E-Architekturmodellierung wird abschließend durch die Umsetzung des modulorientierten Produktlinien Engineerings im E/E-Architekturmodellierungswerkzeug PREEvision durch eine praktische Fallstudie nachgewiesen.

INHALTSVERZEICHNIS

1 | EINLEITUNG

Das Auto ist fertig entwickelt. Was kann noch kommen?
Carl Benz (1844 - 1929) im Jahr 1920.

1.1 Motivation der Arbeit

Bedeutung von Elektrik und Elektronik (E/E) in der Fahrzeugentwicklung

Die Daimler AG feierte im Jahr 2011 das Jubiläum „125! Jahre Innovation". Seit der damit verbundenen Anmeldung des Patents FAHRZEUG MIT GASMOTORENBETRIEB durch Carl Benz im Jahr 1886 hat die Fahrzeugentwicklung eine kontinuierliche Evolution erlebt. Während früher vornehmlich mechanische Komponenten in den Fahrzeugen verbaut wurden, so ist die Bedeutung der Technologie *Elektrik/Elektronik* (E/E) in der Fahrzeugentwicklung in den letzten Jahren entscheidend gestiegen. Heutzutage bietet ein modernes Fahrzeug eine Vielzahl von Funktionalitäten, welche durch den Einsatz der E/E wesentlich zur Sicherheit, zum Fahrkomfort und zur Energieeffizienz beitragen. Beispielsweise helfen die aktiven und passiven Sicherheitssysteme wie das Elektronische Stabilitätsprogramm (ESP)[1] oder die zahlreichen Airbag-Systeme, einen Unfall zu verhindern beziehungsweise die Folgen eines Unfalls zu vermindern [Bos11]. Die Fahrerassistenzsysteme wie das Adaptive Cruise Control (ACC)[2] oder die Parkassistenzsysteme unterstützen den Fahrer zusätzlich in allgemeinen Fahr- und Parksituationen [Bos11]. Die Entwicklung und Umsetzung dieser sogenannten *E/E-Systeme* wird dabei erst durch die zunehmende Nutzung der E/E ermöglicht.

Auch die Entwicklung und Einführung von *Innovationen*[3] in die Fahrzeuge wird zukünftig überwiegend durch die E/E-Systeme umgesetzt. Der Einsatz von E/E-Systemen hat hierbei den Vorteil, dass deren Entwicklung, Funktionserweiterung sowie Fehlerbehebung im Allgemeinen schneller, effizienter und vor allem kostengünstiger sind als bei herkömmlichen mechanischen Systemen [Bor10a, WJA09]. Dies führt dazu, dass 90% aller zukünftigen Innovationen

---

1 Fahrdynamikregelung: Radindividuelle Bremseingriffe halten das Fahrzeug innerhalb der physikalischen Grenzen in der vom Fahrer vorgegebenen Richtung [WHW09].
2 Abstandsregeltempomat (Synonym: Distronic): Eingriffe in die Motorsteuerung und Bremse passen automatisch die Geschwindigkeit an ein voraus fahrendes Fahrzeug an [WHW09].
3 Eine Innovation wird in dieser Arbeit als neuartige Funktionalität verstanden, welche einen erlebbaren Kundennutzen sowie ein Differenzierungsmerkmal zum Wettbewerb bietet.

im Fahrzeug auf E/E-Systemen, inklusive deren Software[4], basieren werden
[Bee07]. Daraus folgt auch eine relative und absolute Zunahme des Anteils
der E/E zum Wert des Gesamtfahrzeuges. Laut der Studie [Con06] stellte im
Jahr 2005 der Anteil von E/E-Systemen bereits durchschnittlich 20% dar und
wird bis zum Jahr 2015 auf über 30% des Produktionswertes eines Fahrzeuges
ansteigen (siehe Abbildung 1). Speziell in der Oberklasse[5] mit den erhöhten
Verbauraten von Fahrassistenz- und Sicherheitssystemen beträgt der Wertschöp-
fungsanteil der Elektronik 40% [Bee07] und bei Hybridfahrzeugen bereits bis
zu 70% [FWE+08] der kompletten Fahrzeugkosten.

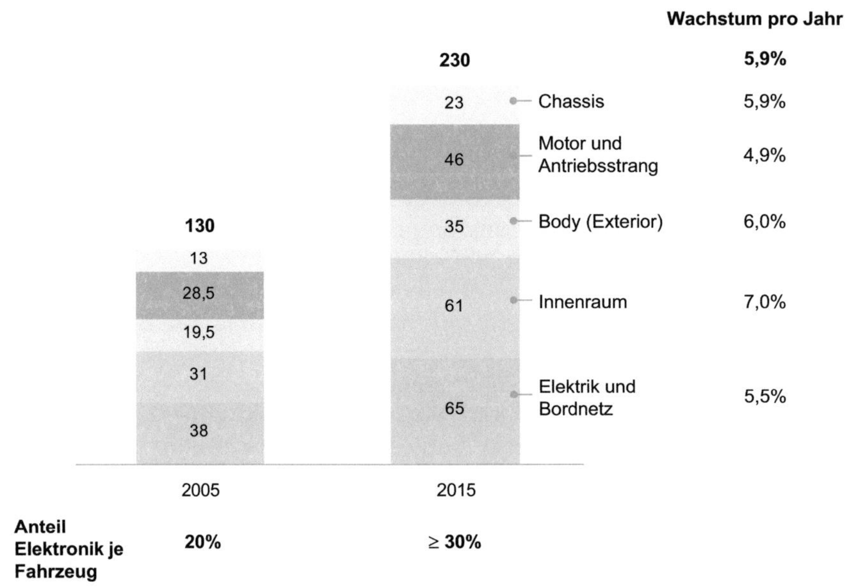

Abbildung 1: Prognose des ansteigenden Wertanteils von E/E im Fahrzeug bis 2015
(Angaben in Mrd. Euro, weltweite Marktbetrachtung) [Con06]

Die Automobilhersteller (OEM, engl. Original Equipment Manufacturer) nutzen
heutzutage in jeder neuen Baureihe[6] die Vorteile der E/E, um durch Innovationen zum einen den Kundenwünschen nach neuer Funktionalität[7] sowie zum
anderen der notwendigen Wettbewerbsfähigkeit in steigender Qualität und
Sicherheit nachzukommen. Neben den genannten Vorteilen ergeben sich durch
diese umfangreiche Nutzung der E/E jedoch auch Herausforderungen für die
Fahrzeugentwicklung.

---

4 Bis zu 1GByte Software (Schätzung für 2010) [PBKS07] und 100 Mio. Lines of Code [BRR11].
5 Die Fahrzeugklasse (auch Fahrzeugsegment) ist die Einordnung einer Baureihe; z.B. ist der
   Oberklasse das Fahrzeug Mercedes-Benz S-Klasse zugeordnet.
6 Die Baureihe (BR) ist ein Entwicklungsprojekt eines Fahrzeuges inklusive aller Fahrzeugvarianten; z.B. ist BR212 die interne Bezeichnung einer Mercedes-Benz E-Klasse.
7 Obwohl laut der Studie [Con07] nur 17% aller Innovationen vom Kunden gekauft werden.

Variabilität in der Fahrzeugentwicklung

Jeder OEM besitzt heute ein Fahrzeug-Portfolio mit einer hohen Anzahl an *Varianten*. Es werden in mehreren Fahrzeugklassen verschiedene Baureihen mit unterschiedlichen Derivaten[8] angeboten, um die unterschiedlichen Kundenwünsche zu bedienen sowie die verschiedenen Absatzmärkte zu erschließen. Die resultierenden Fahrzeugvarianten können über eine Ausstattungsliste[9] vom Kunden noch weiter individualisiert werden. Diese *Variabilität* führt trotz einer Stückzahl von bis zu mehreren einhunderttausend Fahrzeugen einer Baureihe dazu, dass unter Umständen jede einzelne Variante statistisch nur einmal pro Jahr produziert wird [DLPWo8, Mauo1]. Dieses Phänomen betrifft die OEM der höherwertigen Fahrzeugklassen besonders, da durch den Kunden auf die Individualisierung der Fahrzeuge ein hoher Wert gelegt wird. So ergeben sich rechnerisch bis zu 10^{27} [Kato3] mögliche Varianten an kundenwählbaren Ausstattungen für die einzelnen Baureihen des Geschäftsbereichs Mercedes-Benz Cars. Auch bei der BMW AG waren im Jahr 2004 gemäß [Reio4] nur 2 aus 2 Mio. produzierten Fahrzeugen von der gleichen Variante. Selbst für Kleinwagen, wie dem Modell Fox der Volkswagen AG, sind durch die wählbaren Ausstattungen bis zu $7,53 \cdot 10^{12}$ Varianten möglich [KGD1o].

In der Praxis ist die Anzahl an verkauften Varianten zwar geringer, da viele Ausstattungen nicht logisch kombinierbar sind und somit vom Kunden nicht ausgewählt werden können, oder Ausstattungen vom Marketing zu sinnvollen Ausstattungspaketen (z.B. Classic, Elegance, Sport) vorgegeben werden. Dadurch wird die Variabilität eingegrenzt, jedoch bleibt die grundsätzliche Herausforderung in der Fahrzeugentwicklung weiterhin bestehen. Dabei müssen die hohe Anzahl an Fahrzeugvarianten vor deren Produktion und Auslieferung an den Kunden spezifiziert, entworfen, integriert, konfiguriert und getestet werden. Dazu kommen als Multiplikatoren der Variabilität in der Fahrzeugentwicklung, neben den Kundenanforderungen zusätzlich unter anderem gesetzliche Anforderungen oder die Diversität von technischen Lösungen hinzu. Welche Herausforderung sich dabei aus der Variabilität für die Entwicklung der E/E ergibt, wird im nachfolgenden Absatz verdeutlicht.

Komplexität von Elektrik/Elektronik-Architekturen

Die Innovationen werden heutzutage primär durch E/E-Systeme umgesetzt, bei denen die *Funktionen* in die einzelnen *E/E-Komponenten* implementiert werden. Bei den *verteilten E/E-Systemen* werden die notwendigen *Funktionsbeiträge* jedoch auf mehrere E/E-Komponenten verteilt, welche zur Umsetzung der Funktionalität des verteilten E/E-Systems miteinander funktional, logisch und physikalisch vernetzt werden. Die *E/E-Architektur* setzt dabei diese Vernetzung ganzheitlich

---

8   Das Derivat ist eine Aufbauvariante innerhalb einer Baureihe; z.B. Limousine.

9   Die Ausstattungsliste enthält alle Sonderausstattungen und verschiedene Motorvarianten.

und fahrzeugweit für alle E/E-Systeme um. Da die Anzahl der verteilten E/E-Systeme im Vergleich von einer Baureihen- zur nächsten Baureihengeneration zunimmt, sind auch mehr vernetzte E/E-Komponenten (siehe Abbildung 2, in der Abbildung sind die *Steuergeräte* als vernetzte E/E-Komponente enthalten) notwendig. Die hierbei steigende Kommunikation zwischen den Funktionen, sowie die Vernetzung der E/E-Komponenten durch unterschiedliche Bussysteme für verschiedene heterogene Domänen[10], erhöht die *Komplexität*[11] der E/E-Architekturen [FWE⁺08].

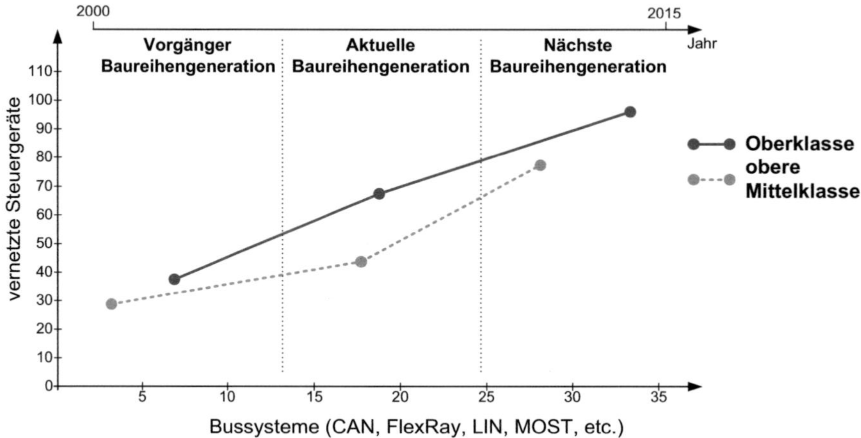

Abbildung 2: Zunahme der Anzahl an vernetzten Steuergeräten und Bussystemen am Beispiel zweier Baureihen mit durchschnittlicher Ausstattung [Tra10]

Für die *E/E-Architekturentwicklung* besteht somit nicht nur die Herausforderung bezüglich der Variabilität der Fahrzeuge, sondern zusätzlich noch bezüglich einer steigenden Komplexität in den E/E-Architekturen. Beides führt zu einer Vielzahl von umfangreichen *E/E-Architekturvarianten*, welche in der E/E-Architekturentwicklung trotz gleichbleibenden Entwicklungsressourcen und kürzeren Entwicklungszyklen entwickelt, integriert und abgesichert werden müssen. Aus diesem Grund werden heutzutage digitale Prototypen eingesetzt, um diese E/E-Architekturvarianten schon frühzeitig zu entwerfen.

Modellbasierter Elektrik/Elektronik-Architekturentwurf

Die konstante Zunahme der Komplexität von E/E-Systemen hat den manuellen E/E-Architekturentwurf zunehmend unpraktisch und fehleranfällig gemacht

---

10 Die Domänen sind Gruppierungen von Steuergeräten mit hoher Interaktion (d.h. gleicher Anwendungsbereich), welche oft das gleiche Bussystem topologisch verbindet [Lar05b].

11 Die Komplexität wird durch die Anzahl der Bestandteile des beobachteten Gegenstands (d.h. die Anzahl der E/E-Komponenten) und deren Interaktion untereinander bestimmt [Bär08].

[SVN07]. Daher wird seit einigen Jahren der *modellbasierte E/E-Architekturent-wurf*[12] angewendet, um die E/E-Architekturen bereits in einer frühen Entwicklungsphase der Baureihen ganzheitlich zu entwerfen, abzusichern und zu dokumentieren. Dabei wird zusätzlich in den *E/E-Architekturmodellen* auch die Bewertung der Integrierbarkeit von Innovationen in die E/E-Architektur (*E/E-Integrierbarkeit*) durchgeführt.

Der modellbasierte E/E-Architekturentwurf, nachfolgend als die *E/E-Architekturmodellierung* bezeichnet, wird zunehmend mit einem wachsenden Modellierungsaufwand sowie einer umfangreichen Größe und heterogenen Struktur der E/E-Architekturmodelle konfrontiert. Die bereits diskutierte Variabilität führt dabei zu einer Vielzahl an E/E-Architekturmodellen, welche im Einzelnen erstellt und geändert werden müssen. Die Komplexität führt wiederum in diesen einzelnen E/E-Architekturmodellen zu großen Datenmengen, welche für die Änderungen oder Erweiterungen nachvollziehbar und strukturiert sein müssen. Um diesen Herausforderungen zu begegnen, wird im Rahmen dieser Arbeit ein Konzept entwickelt, welches durch einen neuen methodischen und strukturellen Ansatz in der E/E-Architekturmodellierung baureihenübergreifende und effiziente Modellierung zum Ziel hat.

1.2 Zielsetzungen der Arbeit

In der heutigen Fahrzeugentwicklung ist es insbesondere zur Beherrschung der Variabilität und Komplexität der E/E notwendig, durch geeignete Methoden im Entwurf einen effizienteren Umgang mit den beschränkten Ressourcen zu erzielen [FWE+08]. Wie die E/E-Architekturmodellierung einen Beitrag dazu leisten kann, wird nachfolgend in den Zielsetzungen dieser Arbeit formuliert.

Der heutige Ansatz der sequentiellen und baureihenzentrierten E/E-Architekturmodellierung führt mit jeder Baureihe zu einem separaten E/E-Architekturmodell, in dem teilweise die gleichen Modellobjekte[13] jeweils neu und unabhängig voneinander erstellt werden (siehe Abbildung 3, linke Seite). Dabei kann die resultierende Menge von Modellobjekten und deren Modellierungsaufwand jedoch eingegrenzt werden, indem die baureihenübergreifende *Kommunalität* einer E/E-Architektur, z.B. die gesetzlich vorgeschriebenen E/E-Systeme wie das ESP[14], als Modellobjekte nur einmalig modelliert und dann in die jeweiligen E/E-Architekturmodelle übernommen werden. Diese Idee der baureihenübergreifenden beziehungsweise modellübergreifenden *Wiederverwendung* von Modellobjekten wird durch diese Arbeit aufgegriffen und weiter

---

12 Der modellbasierte Entwurf bewertet Modelle, um bei der Entwicklung von E/E-Systemen eine Reifegradsteigerung durch frühzeitige und verbesserte Absicherung zu erzielen.

13 Ein Modellobjekt ist die modelltechnische Repräsentation der relevanten Bestandteile einer E/E-Architektur und wird in der E/E-Architekturmodellierung (siehe Kapitel 3.3) verwendet.

14 Ab November 2011 als serienmäßige Ausstattung für alle Neuzulassungen.

ausgeführt. Das Ergebnis dieser Arbeit dazu ist das *modulorientierte Produktlinien Engineering* für die zukünftige E/E-Architekturmodellierung, welches sich in zwei sich ergänzende Ansätze aufteilt:

1. methodischer Ansatz: Einführung eines Produktlinien Engineerings

2. struktureller Ansatz: Einbindung von Modulen aus der Fahrzeugentwicklung

1. Einführung eines Produktlinien Engineerings

Die Produktlinien wurden in der Softwaretechnik aufgrund derselben Herausforderungen der Variabilität und Komplexität eingeführt. Da für die E/E-Architekturmodellierung in der bekannten Literatur allerdings keine vergleichbaren Ansätze veröffentlicht sind, wird in dieser Arbeit das *Produktlinien Engineering* aus der Softwaretechnik für eine Analyse der Übertragbarkeit und Umsetzung gewählt (siehe Fragestellung 1.1). Dabei wird diskutiert, ob die grundsätzliche Vorgehensweise eines Produktlinien Engineerings auf die E/E-Architekturmodellierung übertragbar ist und welche methodischen Erweiterungen notwendig sind.

Fragestellung 1.1 (Übertragbarkeit des Produktlinien Engineerings). *Welche Anpassung des Produktlinien Engineerings ist notwendig, um die methodische Trennung von Komponentenentwicklung und die Wiederverwendung von Komponenten auch in der E/E-Architekturmodellierung durchzuführen?*

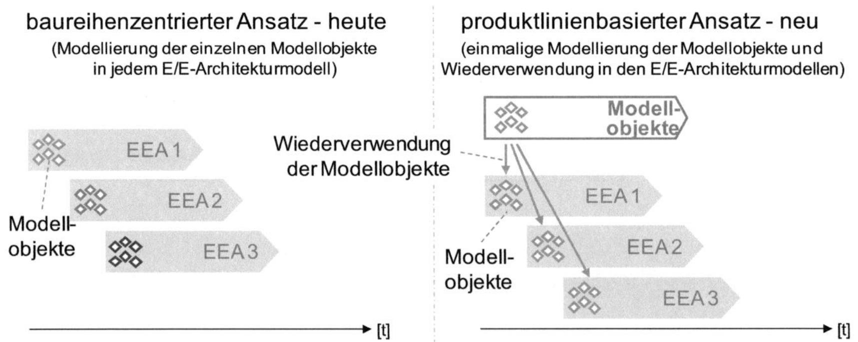

Abbildung 3: Gegenüberstellung des heutigen baureihenzentrierten Ansatzes (links) und eines zukünftigen produktlinienbasierten Ansatzes (rechts) für die E/E-Architekturmodellierung mit der einmaligen Modellierung von Modellobjekten und deren Wiederverwendung in unterschiedlichen E/E-Architekturmodelle

Die Einführung des Produktlinien Engineerings soll mit der Zielsetzung 1.1 die methodische Trennung zwischen der Modellierung der Modellobjekte und der Wiederverwendung in den E/E-Architekturmodellen ermöglichen. Hierbei werden die Modellobjekte in einem getrennten Bereich einmalig modelliert, und im Anschluss durch die Integration in den jeweiligen E/E-Architekturmodellen wiederverwendet (siehe Abbildung 3). Die hierbei angewendete einmalige Modellierung der Modellobjekte und deren Wiederverwendung führen dabei zu einer Reduzierung im Modellierungsaufwand sowie zu einer Erhöhung der Modellqualität (siehe Kapitel 8).

Zielsetzung 1.1 (Einführung des Produktlinien Engineerings in die E/E-Architekturmodellierung). *Das Produktlinien Engineering soll die Modellierung von Modellobjekten und den Prozess der modellübergreifenden, effizienten Wiederverwendung dieser Modellobjekte in die E/E-Architekturmodelle methodisch trennen.*

2. Einbindung von Modulen in die E/E-Architekturmodellierung

In der Fahrzeugentwicklung ist der Ansatz der baureihenübergreifenden Wiederverwendung nicht neu, und wird unter anderem durch die *Modulstrategien* berücksichtigt. Die hierbei verwendeten *Module* sind in der mechanischen Fahrzeugentwicklung für einen vereinfachten, schnelleren Montageprozess definiert. Allerdings werden diese bis jetzt nicht explizit für eine E/E-Integration spezifiziert und nicht methodisch in der E/E-Architekturmodellierung verwendet. Aus diesem Grund ist es in dieser Arbeit notwendig, zur Einbindung sowie Verwendung der Module die folgende Fragestellung 1.2 zu diskutieren.

Fragestellung 1.2 (Module in der E/E-Architekturmodellierung). *Wie sind die Module in der E/E-Architekturmodellierung darstellbar und wie können diese zu einem vollständigen und konsistenten E/E-Architekturmodell integriert werden?*

Die Motivation zur zukünftigen Betrachtung der Module in der E/E-Architekturmodellierung ist im Allgemeinen der heutige Trend der Modularisierung von Fahrzeugen sowie im Speziellen die Abstraktion durch Module zur zukünftigen Beherrschung der Komplexität in der E/E-Architekturmodellierung. Aus diesem Grund werden in dieser Arbeit die Module eingebunden, um dadurch einen strukturellen Ansatz für Wiederverwendung und Abstraktion von Modellobjekten zu ermöglichen. Dies wird durch die logische Aggregation von zahlreichen Modellobjekten in einer einheitlichen Modellstruktur und festgelegter Detaillierung zu einem *Modulmodell*[15] umgesetzt (siehe Abbildung 4), welches den Vorgaben der Modulstrategien folgt und diese somit in der E/E-Architekturmodellierung auch umsetzt. Hierbei wird durch die Einbindung der Module mit der Zielsetzung 1.2 der produktlinienbasierte Ansatz aus Abbildung 3 zu einem *modulorientierten* Produktlinien Engineering konzeptioniert und umgesetzt.

---

15 Ein Modulmodell ist die modelltechnische Repräsentation eines Moduls mit dessen Modellobjekten (nur Intramodulobjekten, siehe Definition 5.2).

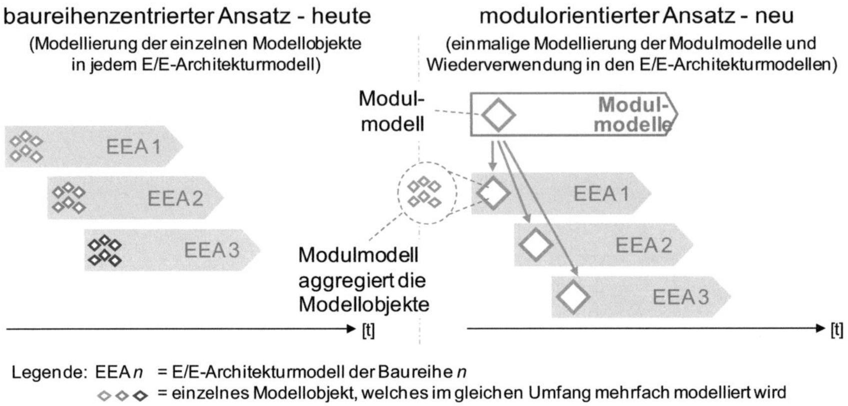

Abbildung 4: Erweiterung der Abbildung 3 zu einem zukünftigen modulorientierten Produktlinienansatz für die E/E-Architekturmodellierung mit der Wiederverwendung von aggregierten Modellobjekten als Modulmodelle

Zielsetzung 1.2 (Einbindung der Module in die E/E-Architekturmodellierung). *Die Modulmodelle sollen die Modellobjekte logisch aggregieren, einheitlich strukturieren und für eine modellübergreifende, rückverfolgbare Wiederverwendung bereitstellen.*

In dieser Arbeit wird durch das modulorientierte Produktlinien Engineering eine zusätzliche, aus heutiger Sicht relevante Herausforderung angegangen. Die kontinuierliche Weiterentwicklung der E/E-Komponenten in den Modulen (durch die *Dynamisierung*[16]) zieht auch Änderungen der repräsentativen Modellobjekte in den E/E-Architekturmodellen nach. Diese Änderungen müssen in der heutigen baureihenzentrierten E/E-Architekturmodellierung pro Modellobjekt manuell und ohne Werkzeugunterstützung direkt und einzeln in jedem E/E-Architekturmodell durchgeführt werden (siehe Abbildung 5), dies ist aufgrund der Vielzahl an E/E-Architekturmodellen zeitaufwändig und fehleranfällig. In dieser Arbeit wird aus diesem Grund für den Austausch dieser geänderten Modellobjekte in den jeweiligen E/E-Architekturmodellen ein Konzept entwickelt.

Mit der Einführung des Produktlinien Engineerings zur Entkopplung der Modellierungsprozesse (Zielsetzung 1.1) und der Einbindung der Module aus der Fahrzeugentwicklung (Zielsetzung 1.2) sollen hierbei für die zukünftige E/E-Architekturmodellierung folgende Mehrwerte erzielt werden:

- Erhöhung der Modellierungseffizienz und Modellqualität durch Wiederverwendbarkeit (siehe Anforderung 1 auf Seite 65),

---

16 Die Module werden kontinuierlich gemäß gesetzlicher Änderungen, Technologiefortschritte oder Innovationen weiterentwickelt, womit zusätzlich eine regelmäßige Optimierung von Kosten, Gewicht, Qualität und Variabilität der jeweiligen Module erreicht wird.

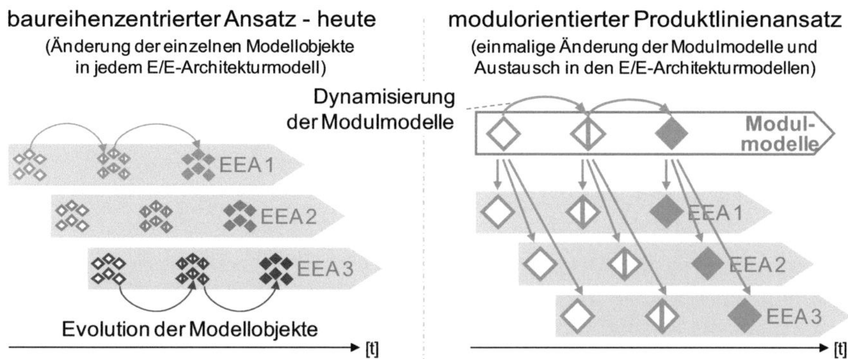

Abbildung 5: Erweiterung des modulorientierten Produktlinienansatzes der Abbildung 3 um die Dynamisierung der Modulmodelle

- Reduzierung des Änderungsaufwands bei der Dynamisierung von Modulmodellen in den jeweiligen E/E-Architekturmodellen (siehe Anforderung 2 auf Seite 66),

- Verkürzung der Modellierungs- und Absicherungszeit für die Bewertung der E/E-Integrierbarkeit von Innovationen (siehe Anforderung 3 auf Seite 67).

Evaluierung und Fragestellung des modulorientierten Produktlinien Engineerings im industriellen Kontext

Diese Arbeit und deren Zielsetzungen für die E/E-Architekturmodellierung werden aus dem Kontext der Fahrzeugentwicklung im Geschäftsbereich Mercedes-Benz Cars der Daimler AG erarbeitet (es sind derzeit von anderen OEM keine vergleichbaren Ansätze der E/E-Architekturmodellierung zur Lösung der Zielsetzungen bekannt). Bei der nachfolgenden Umsetzung werden unternehmensspezifische Vorgehen und Prozesse der E/E-Architekturentwicklung berücksichtigt, so dass unter Umständen die Übertragbarkeit auf die E/E-Architekturentwicklung anderer OEM oder gar außerhalb der Automobilindustrie nicht ohne Anpassung durchführbar ist. Zum Nachweis der Nutzbarkeit wird eine Evaluierung mit dem bei der Daimler AG eingesetzten E/E-Architekturmodellierungswerkzeug durchgeführt (siehe Fragestellung 1.3).

Fragestellung 1.3 (Nutzungsnachweis anhand einer Fallstudie). *Ist das modulorientierte Produktlinien Engineering in der praktischen Anwendung einer Fallstudie nutzbar, und welche Vorteile und Synergien ergeben sich für die E/E-Architekturmodellierung?*

Die Evaluierung in Kapitel 8 wird dabei an einer Fallstudie der Daimler AG (siehe Beispiel in Kapitel A) aus dem praktischen E/E-Architekturentwurf einer Baureihe und der E/E-Integration einer realen Innovation durchgeführt.

1.3 Gliederung der Arbeit

In Kapitel 1 werden die Ausgangssituation in der E/E-Architekturmodellierung dargestellt, die Fragestellungen dieser Arbeit formuliert sowie die Zielsetzungen definiert. In Kapitel 2 werden die Grundlagen und Definitionen dieser Arbeit erklärt. Der Stand der Technik wird sowohl in Kapitel 3 für die E/E-Architekturmodellierung und die Module, als auch in Kapitel 4 für die Produktlinienentwicklung sowie die Merkmalsmodellierung beschrieben. In Kapitel 5 werden die Bewertung des Stands der Technik und die Analyse der E/E-Architekturmodellierung anhand der Zielsetzung aus Kapitel 1.2 durchgeführt. Als Ergebnis daraus, sind in der Konzeption die Anforderungen an das modulorientierte Produktlinien Engineering spezifiziert und deren Anwendungsfälle identifiziert. In Kapitel 6 wird das modulorientierte Produktlinien Engineering für die E/E-Architekturmodellierung methodisch entwickelt und in Kapitel 7 im E/E-Architekturmodellierungswerkzeug umgesetzt. In Kapitel 8 wird das modulorientierte Produktlinien Engineering anhand der Fragestellungen aus Kapitel 1.2 evaluiert. Die Ergebnisse dieser Arbeit sowie deren Diskussion sind in Kapitel 9 zusammengefasst beziehungsweise werden geführt.

Teil I

GRUNDLAGEN UND STAND DER TECHNIK

2 | GRUNDLAGEN UND DEFINITIONEN

Dieses Kapitel beschreibt die notwendigen Grundlagen der Fahrzeug- sowie Produktlinienentwicklung und legt die für diese Arbeit geltenden Definitionen fest.

2.1 Elektrik und Elektronik in der Fahrzeugentwicklung

In diesem Kapitel werden die Grundlagen für die E/E-relevanten Komponenten und Systeme sowie deren Architektur definiert. Im Allgemeinen werden in dieser Arbeit die Komponenten durch unterschiedliche Technologien umgesetzt:

- *Elektrik*: elektromechanische Wirkprinzipen, z.B. Relais.

- *Elektronik*: elektronische Wirkprinzipen, z.B. Steuergeräte[1].

- *Mechanik*: mechanische (auch hydraulische oder pneumatische) Wirkprinzipien, z.B. passive Federung.

- *Mechatronik*: mechanische Wirkprinzipen mit elektronischer Regelung, z.B. aktive Federung (z.B. Luftfedersystem ABC aus Kapitel A).

- *Software*: elektronisch gespeicherte Programme, z.B. Funktionen des Steuergeräts.

2.1.1 E/E-Komponenten

Ein Fahrzeug setzt sich aus verschiedenen mechanischen, elektrischen beziehungsweise mechatronischen Teilen zusammen. Diese Teile (oder auch Baugruppen) werden zu physischen Einheiten gruppiert und für die jeweilige Funktionserfüllung abstrahiert, d.h. diese Einheiten werden in der weiteren Betrachtung dieser Arbeit nicht detaillierter aufgebrochen. Die Einheiten werden nachfolgend als *Komponente* bezeichnet.

Definition 2.1 (Komponente). *Eine Komponente ist eine physische Aggregation von zusammenhängenden mechanischen, elektrischen oder mechatronischen Teilen oder Baugruppen.*

---

1   Ein Steuergerät setzt ein E/E-System (oft in Vernetzung mit Sensoren und Aktoren) physikalisch um, siehe auch Kapitel 2.1.1.

Alle Komponenten werden physikalisch im Fahrzeug verbaut und besitzen somit zumindest mechanische Schnittstellen (diese Eigenschaft wird in Kapitel 2.3.1 wieder aufgegriffen). Im Fokus dieser Arbeit stehen jedoch Komponenten, welche zusätzlich elektrische, elektronische beziehungsweise mechatronische Eigenschaften aufweisen, und nachfolgend als *E/E-Komponenten* zusammengefasst werden.

Definition 2.2 (Elektrik/Elektronik-Komponente). *Eine E/E-Komponente ist eine elektrische und/ oder elektronische Komponente (auch als mechatronische Komponente in Verbindung mit der Mechanik), welche eine bestimmte Funktionalität im Fahrzeug umsetzt.*

Die E/E-Komponente wird ebenfalls (gemäß der Definition 2.1) als eine physische Einheit betrachtet, welche in das Fahrzeug montiert und zusätzlich an die notwendige elektrische Versorgung angeschlossen wird. Die Vorteile von elektrischen und/oder elektronischen Umsetzungen im Gegensatz zu anderen Technologien (z.B. hydraulischer Druck oder mechanischer Antrieb) sind, dass die E/E-Komponenten wartungsärmer (verlängerte Wartungsintervalle und geringere Abnutzung), leichter (geringere Komponentengröße durch höhere Bauteileintegration) und billiger (geringere Kosten von elektronischen Bauteilen) sind [EKL07].

Im Fahrzeug werden als E/E-Komponente häufig *Steuergeräte* (ECU, engl. electronic control unit) sowie *Sensoren* und *Aktoren* (auch *Aktuatoren*) verwendet. Der Sensor verarbeitet physikalische Größen aus dem Fahrzeugumfeld zu elektrischen Signalen beziehungsweise Sensorobjekten [Rei09]. Das Steuergerät bereitet die Sensorobjekte auf, führt eine Berechnung oder einen Algorithmus aus und ermittelt so eine passende Ansteuerung der Aktoren. Der Aktor führt als Stellglied eine mechanische Kraft oder Bewegung aus (da meistens als mechatronische E/E-Komponente ausgeführt) [Rei09]. Die E/E-Komponenten werden folglich auch nicht als funktional unabhängige Komponenten betrachtet, da diese als eine Wirkkette zueinander in Beziehung stehen und die benötigten Informationen über definierte Schnittstellen austauschen (siehe Kapitel 2.1.3).

2.1.2 E/E-Systeme

Die Funktionalität des Fahrzeuges wird von dedizierten *Funktionen* bereitgestellt, welche die Signalverarbeitung, Algorithmenberechnung und Ansteuerung von E/E-Komponenten ermöglichen.

Definition 2.3 (Funktion). *Eine Funktion beschreibt ein technisches Ein-/ Ausgabeverhalten auf ein Ereignis[2] oder auf kontinuierliche Eingangsgrößen[3] und ist unabhängig*

---

2 Zustandsbasiertes Verhalten (Zustandsautomat): Ein Ereignis löst einen Zustandswechsel zwischen verschiedenen Verhaltensmodi als Reaktion aus [SZ10].

3 Kontinuierliches Verhalten (Datenflussmodell): Eingangsgrößen sind im Sinne einer mathematischen Funktion mit den Ausgangsgrößen verknüpft [SZ10].

von ihrer physikalischen Implementierung. Dabei stellt eine Funktion eine abstrakte Beschreibung dar.

Die Funktion gemäß Definition 2.3 kann zur Abgrenzung von einer kundenerlebbaren Funktion (auch *Feature*) gemäß [War10] auch *technische Funktion* genannt werden. Während früher eine Funktion über eine einzige mechanische Komponente umgesetzt wurde, so kann eine Funktion heute fahrzeugweit auf einer Vielzahl von E/E-Komponenten verteilt sein und durch deren Vernetzung in den jeweiligen Kontext gesetzt werden; d.h. an der Umsetzung einzelner Funktionen sind in heutigen Fahrzeugen meistens eine Vielzahl an E/E-Komponenten beteiligt [FFA+08, PNG+07]. Dazu werden diese Funktionen in einzelne Funktionsteile, sogenannte *Funktionsbeiträge*, aufgebrochen und durch die Partitionierung[4] auf die jeweilige E/E-Komponente zugewiesen.

Definition 2.4 (Funktionsbeitrag). *Ein Funktionsbeitrag wird durch eine Softwarekomponente umgesetzt und ist notwendig zur Erfüllung einer (verteilten) Funktion.*

Eine verteilte Funktion wird damit durch die *Interaktion*[5] der notwendigen Funktionsbeiträge realisiert und durch deren Implementierung auf die E/E-Komponenten im Fahrzeug integriert. Beispielsweise besitzt ein Steuergerät immer mindestens einen Mikrocontroller[6] (bei sicherheitsrelevanten oder rechenintensiven Steuergeräten auch mehrere Mikrocontroller), auf dem jeweils die funktionalen Softwarekomponenten, z.B. zur Signalverarbeitung, Algorithmenausführung oder Ansteuerung, als Funktionsbeitrag partitioniert sind. Dabei kann eine einzige E/E-Komponente (meistens ein Steuergerät) durch die Partitionierung von unterschiedlichen Funktionsbeiträgen auch verschiedene Funktionen realisieren.

Die logische Komposition aller Funktionsbeiträge einer Funktion inklusive deren benötigten E/E-Komponenten wird in dieser Arbeit als *E/E-System* bezeichnet.

Definition 2.5 (Elektrik/Elektronik-System). *Ein E/E-System umfasst eine oder mehrere Funktionen sowie deren technische Realisierung durch E/E-Komponenten und notwendigen Schnittstellen. Dabei setzt ein E/E-System mindestens eine abgeschlossene Funktion im Fahrzeug um und besteht aus mindestens einer E/E-Komponente.*

Ein E/E-System besteht somit gemäß Definition 2.5 aus Software (Funktionen) und Hardware (E/E-Komponenten). Als *verteiltes E/E-System* sind die unterschiedlichen, physisch nicht zusammenhängenden E/E-Komponenten wegen

---

4 Partitionierung bezeichnet im Entwicklungsprozess die Zuordnung von Funktionen zu den E/E-Komponenten sowie von Signalen/ Botschaften zu den Bussystemen [WR06, RB09].
5 Eine Interaktion (auch Wechselwirkung, engl. *interaction*) beschreibt einen Vorgang der Kommunikation zwischen Komponenten durch den Austausch von Informationen [Bär08].
6 Ein Ein-Chip-Mikrorechner mit speziell für Steuerungs- oder Kommunikationsaufgaben zugeschnittener Peripherie [Mat09].

der verteilten Funktionsbeiträge miteinander vernetzt. Das E/E-System wird auch als *Eingebettetes System*[7] (engl. *embedded system*) bezeichnet. Dabei bietet das E/E-System dem Fahrzeug eine bestimmte Funktion (oder auch Funktionen) an, welche nicht ausschließlich durch die Summe aller Funktionsbeiträge, sondern erst durch deren Zusammenspiel umgesetzt werden [MT08].

Funktion	Partitionierung der Funktionsbeiträge auf die E/E-Komponenten				
Objektdatenaufbereitung					X
Objektdatenverarbeitung	X				
Beschleunigungserfassung		X			
Niveauerfassung			X		
Aktoransteuerung	X				
Niveauregelung				X	
Fahrzeugaufbauregelung				X	
weitere					
E/E-Komponenten	Steuergerät	Beschleunigungssensor	Niveausensor	Ventilblockaktor	Stereokamera
Module	Modul Fahrwerk				Modul Kamera

Abbildung 6: Das E/E-System Magic Body Control (MBC) aus Kapitel A wird aufgebrochen in dessen Funktionsbeiträge und notwendige E/E-Komponenten

Beispiel (aus Kapitel A): Im E/E-System Magic Body Control (MBC) sind dessen Funktionsbeiträge auf die E/E-Komponenten Steuergerät, Stereokamera sowie Beschleunigungs- und Niveausensoren verteilt (siehe Abbildung 6), und miteinander vernetzt sind (siehe Abbildung 60).

Zur Beschreibung und Umsetzung der fahrzeugweiten Vernetzung der E/E-Systeme mit deren E/E-Komponenten sowie zu weiteren E/E-Systemen ist eine fahrzeugspezifische Architektur notwendig, welche im nachfolgenden Kapitel 2.1.3 eingeführt wird.

2.1.3 E/E-Architekturen

In diesem Kapitel wird eine fahrzeugweite *E/E-Architektur* für alle E/E-Systeme definiert (abgeleitet aus [Hen09]) sowie deren Aufbau erklärt.

Definition 2.6 (Elektrik/Elektronik-Architektur). *Eine E/E-Architektur beschreibt fahrzeugweit alle E/E-Systeme hinsichtlich derer Struktur und Interaktion, d.h. der Schnittstellen, der funktionalen, logischen, elektrischen sowie physikalischen Vernetzung, der Kommunikation, der elektrischen Versorgung sowie der Topologie [Hen09].*

---

7 Ein Eingebettetes System ist eine Einheit bestehend aus Software- und Hardwareanteilen die zur Überwachung, Steuerung oder Regelung bestimmter Aufgaben eingesetzt werden [MGSS+00]. Dabei sind Eingebettete Systeme meist für den Anwender verborgen, z.B. Steuergeräte [Bor10a].

Nach Definition 2.6 beschreibt die E/E-Architektur somit den durchgängigen und fahrzeugweiten Entwurf aller Funktionen und E/E-Komponenten der jeweiligen E/E-Systeme sowie der E/E-Systeme zueinander. Auf die abstrakte Beschreibung und Darstellung der E/E-Architektur wird in Kapitel 3.3 eingegangen. Nachfolgend werden die wichtigsten Bestandteile einer E/E-Architektur beschrieben.

In der E/E-Architektur werden die Funktionen durch die Softwarekomponenten umgesetzt, indem die E/E-Komponenten logisch durch *Bussysteme* oder konventionelle Verbindungen sowie physikalisch durch Leitungen und Kabel vernetzt, elektrisch durch das *Bordnetz* versorgt und geometrisch in der *Topologie*[8] platziert werden. Dabei sind in den heutigen hochausgestatteten Oberklasse-Fahrzeugen bis zu 80 Steuergeräte, über 100 elektrische Motoren und insgesamt bis zu 600 E/E-Komponenten durch $8-10$ Bussysteme mit circa 6000 Bussignalen zu vernetzen [Fri08, Hen09], siehe Abbildung 7.

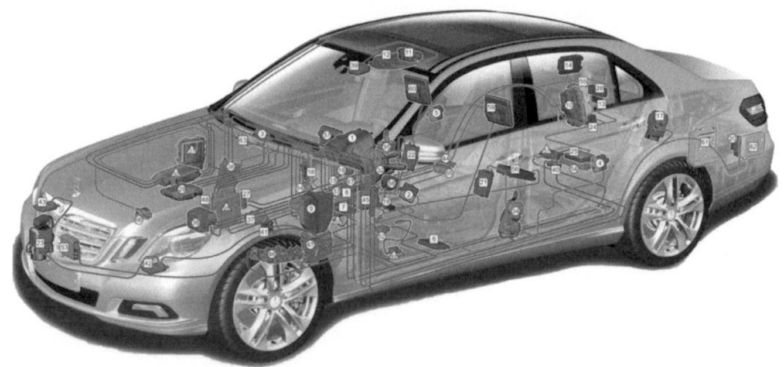

Abbildung 7: Die geometrische Platzierung und physikalische Vernetzung der E/E-Komponenten (Mercedes-Benz E-Klasse, BR212) [JPS$^+$11]

FUNKTIONALE E/E-ARCHITEKTUR Die fahrzeugweite Systemsoftwarearchitektur wird über die Schnittstellenbeschreibungen der Softwarekomponenten (d.h. Funktionsbeiträge) sowie der auszutauschenden Signale (d.h. Interaktion) definiert. Das bedeutet in der E/E-Architektur werden die Softwarekomponenten nur über ihre Schnittstellen sowie deren Kommunikation betrachtet, und auf die jeweilige E/E-Komponente partitioniert. Sowohl der Entwurf und die Auslegung der internen Softwarekomponentenarchitektur, als auch die Integration auf die Steuergeräte, sind für die E/E-Architektur nicht relevant.

LOGISCHE E/E-ARCHITEKTUR (VERNETZUNG) Der Sensor sendet die Sensorobjekte an das Steuergerät, dieses berechnet eine Reaktion und übermittelt die Ansteuerung an den Aktor. Dieser Datenaustausch, oder allgemein die Interaktion zwischen den E/E-Komponenten, erfolgt in digitalisierten

---

8 In dieser Arbeit für die Fahrzeugtopologie (nicht als Netzwerktopologie) verwendet.

Botschaften (gruppiert aus elektrischen Signalen) über Bussysteme[9]. Dabei werden als Bussysteme im Automobilbereich verschiedene Kommunikationsprotokolle wie Controller Area Network (CAN) [CAN91], FlexRay [FR10], Local Interconnect Network (LIN) [LIN06] oder Media Oriented Systems Transport (MOST) [MOS10] eingesetzt (siehe [WJA09]).

Aufgrund der unterschiedlichen Anforderungen der Domänen und der gestiegenen Intensität der Kommunikation[10] sind in den Fahrzeugen oft mehrere und unterschiedliche Bussysteme im Einsatz [FFA+08, Fri08]. Erfolgt dabei der Datenaustausch zwischen E/E-Komponenten durch zwei unterschiedliche Bussysteme im Fahrzeug, so ist ein *Gateway*[11] zur Synchronisierung notwendig. Bei der Spezifikation eines Bussystems sind die Auslegung von Bandbreite und Übertragungsrate sowie die Botschaftspriorisierung und Ausfallsicherheit zu beachten [Bor10a]. Durch Bussysteme werden auch konventionelle Verbindungen im Fahrzeug eingespart, da die notwendige Vernetzung der verteilten E/E-Systeme nicht mehr durch dedizierte Leitungen vorgenommen wird [BRR11].

ELEKTRISCHE E/E-ARCHITEKTUR (VERSORGUNG) In der E/E-Architektur wird das Bordnetz[12] inklusive der elektrischen Leistungserzeugung und -speicherung (d.h. Generator und Batterie) sowie der elektrischen Leistungsversorgung in Form von Leistungsverbindungen, Sicherungen und Relais in Stromlaufplänen entworfen und umgesetzt. Die richtige Dimensionierung des Bordnetzes hat direkte Auswirkungen auf Gewicht und Größe von Batterie und Generator.

GEOMETRISCHE E/E-ARCHITEKTUR (VERLEGUNG) Die E/E-Komponenten werden physikalisch durch Leitungen beziehungsweise Kabel, d.h. dem *Leitungssatz*, verbunden und geometrisch in die Bauräume und Leitungssegmente der Topologie platziert und verlegt (auch *Packaging*[13]). Beim Packaging der E/E-Komponenten und Verlegewege müssen die Leitungslängen zwischen den E/E-Komponenten beachtet werden, um deren Gewicht sowie Kosten zu reduzieren. In heutigen Oberklasse-Fahrzeugen sind dabei mehr als 2km Kabel mit einem Gewicht größer 20kg verlegt [Hen09]. Zusätzlich müssen beim Packaging von E/E-Komponenten und Leitungen die spezifischen Anforderungen im Fahrzeug, wie z.B. Elektromagnetische Verträglichkeit (EMV), Temperaturbereiche, physikalische Abmessungen oder Crashanforderungen, berücksichtigt werden [BKPS07].

---

9 Ein Bussystem beschreibt die Verknüpfung der Busteilnehmer, die Kommunikationsprotokolle sowie die Spezifikation der physikalischen Realisierung [Rei09].

10 Die Interaktion wird durch die Anzahl der Schnittstellen und Verbindungen der E/E-Komponenten sowie die Form und den Umfang des Datenaustauschs bestimmt [Nör12].

11 Das Gateway setzt die Adress-, Geschwindigkeits- oder Protokollwandlung bei der Verbindung von unterschiedlichen Bussystemen um [Rei09].

12 Das Bordnetz besteht aus einem Energiespeicher (Batterie), einem Energiewandler (Generator) und Energieverbrauchern (E/E-Komponenten) [Bos07].

13 Das Packaging ist die konstruktive Absicherung (Kollisionsfreiheit, Mindestabstände, etc.) von Komponenten in Bauräumen.

Eine E/E-Architektur beschreibt demzufolge durchgängig und fahrzeugweit die Zusammenhänge für Software, Hardware, Bordnetz, Leitungssatz und Topologie.

2.2 Plattformen in der Fahrzeugentwicklung

In der Entwicklung wurde früher jede Baureihe individuell betrachtet und unabhängig entwickelt, d.h. es wurden teilweise in unterschiedlichen Baureihen trotz gleicher beziehungsweise ähnlicher Anforderungen die Komponenten unabhängig voneinander entwickelt oder eingekauft. Dies führte zu einem hohen Entwicklungsaufwand und zu verschiedenartigen technischen Umsetzungen, z.B. bei der Beauftragung von unterschiedlichen Lieferanten für dieselbe Komponente. Um mit der zunehmenden Variabilität diese resultierenden Entwicklungs- und Komponentenkosten der individuellen Entwicklung zu reduzieren, werden heute Plattformansätze verfolgt. Der Plattformansatz wird in Kapitel 2.2.1 für die allgemeine Fahrzeugarchitektur und in Kapitel 2.2.2 für die E/E-Architekturen eingeführt.

2.2.1 Plattformen und Gleichteile

Aus den oben genannten Gründen wurden in der Fahrzeugarchitekturentwicklung und -produktion *Plattformen* eingeführt, die durch eine derivatübergreifende Nutzung innerhalb einer Baureihe beziehungsweise teilweise über mehrere Baureihen hinweg, notwendige Synergien bilden.

Definition 2.7 (Plattform). *Eine Plattform beschreibt die Technologien und Architekturen, welche baureihenübergreifend zu einer gemeinsamen technischen Lösung entwickelt werden.*

Die Plattform bestimmt dabei die mechanische Fahrzeugkonstruktion (d.h. Fahrzeugarchitektur und Karosseriestruktur), und legt gemäß [HB08] die Dimensionen des Fahrzeuges wie Länge, Breite und Radstand als technische Einheit fest. Die Plattform ist in der praktischen Umsetzung auf den Rohbau (d.h. Vorbau, Unterboden, Innenraum und Heck) inklusive der Komponenten (z.B. Achsen, Lenkung, Schaltung, Abgasanlage oder Antriebsstrang) begrenzt, ohne dabei das optische Design zu beeinflussen. Zur Umsetzung von Plattformen werden nicht-kundenrelevante (d.h. nicht sichtbare beziehungsweise wahrnehmbare) Teile, im Folgenden als *Gleichteile* bezeichnet, verwendet.

Definition 2.8 (Gleichteile). *Die Gleichteile sind Teile (ein oder mehrere Gleichteile ergeben Komponenten), welche ohne Änderungen aus einer vorherigen Baureihenversion oder einer benachbarten Baureihe der gleichen Plattform wiederverwendet werden.*

Die Plattformen nutzen folglich mit der Wiederverwendung von Gleichteilen die Vorteile der Standardisierung[14] aus. In der Entwicklung der Gleichteile muss die Konzeptgleichheit[15] für eine spätere Wiederverwendung in andere Derivate oder Baureihen berücksichtigt werden. Die Gleichteile werden auch *Übernahmeteile* (Wiederverwendung innerhalb der Baureihe) beziehungsweise *Übergabeteile* (Wiederverwendung über Baureihen) genannt. Die Nutzung von Gleichteilen beziehungsweise Plattformen bringt dabei folgende Vorteile:

ENTWICKLUNG Die Bündelung mehrerer Derivate zu einer gemeinsamen Plattform resultiert aus der Reduzierung von Entwicklungskosten und -zeit, da eine getrennte Neuentwicklung gleicher oder ähnlicher Umfänge vermieden, und früh ein hoher Reifegrad durch die Wiederverwendung von Spezifikationen erreicht wird.

PRODUKTION Die Plattform ermöglicht die derivat- beziehungsweise baureihenübergreifende Nutzung der gleichen Montagelinie und somit eine flexiblere Auslastung, wodurch die Produktionskosten für die einzelne Baureihe gesenkt sowie die Einrichtung neuer Montagelinien entfällt.

Die für den Kunden sichtbaren Komponenten, wie das Design und teilweise die Innenausstattung des Fahrzeuges, werden aber weiterhin baureihenabhängig entwickelt, um die Individualität der jeweiligen Baureihe zu gewährleisten [Mau01].

Plattformstrategie

Plattformen können nur mit einer strategischen Planung vorteilhaft in der Fahrzeugentwicklung genutzt werden. Eine sogenannte *Plattformstrategie* plant und standardisiert dabei die Verwendung der Gleichteile über die Baureihen [SW03], jeweils mit dem Ziel die Entwicklungs-, Zulassungs-, Werkzeugkosten, etc. für die Plattform zu minimieren [EKL07]. Der Nutzen von Plattformstrategien in der praktischen Anwendung ist in Kapitel B.1 kurz beschrieben. Die Plattformstrategie bestimmt dabei durch die Zuordnung zu Baureihen und Derivaten den Wiederverwendungsgrad der Gleichteile, wobei sich dies oft auf das jeweilige Fahrzeugsegment beschränkt [Fra09]. In Abbildung 8 ist der Ansatz von Plattformen bei derivat- und baureihenübergreifender Wiederverwendung der Gleichteile skizziert. Die Plattformstrategie legt zusätzlich den Einführungszeitpunkt und Verwendungshorizont (d.h. die Dauer) auf mehrere Jahre in den verschiedenen Derivaten beziehungsweise Baureihen fest [WA08]. Die Festlegung wird auch *Verblockung* genannt[16].

---

14 Als Standardisierung wird die Vereinheitlichung von Gegenständen und Verfahrensweisen bezeichnet, und hat die Variantenreduzierung und Kostensenkung zum Ziel [Mau01].

15 Konzeptgleichheit bedeutet, dass ein gleiches Konstruktions- beziehungsweise Funktionsprinzip und/oder gleiches Materialkonzept und/oder gleiches Schnittstellenprinzip vorliegt.

16 *„Im Grunde wird die Marke mit dem Stern auf drei Plattformen aufbauen. [...] Das bringt uns große Vorteile, weil wir über diese Verblockung große Synergiepotenziale für alle Baureihen erschließen können."*, Zitat des Vorstandsmitglieds der Daimler AG T. WEBER, Handelsblatt, 10.02.2012.

Definition 2.9 (Verblockung). *Verblockung ist die baureiheninterne beziehungsweise baureihenübergreifende Wiederverwendung von Gleichteilen. Wird ein Gleichteil in unterschiedlichen Baureihen verwendet, so ist dieses Gleichteil zwischen den Baureihen verblockt.*

Bei der Verblockung von ganzen Komponenten müssen, diese aus Gleichteilen zusammengesetzt sein. Die Standardisierung von Fertigungsverfahren ist eine *Konzeptverblockung* innerhalb der Plattform, bei der die Übernahme von gleichen Material-, Fertigungs- oder Montagekonzept durchgeführt wird.

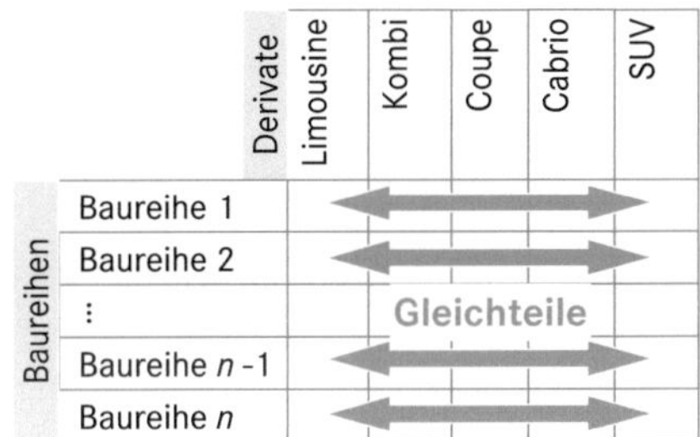

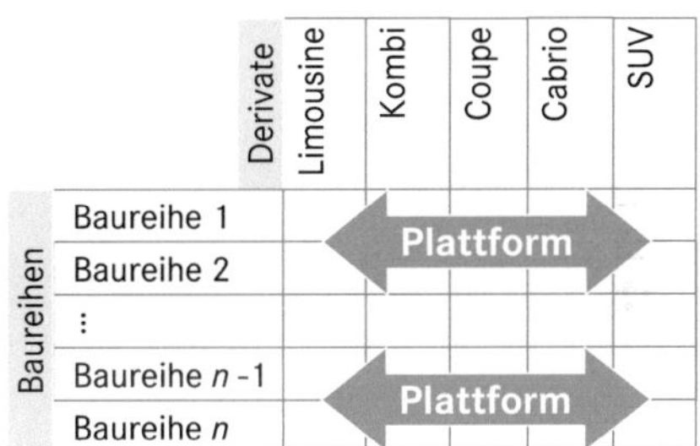

Abbildung 8: Schematische Darstellung von Synergien (blau) durch die derivatübergreifende Wiederverwendung von Gleichteilen (links) und durch die baureihenübergreifende Wiederverwendung von Plattformen (rechts)

2.2.2 E/E-Architekturfamilien

Die in Kapitel 2.2.1 eingeführten Plattformen umfassen aber nur die mechanischen Komponenten aus dem Bereich der Fahrzeugkonstruktion, d.h. die funktionalen und elektrischen Anteile eines Fahrzeuges werden durch die Plattformstrategie nicht abgedeckt. Jedoch soll die Wiederverwendung von E/E-Komponenten als Gleichteile und deren Verblockung zwischen den Baureihen zur Variantenreduzierung in der E/E-Architekturentwicklung genutzt werden. Dabei wird schon länger die Wiederverwendbarkeit der E/E-Architektur für mehrere Baureihen in [DR07] gefordert, um für die einzelnen E/E-Architekturvarianten größere Stückzahlen zu erhalten. Hierfür werden *E/E-Architekturfamilien* (auch *E/E-Plattformen*) gebildet, siehe Definition 2.10.

Definition 2.10 (Elektrik/Elektronik-Architekturfamilie). *Eine E/E-Architekturfamilie beschreibt eine Basis von E/E-Komponenten, aus denen eine wiederverwendbare, modulare und skalierbare E/E-Architektur baureihenübergreifend gebildet wird. Dabei wird eine Technologiefestlegung und Architekturkonzeption in einer baureihenübergreifenden Strategie getroffen.*

Die E/E-Architekturfamilie definiert für die enthaltenden Baureihen und Derivate die gemeinsame Basis an E/E-Komponenten und Vernetzungskonzepten zum spezifischen E/E-Architekturentwurf. Das Ziel der Verblockung zwischen den Baureihen innerhalb einer E/E-Architekturfamilie ist es, den Wiederverwendungsgrad von E/E-Komponenten beziehungsweise ganzen E/E-Architekturteilen zu maximieren, d.h. die verblockten Baureihen haben ein ähnliches Anforderungsprofil (z.B. Oberklassensegment mit hoher Sonderausstattungsrate). Durch die E/E-Architekturfamilie werden die E/E-Architekturschnittstellen, z.B. die Technologie der Busanbindung, vorgegeben. Damit wird eine E/E-Integration der jeweiligen E/E-Komponenten selbst bei der baureihenindividuellen Vergabe durch den Einkauf oder einer divergenten Entwicklung und Umsetzung von verschiedenen Lieferanten ermöglicht.

2.3 Module und Modulstrategien in der Fahrzeugentwicklung

In diesem Kapitel werden die Module im Kontext der Fahrzeugentwicklung eingeführt. In der Literatur und Praxis existieren keine einheitliche OEM-übergreifende Definition von Modulen im Kontext der Fahrzeugentwicklung [Bec05, TF01], so dass die unten stehende Definitionen nur für die Mercedes-Benz Cars Modulstrategie[17] und daher ausschließlich für diese Arbeit gelten. Für eine allgemeine Einführung in die Modularität von Fahrzeugen und Architekturen wird auf Kapitel B.2 und B.3 verwiesen.

2.3.1 Module

Die Plattformstrategie motiviert die baureihenübergreifende Wiederverwendung mit der Reduzierung in Aufwand und Kosten. In der *Modularisierung* wird diese Wiederverwendung von den konstruktiven, nicht-kundenrelevanten Gleichteilen auf sämtliche Komponenten (inklusive der E/E-Komponenten) des Fahrzeuges erweitert. Dazu wird in der Fahrzeugentwicklung das gesamte Fahrzeug initial modularisiert und in unabhängige *Module* zerlegt.

Definition 2.11 (Modul). *Ein Modul ist aus einer Menge von physisch zusammenhängenden Komponenten zu einer unabhängigen und austauschbaren Einheit montiert.*

Die Modularisierung wird dabei nach Montageaspekten aus der Produktion durchgeführt, mit dem Ziel, die Module in einer Arbeitseinheit beziehungsweise einer festgelegten Anzahl an Arbeitsschritten über definierte Schnittstellen zu montieren oder auszutauschen. Dies ermöglicht für unterschiedliche Umsetzungen eines Moduls einen standardisierten Montageprozess, bei dem mechanische

---

17 Die im Rahmen dieser Arbeit aufgeführten und verwendeten Definitionen werden aus der Mercedes-Benz Cars Modulstrategie abgeleitet, jedoch zur Sicherstellung der Allgemeingültigkeit des Ansatzes sowie dem Schutz von vertraulichen Inhalten abstrahiert.

und elektrische Verbindungen immer kompatibel sind und somit das vormontierte Modul unabhängig vom inneren Aufbruch immer direkt am Fahrzeug montiert und kontaktiert wird. Auch in [Mau01] wird ein Modul als eine verbaupunktorientierte Liefereinheit definiert, welche mit festgelegten Schnittstellen in die Fahrzeuge eingebaut wird. In [HB08] wird diese Eigenschaft um die *Austauschbarkeit*[18] erweitert, was nur durch die festgelegten Schnittstellen bei der Integration des Moduls in den Einbauort ermöglicht wird. Die Austauschbarkeit ist für die Möglichkeit der Wartung, Reparatur oder Aktualisierung (bedingt durch die Dynamisierung der Module, siehe Definition 2.15) notwendig [Lar05a]. Folglich sind die Module gemäß Definition 2.11 montageorientiert definiert und besitzen folgende Eigenschaften:

HETEROGENE MODULE Die Modularisierung des gesamten Fahrzeuges führte zu unterschiedlichem Umfang (vormontiertes Modul Fahrwerk oder dem Modul Kamera), sowie zu unterschiedlichen Technologien (mechatronisches Modul Fahrwerk oder elektronisches Modul Kamera) der Module.

FESTGELEGTE SCHNITTSTELLEN FÜR DIE MONTAGE Die Module wurden nach montageorientierten Aspekten festgelegt, d.h. es sind einheitliche Schnittstellen für den Einbau der relevanten Anbindungen (z.B. Platzierung im Einbauort sowie Anbindungen zur Versorgung ans Bordnetz oder Druckluftsystem) festgelegt. Ein weiterer Vorteil der vormontierten Einheiten ist, dass sich für den Montageprozess die Anzahl an Schnittstellen im Vergleich zu einem Einbau der einzelnen Komponenten reduziert [SD99].

UNABHÄNGIGE UND AUSTAUSCHBARE EINHEIT Ein Modul besitzt die Eigenschaft unabhängig und austauschbar zu sein, d.h. ein Modul kann ohne Beeinträchtigung anderer Module montiert, geändert oder ausgetauscht werden. Dabei kann ein Modul (z.B. Stereokamera) durch eine andere Variante des Moduls (z.B. Monokamera als andere Technologie oder Stereokamera eines anderen Herstellers) durch die standardisierten Arbeitseinheiten und einheitlichen Schnittstellen ausgetauscht werden.

Es muss darauf hingewiesen werden, dass diese Unabhängigkeit und Austauschbarkeit der Module jedoch bis jetzt nicht für die funktionale Sicht und damit nicht für eine komplette Abbildung auf die E/E-Architektur gilt (siehe Kapitel 5.4.3).

2.3.2 Modulstrategien

Viele OEM weltweit haben die Modularisierung ihrer Fahrzeuge durchgeführt, um in der Produktion eine Verkürzung der Montagezeit (eHPV, engl. engineering hours per vehicle) zu erreichen. Des Weiteren wird in [Flo05] unter

---

18 Die Austauschbarkeit beschreibt die Eignung eines Gegenstands, einen anderen Gegenstand zu ersetzen [ES09].

anderem mit wirtschaftlichen Gründen (externe Vergabe von ganzen Modulen) sowie in [TF01] mit prozesstechnischen Gründen (Entwicklungs- sowie Produktionsprozesse zur Handhabung der gestiegenen Komplexität der Fahrzeuge modularisieren) die Einführung der Module begründet.

Modulstrategien im Geschäftsbereich Mercedes-Benz Cars

Bei der Daimler AG wurde im Jahr 2007 die Einführung von Modulen beschlossen und damit die baureihenübergreifenden *Modulstrategien* eingeführt. Die Modulstrategien der anderen OEM werden zur Abgrenzung kurz in Kapitel B.4 aufgeführt. Eine entscheidende Anforderung bei der Umsetzung der Modulstrategien ist das Entwurfsparadigma *Design to Reuse* [DR07]. Damit sollen die Innovationen nicht länger individuell für einzelne Baureihen entwickelt und dann gegebenenfalls für weitere Baureihen als neue Variante adaptiert, sondern von Anfang an als Modul zur Wiederverwendung in verschiedenen Baureihen konzipiert, werden.

Definition 2.12 (Modulstrategie). *Die Modulstrategie beschreibt eine baureihenübergreifende Standardisierung von Komponenten und deren Schnittstellen zur Optimierung von Kosten, Montagezeit, Qualität, Gewicht und Variabilität.*

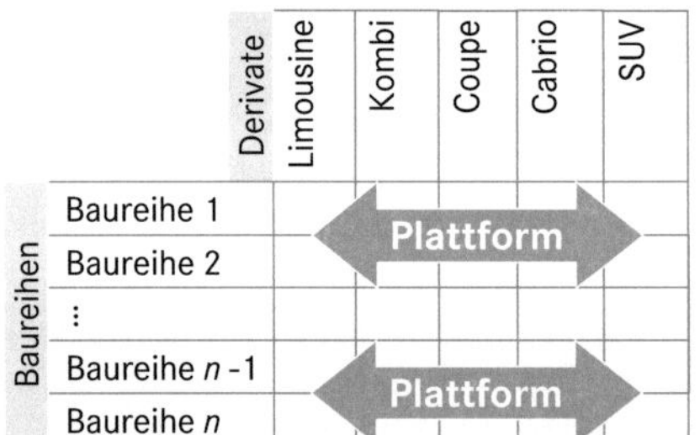

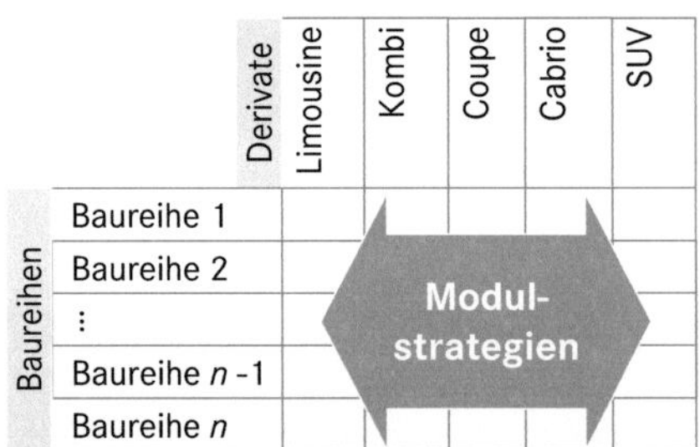

Abbildung 9: Schematische Darstellung von Synergien (blau) durch die baureihenübergreifende Wiederverwendung von Plattformen (links) und durch die baureihen- und plattformübergreifende Wiederverwendung von Modulen der Modulstrategien (rechts)

Die Modulstrategie ist ein permanenter Prozess zur Entwicklung und Optimierung des technischen Konzepts der Module unter den Zielgrößen Funktion, Kosten, Qualität, Gewicht und Varianz, sowie zur Optimierung des Wiederverwendungsgrads der jeweiligen Module (d.h. die baureihenübergreifende Wiederverwendung in möglichst vielen Baureihen[19]). Wiederverwendung ist

---

[19] *„Bis 2015 werden alle große Baureihen an der Modulstrategie partizipieren, was unsere Effizienz nicht nur bei den Materialkosten enorm steigert. Da sind rund 1,5 Mrd. Euro drin."*, Zitat des Vorstandsmitglieds der Daimler AG B. UEBBER aus „Daimler hat so viel Kraft wie VW und Toyota", Handelsblatt, 31.03.2010.

dabei allgemein ein Grundstein der Modulstrategie, um mit Skaleneffekten[20] die Wirtschaftlichkeit in der Fahrzeugentwicklung und -produktion zu erhöhen. Dies wird durch die Eigenschaft der Unabhängigkeit ermöglicht, so dass Module in verschiedenen Derivaten, unterschiedlichen Baureihen einer Marke, eines OEM oder OEM-übergreifend (in ausgewählten Fällen, z.B. Motorenkooperationen) verbaut und somit wiederverwendet werden können (siehe Abbildung 9). Der erhöhte Wiederverwendungsgrad führt zu folgenden Vorteilen:

KÜRZERE ENTWICKLUNGSZEITEN Die Baureihen müssen keine spezifische Komponentenentwicklung durchführen, sondern verwenden fertige Module.

GERINGERE ENTWICKLUNGS- UND PRODUKTIONSKOSTEN Die Wiederverwendung in den Baureihen sowie teilweise über mehrere Baureihenlebenszyklen hinweg, führt zu einer Reduzierung der Entwicklungskosten pro Baureihe, sowie zu der Reduzierung von Material- und Werkzeugkosten durch die mehrfache Ausnutzung der Montagelinie.

GESTEIGERTE QUALITÄT Die Wiederverwendung von bereits erprobten und optimierten Modulen[21] führt zu einem höheren Reifegrad vor der Fahrzeugerprobung.

OPTIMIERTE INNOVATIONSZYKLEN Die Innovationen werden als Modul zum Zeitpunkt des Marktbedarfs und von den Baureihenentwicklungszyklen entkoppelt entwickelt. Dabei werden die Module zur baureihenübergreifenden Wiederverwendung entwickelt und können frühzeitig in andere Baureihen eingeführt werden.

Die Modulstrategien werden formal in dem jeweiligen *Modulheft* beschrieben, in dem neben der Festschreibung der Ziele, gemäß Definition 2.12, auch die zum Modul gehörender Komponenten (im Fall von E/E-relevanten Modulen auch die E/E-Komponenten) spezifiziert werden.

Definition 2.13 (Modulheft). *Das Modulheft ist die formale und abgestimmte Spezifikation eines Moduls, und beinhaltet eine Beschreibung der jeweilige Modulstrategie und der zugehörigen Komponenten.*

Die Modulstrategien legen auch die jeweilige Wiederverwendung der Module in den Baureihen fest. Dabei werden die Module in den zukünftigen Baureihen verblockt beziehungsweise für die Einführung in bestehende Baureihen rückverblockt. Dazu wird in einem *Modulzyklusplan* strategisch geplant, wann

---

20 Durch die Wiederverwendung von Modulen in mehreren Baureihen wird deren Verbaurate erhöht, wodurch ein größerer Einkaufserfolg erzielt werden kann. Dadurch reduziert die erhöhte Verbaurate den Einkaufspreis pro einzelnes Modul, da der Anteil der umgelegten Einmalkosten wie Entwicklungsleistung oder Werkzeugkosten auf zusätzliche Baureihen verteilt wird und sich der Modulpreis bei einer Betrachtung pro Stück reduziert.

21 *„Wir haben eine massive Reduzierung der Variantenvielfalt und weil wir auf erprobte Komponenten zurückgreifen, hat sich die Qualität noch einmal deutlich verbessert und die Prozesseffizienz in den Fabriken ist um ein Viertel gestiegen."*, Zitat des Vorstandsmitglieds der Daimler AG T. WEBER, Automobilwoche, 05.09.2009.

welches Modul bezüglich welcher Technologie und welchem Lieferanten in welcher Baureihe zum Einsatz kommt (auch Ziel- und Änderungsplanung sowie organisatorische Abstimmung).

Definition 2.14 (Modulzyklusplan). *Der Modulzyklusplan ist die Zielplanung des Lebenszyklus der einzelnen Varianten eines Moduls und somit die zeitliche Festlegung des Rollouts[22] dieser Varianten in den einzelnen Baureihen beziehungsweise Derivaten.*

Der Modulzyklusplan wird im Modulheft dokumentiert. Darin wird zusätzlich (soweit voraussehbar) die kontinuierliche Weiterentwicklung (Evolution) der Module aufgrund von gesetzlichen Änderungen, Technologiewechseln beziehungsweise -sprüngen oder Innovationen geplant. Diese Weiterentwicklung wird in der Modulstrategie als *Dynamisierung* der Module bezeichnet.

Definition 2.15 (Dynamisierung). *Die Dynamisierung ist die technische Evolution der Module durch neue Technologien und Innovationen sowie eine festgelegte zyklische Optimierung mit den Zielen der Reduzierung von Kosten, Montagezeit, Gewicht und Variabilität sowie Erhöhung der Qualität.*

Durch diese Dynamisierung wird das Modul zyklisch an neue technische Anforderungen sowie wettbewerbsbedingte Trends angepasst und optimiert. Dies bedeutet, dass die Dynamisierung eines Moduls immer aus einer technischen Änderung von den beinhalteten Komponenten (auch E/E-Komponenten) resultiert.

Bei den OEM wird im modulstrategieübergreifenden Aspekt auch oft vom *Modulbaukasten* gesprochen. Der Modulbaukasten umfasst alle Module der Baureihen Mercedes-Benz und bildet eine imaginäre organisatorische Struktur ab. Aus dem Modulbaukasten werden sich zukünftig diese beziehungsweise neue Baureihenentwicklungen (in Verbindung mit dem Modulzyklusplan, siehe Definition 2.14) bedienen. Somit stellt er für eine Vielzahl von Baureihen und Derivaten die flexible und zugleich solide technische Basis für die Komponentenentwicklung zur Verfügung (siehe Abbildung 9). Die Strukturierung der Module bestimmt dabei nicht nur die technische Abgrenzung im Fahrzeug und zur Plattformstrategie, sondern die Organisationseinheiten in Entwicklung, Produktion und Einkauf[23] werden ganzheitlich daran ausgerichtet (siehe auch in [TF01]).

2.4 Merkmale und Variabilität in der Fahrzeugentwicklung

Die eingangs beschriebene *Variabilität* tritt in unterschiedlichen Abstraktionsebenen der Fahrzeugentwicklung auf, z.B. auf Fahrzeug-Ebene als kundenwählbare

---

22 Zuweisung von Baureihe sowie Derivationen und Einführungszeitpunkt für das Modul.

23 *„Bei voller Entfaltung der Modularisierung wird mit Einsparungen von bis zu 20 Prozent auf das Einkaufsvolumen gerechnet.",* Zitat des Vorstandsmitglieds der Daimler AG T. WEBER aus „Mercedes-Benz perfektioniert Modulstrategie", Focus-Online Auto, 05.09.2009.

Konfiguration von E/E-Systemen oder auf der E/E-Komponenten-Ebene als unterschiedliche Schnittstellentypen zur Bussystemanbindung (CAN, FlexRay, etc.). Aus diesem Grund wird die Variabilität für diese Arbeit abstrakt definiert (siehe Definition 2.16).

Definition 2.16 (Variabilität). *Die Variabilität bezeichnet die Verschiedenartigkeit eines bestimmten Gegenstands, z.B. eines Artefakts[24], eines Modellobjekts oder eines Merkmals.*

Die Variabilität wird in dieser Arbeit in Anlehnung an [Wei08] als die Eigenschaft zur Konfiguration, Anpassung, Erweiterung oder Änderung eines wählbaren Merkmals (siehe Kapitel 2.4.1) benutzt. In den nachfolgenden Kapiteln dieser Arbeit werden die Merkmale sowie die beiden relevanten Arten der Variabilität beschrieben:

2.4.1 Merkmale

Der Ausdruck *Merkmal* (engl. *Feature*) besitzt keine einheitliche Bedeutung und existiert daher in der Automobilindustrie oder sogar innerhalb eines OEM in verschiedenen Formen [Rei08]. In dieser Arbeit wird daher das Merkmal wie folgt definiert.

Definition 2.17 (Merkmal). *Ein Merkmal beschreibt abstrakt eine kennzeichnende Eigenschaft eines Artefakts oder Modellobjekts.*

Bei einem Merkmal kann es sich um sehr unterschiedliche Abstraktionen handeln (z.B. Domäne, E/E-System, Funktionalität, Hardware, spezialisierte oder querschnittliche Eigenschaft [Rei08]), so dass mit den Merkmalen beliebige Informationen assoziiert werden können. Dies wird in dieser Arbeit zur Merkmalsmodellierung (siehe Kapitel 4.2.2) ausgenutzt, um die Variabilität z.B. eines E/E-Architekturmodells mit Merkmalen abstrakt darzustellen und zu beschreiben. Das Merkmal spezifiziert dabei aber nicht worin der Unterschied besteht beziehungsweise wie die Variabilität umgesetzt wird [Rei08]. Zur Nutzung der Merkmale in der E/E-Architekturmodellierung müssen in der Konzeption in Kapitel 6 die folgenden Eigenschaften beachtet werden:

- Ein Merkmal ist entweder in einem E/E-Architekturmodell enthalten oder nicht, d.h. es kann in einer Konfiguration ausgewählt oder nicht ausgewählt werden.

- Ein Merkmal muss eine gewisse Funktionalität des Fahrzeuges darstellen, wobei die nicht-funktionalen Anforderungen nicht betrachtet werden.

- Ein Merkmal muss im E/E-Architekturmodell die E/E-Komponenten oder/und Funktionen (Softwarekomponenten) abstrahieren.

---

24 Ergebnisse eines Entwicklungsprozessschrittes, z.B. Anforderung oder Komponente [PBL05].

- Ein Merkmal kann für den Nutzer sichtbar sein, muss aber keinen Bezug zu einer kundensichtbaren Anforderung haben.

2.4.2 Technische Variabilität

Die *technische Variabilität* befindet sich in den verschiedenen technischen Lösungen eines Gegenstands, z.B. verschiedene Fahrzeugkonzepte innerhalb einer Baureihe (Non-/ Plugin-/ Full-Hybrid), verschiedene Ausbaustufen von E/E-Systemen (Basis/ Premium), verschiedene Technologien der unterschiedlichen Lieferanten, unterschiedliches Packaging und andere Leitungssatztechnologien (Kupfer oder Aluminium).

Definition 2.18 (Technische Variabilität). *Die technische Variabilität führt zu verschiedenen technischen Lösungen (Realisierungen, Instanzen, etc.) des gleichen Artefakts, Modellobjekts oder Merkmals zum selben Zeitpunkt (statisch).*

Die technische Variabilität bezieht sich auf einen Gegenstand und beschreibt dessen Variabilität immer für einen festgelegten Zeitpunkt (die zeitliche Variabilität wird in Kapitel 2.4.3 beschrieben). In der Literatur (beispielsweise in [PBL05]) wird die technische Variabilität auch als *Variabilität im Raum* (engl. *variability in space*) bezeichnet.

Die technische Variabilität kann noch in *externe Variabilität* und *interne Variabilität* unterschieden werden. Die externe Variabilität einer E/E-Komponente umfasst die äußerlichen Eigenschaften (z.B. dessen Funktionen, Schnittstellen oder Dimensionierung des Gehäuses) und kann für die E/E-Architekturmodellierung explizit ausgewählt oder typisiert (z.B. die Busanbindungstechnologie) werden. Die interne Variabilität beschreibt die innere Funktionalität einer E/E-Komponente (z.B. die Prozessorarchitektur, das Speicherkonzept sowie die Software-Struktur eines Steuergeräts) und wird in der E/E-Architekturmodellierung nicht weiter betrachtet, d.h. es werden die Schnittstellen und Interaktionen zwischen den E/E-Komponenten aber nicht deren interne Umsetzung entworfen. Durch diese ausschließliche Betrachtung der externen Variabilität im E/E-Architekturentwurf, wird zusätzlich eine Reduzierung der zu beachtenden Komplexität und Variabilität von Modellobjekten erreicht.

Die verschiedenen Lösungen der technischen Variabilität werden als *Varianten* bezeichnet (siehe nachfolgende Definition 2.19 abgeleitet aus [Rei08]).

Definition 2.19 (Variante). *Eine Variante ist eine bestimmte Lösung (Realisierung, Instanz, etc.) des variablen Artefakts, Modellobjekts oder Merkmals, welche sich in mindestens einem Merkmal von den anderen Varianten des Gegenstands unterscheidet.*

Die Varianten sind auf verschiedenen Abstraktionsebenen der Fahrzeugentwicklung vorhanden. Dabei wird bei den OEM allgemein der Begriff Fahrzeugvariante für Ländervarianten[25], Lenkungsvarianten (Links- oder Rechtslenker), Aufbauvarianten[26], Motorvarianten[27] und Ausstattungsvarianten (Ausstattungspakete und Sonderausstattungen) verwendet. In der E/E-Architekturmodellierung werden diese durch *E/E-Architekturvarianten* bei E/E-relevanter Variabilität der Ausstattung oder Umsetzung dargestellt.

2.4.3 Zeitliche Variabilität

Die technische Variabilität beschreibt die Variabilität eines Gegenstands im statischen Zustand. Es wird dem Gegenstand jedoch auch über die Zeit (dynamisch) weitere Variabilität durch die technische Evolution (z.B. technische Weiterentwicklung von E/E-Komponenten, Funktionserweiterungen von E/E-Systemen, Dynamisierung der Module oder auch die Lebenszyklen der Baureihen) hinzugefügt, welche nachfolgend als *zeitliche Variabilität* bezeichnet wird.

Definition 2.20 (Zeitliche Variabilität). *Die zeitliche Variabilität führt zu verschiedenen technischen Lösungen (Realisierung, Instanz, etc.) des gleichen Artefakts, Modellobjekts oder Merkmals zu unterschiedlichen Zeitpunkten (dynamisch).*

Die zeitliche Variabilität beschreibt damit die Veränderungen eines variablen Gegenstands über die Zeit, wobei die unterschiedlichen zeitlichen Varianten des gleichen Gegenstands auch *Versionen* genannt werden.

Definition 2.21 (Version). *Eine Version ist eine bestimmte Lösung (Realisierungen, Instanzen, etc.) des variablen Artefakts, Modellobjektes oder Merkmals, welche sich nicht zeitgleich in mindestens einem Merkmal von den anderen Varianten des Gegenstands unterscheidet.*

Die Versionen beziehungsweise die Versionierung (d.h. die Artefakte, Modellobjekte oder Merkmale mit zeitlichem Bezug kennzeichnen) werden in Kapitel 3.4 für den Umgang mit der Dynamisierung der Module relevant.

In Abbildung 10 sind für die E/E-Systeme aus Kapitel 2.1.2 und den Modulen aus Kapitel 2.3.1 deren Variabilität zusammengefasst.

---

25 Beschreibt die Modifikationen (z.B. Rechtslenker, geänderter Heckdeckel für Nummernschild, etc.) für bestimmte Zielmärkte (ECE, USA, Japan, China, RoW) unter Berücksichtigung von spezifischen Anforderungen (z.B. Gesetze, Normen, Vertriebsbedingungen).
26 Die Aufbauform oder Karosserieform innerhalb einer Baureihe; z.B. Limousine, Coupe, etc.
27 Die unterschiedlichen Motorisierungen innerhalb der Baureihe.

Gründe der Variabilität	E/E-Systeme	Modul
technische Variabilität	unterschiedliche Funktionsstufen oder -ausprägungen	verschiedene Konzepte der Umsetzung, Lieferanten, etc.
zeitliche Variabilität	Evolution des E/E-Systems	Dynamisierung des Moduls

Abbildung der Variabilität	E/E-Systeme	Modul
Varianten	neues E/E-System	neues Modul
Versionen	erweitertes E/E-System	geändertes Modul

Abbildung 10: Gründe und Abbildung der Variabilität von E/E-Systemen und Modulen in der E/E-Architekturmodellierung

3 | STAND DER TECHNIK IN DER E/E-ARCHITEKTURMODELLIERUNG

Diese Arbeit wird im Anwendungsgebiet der E/E-Architekturmodellierung durchgeführt. Zur Einordnung des Themenbereichs wird eingangs der Stand der Technik in dem E/E-Architekturentwurf sowie dessen Einordnung in den Fahrzeugentwicklungsprozess dargestellt. Nachfolgend wird in die Beschreibung und Anwendung der E/E-Architekturmodellierung eingeführt, sowie des Weiteren die Nutzung von Modulen in der E/E-Architekturmodellierung erörtert.

3.1 E/E-Systementwicklung

Es wird das Vorgehensmodell in Kapitel 3.1.1 und die Einbindung in den Fahrzeugentwicklungsprozess in Kapitel 3.1.2 dargestellt.

3.1.1 Vorgehensmodell

Die Entwicklung der E/E-Systeme und deren nachfolgende E/E-Systemintegration zu einem kompletten Fahrzeug, wird durch die Komplexität der Interaktion und derer Abhängigkeiten zu einer herausfordernden Entwicklungsaufgabe [SVN07]. Daher basiert der umfangreiche Entwicklungsprozess auf einem *Vorgehensmodell*[1], welches aber zurzeit für die Fahrzeugentwicklung im Automobilbereich (im Gegensatz zum Luftfahrtbereich oder zur Prozessautomatisierung) nicht standardisiert ist [Ben04]. Jedoch hat sich das *V-Modell*[2] für die E/E-Systementwicklung bei den OEM in spezifischen Ausprägungen etabliert [Ben04].

E/E-Systementwicklung nach dem V-Modell

Das V-Modell ist ein zweiphasiges Vorgehensmodell für die *Spezifikation* und die *Integration* von E/E-Systemen (siehe Abbildung 11).

---

1 Vorgehensmodelle ermöglichen über standardisierte Vorgehensweisen und strukturierte Prozesse die Steuerung, Planung und Durchführung von Entwicklungsprojekten.
2 Das V-Modell ist ein Leitfaden zum Planen und Durchführen von Entwicklungsprojekten unter Berücksichtigung des gesamten Systemlebenszyklus [XT10]. Das V-Modell kann dabei

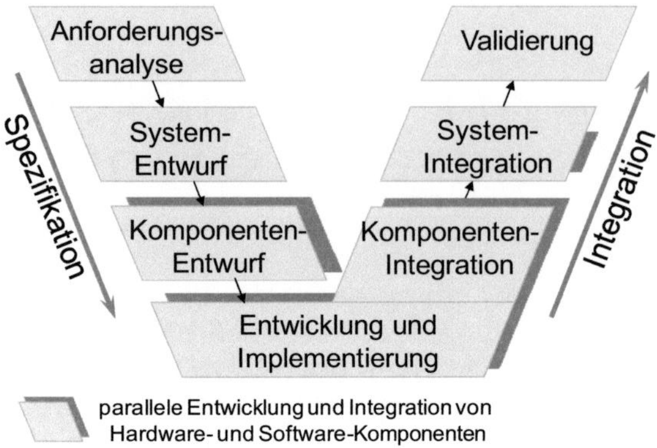

Abbildung 11: V-Modell zur Entwicklung von E/E-Systemen (angelehnt an [Ruh04])

In der Spezifikation wird mit einer *Anforderungsanalyse* der Funktionalitäten des Fahrzeuges und der Ableitung von technischen Anforderungen begonnen. Im *Systementwurf* werden die E/E-Systeme gemäß dieser Anforderungen (zu einer fahrzeugweiten E/E-Architektur) entworfen und in die jeweiligen Komponenten (Hardware- sowie Softwarekomponenten) zerlegt, welche im *Komponentenentwurf* weiter verfeinert werden. Danach werden in der *Entwicklung und Implementierung* die konkreten Hardware- beziehungsweise Softwarekomponenten entwickelt und implementiert.

Die Integration wird erst einzeln für die entwickelten Hardware- und Softwarekomponenten in der *Komponentenintegration* (in Simulationsumgebungen, z.B. Hardware-in-the-Loop (HiL) oder Software-in-the-Loop (SiL)) und dann für die E/E-Systeme in der *Systemintegration* (nach der Softwareintegration auf den E/E-Komponenten) durchgeführt und verifiziert. Nach der Fahrzeugintegration erfolgt in der *Validierung* die Systemabnahme abschließend die Fahrzeugabnahme.

Die E/E-Systeme bestehen dabei aus Hardware- und Softwarekomponenten, welche mit unterschiedlichen Methodiken entwickelt werden. Nach der Festlegung der Umsetzung als Hardware oder Software im Systementwurf, werden der Entwurf, die Entwicklung und die Integration der jeweiligen E/E-Komponenten und Funktionen im Komponentenentwurf bis zur Systemintegration parallel durchgeführt (siehe in Abbildung 11). Zur Steuerung und Überwachung dieser verteilten Entwicklung sind für eine spätere erfolgreiche Systemintegration zusätzlich zum V-Modell weitere Prozesse, wie z.B. Projekt-, Konfigurations- oder Änderungsmanagement, notwendig [Rei09].

---

die verallgemeinerte Vorgehensweise auf das jeweilige Anwendungsgebiet anpassen (sog. Tailoring).

E/E-Architekturentwurf im V-Modell

In der Phase Systementwurf des V-Modells wird auch der E/E-Architekturentwurf für das Gesamtsystem Fahrzeug durchgeführt. Die Anforderungen aus der Anforderungsanalyse werden dabei im E/E-Architekturentwurf umgesetzt beziehungsweise als Vorgabe für die nachfolgenden Feinentwürfe sowie Komponentenentwicklungen der einzelnen E/E-Systeme abgeleitet. Hierbei muss der E/E-Architekturentwurf schon frühzeitig einen hohen Reifegrad besitzen und validiert werden (siehe Kapitel 3.3.3), da Fehler im Systementwurf sich gegebenenfalls erst in der Validierung auswirken und deren Behebung durch den weiten Entwicklungsfortschritt zu einem hohen zeitlichen und finanziellen Aufwand führt [Fre06, Ruh04]. Für eine vollständige und fehlerfreie Analyse- und Entwurfsphase einer E/E-Architektur werden dabei diese Phasen des V-Modells iterativ durchlaufen [Hed01], da Spezifikations- oder Entwurfsänderungen zu Entwicklungsbeginn, insbesondere bei Innovationen wegen des konzeptuellen Entwurfs, wahrscheinlich sind [Rei09].

Die weitere Abhandlung dieser Arbeit fokussiert sich daher nur auf den Systementwurf des V-Modells (genauer gesagt auf den E/E-Architekturentwurf in der Phase Systementwurf). Einige weitergehende Erklärungen zu den Vorgehensmodellen in der Fahrzeugentwicklung sind unter anderem in [Bor10a, Rei09, Ruh04] enthalten.

3.1.2 Fahrzeugentwicklungsprozess

In der E/E-Systementwicklung wird gemäß des V-Modells vorgegangen, jedoch ist diese innerhalb der allgemeinen Produktentstehung[3] in die Fahrzeugentwicklung eingebunden (welche nicht nur die E/E sondern zusätzlich auch die Mechanik, die Thermik, die Akustik, das Design, etc. umfasst) . Die einzelnen Entwicklungsphasen der Baureihen werden nachfolgend für die E/E-Architekturentwicklung konkretisiert (siehe Abbildung 12):

STRATEGIEPHASE In der Strategiephase wird als vorsteuernder Prozess die Projektdefinition bezüglich der Ausstattungslisten und Baureihenvarianten, der Gleichteileziele, der Modulstrategien sowie der konzeptrelevanten Innovationen[4] erarbeitet.

KONZEPTPHASE In der Konzeptphase wird für die konzeptrelevanten Innovationen deren Konzepttauglichkeit[5] hergestellt und nachgewiesen. Auch

---

3   Die Produktentstehung umfasst als Prozess die planerischen, gestalterischen und organisatorischen Aktivitäten aller Geschäftsbereiche zur Entstehung eines Fahrzeuges.

4   Konzeptrelevante Innovationen haben Einfluss auf das Fahrzeugkonzept beziehungsweise den Fahrzeugentwicklungsprozess.

5   Die konstruktive Machbarkeit eines technischen Konzepts wird durch eine funktionale Bewertung anhand von Berechnungen, Simulationen und Analysen bestätigt (Konzeptabsicherung).

der E/E-Architekturentwurf wird in dieser Phase durchgeführt und schließt mit dem *E/E-Architekturkonzept* ab. Im E/E-Architekturkonzept wird die Konzepttauglichkeit der E/E-Systeme (inklusive der Innovationen) nachgewiesen, und stellt somit die technische Machbarkeit der E/E-Architektur zu diesem Zeitpunkt dar.

SERIENENTWICKLUNGSPHASE In der Serienentwicklung werden die E/E-Systeme und E/E-Komponenten in Lastenheften[6] spezifiziert und entwickelt. Die Serienentwicklung von Innovationen durchläuft dabei gemäß [Ruh04] iterativ die Phasen Funktionsentwicklung, Funktionsintegration und Reifegradentwicklung bis zu deren Serienreife[7]. Die Integration und nachfolgende Erprobung der einzelnen E/E-Systeme sowie des Fahrzeuges schließen die Serienentwicklung ab.

SERIENPHASE In der Serienphase (Produktion) ist die Fahrzeugentwicklung vorläufig abgeschlossen, jedoch werden durch den Wettbewerb, gesetzliche Änderungen oder die Einführung von zusätzlichen Innovationen gegebenenfalls Optimierungen der E/E-Architekturen in den Änderungsjahren[8] oder bei der Modellpflege[9] notwendig.

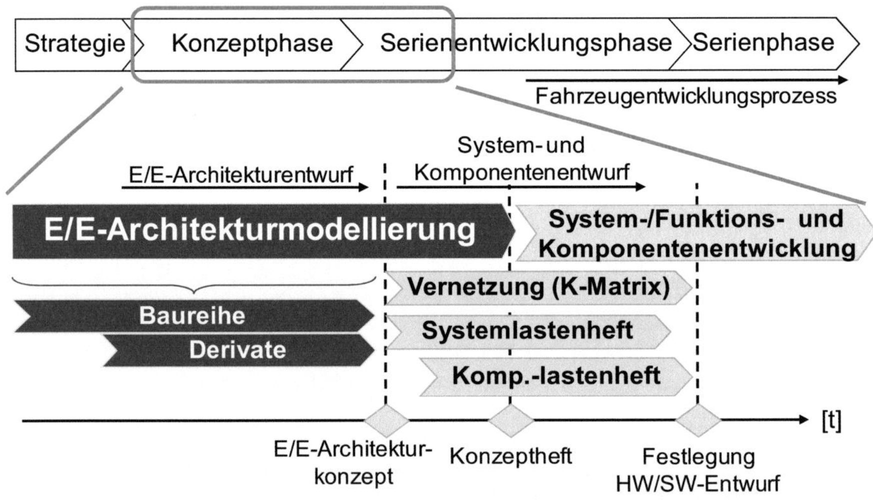

Abbildung 12: Zeitliche Einordnung der E/E-Architekturentwicklung und des E/E-Architekturentwurfs in die Phasen des Fahrzeugentwicklungsprozesses, sowie zu den nachfolgenden Tätigkeiten der Serienentwicklung

---

6 Die Lastenhefte definieren die verbindlichen Anforderungen an eine Produktentwicklung.

7 Die Umsetzbarkeit eines technischen Konzepts wird durch eine funktionale Bewertung anhand von Berechnungen, Simulationen und Analysen bestätigt (auch Serientauglichkeit).

8 Die Änderungsjahre bezeichnen den jährlichen Zyklus, um Änderungen von nicht-sichtbaren Komponenten, z.B. Software, in die laufende BR-Produktion einzubringen.

9 Die Modellpflege (MOPF) dient im Lebenszyklus einer Baureihe der sichtbaren Änderungen an Exterieur und Interieur beziehungsweise Motoren- und Getriebeaktualisierungen.

Entlang dieses Fahrzeugentwicklungsprozesses werden die Entwicklungsergebnisse durch festgelegte Meilensteine beziehungsweise Quality-Gates[10] validiert [KRK+09].

E/E-Architekturentwurf im Fahrzeugentwicklungsprozess

Die Serienentwicklungsphase benötigt eine umsetzbare E/E-Architektur als Vorgabe für deren Entwicklungsprozesse und die Serienphase für die Produktion, d.h. die E/E-Architektur muss frühzeitig in der Fahrzeugentwicklung fertig entwickelt sein. Aus diesem Grund werden die E/E-Architekturen schon in der Konzeptphase, entworfen und abgesichert. Somit wird es ermöglicht, der Serienentwicklung vor der Erstellung von Spezifikationen (als Lastenhefte) die notwendigen E/E-Architekturrelevanten Anforderungen zu liefern [WJA09] und unter Umständen aufwändige und kostenintensive Änderungen in den späteren Entwicklungsphasen zu vermeiden [GMKMG09, Ruh04]. Jedoch ist gerade der E/E-Architekturentwurf in dieser frühen Phase eine Herausforderung, da die Entwurfsentscheidungen oft auf der Basis von unvollständigen oder nicht finalisierten Anforderungen basieren. So können z.B. die Kundenanforderungen nicht langfristig im Voraus vom Vertrieb festgelegt werden oder die Implementierungsdetails werden erst später in die Lastenhefte geschrieben und mit den Zulieferanten verhandelt [PNG+07].

Aus diesem Grund werden in der Strategiephase die Anforderungen auch an die E/E-Architektur definiert und deren Zugehörigkeit zu einer E/E-Architekturfamilie[11] festgelegt. Der E/E-Architekturentwurf beginnt in der Konzeptphase iterativ mit der Absicherung der fahrzeugweiten E/E-Integrierbarkeit aller E/E-Systeme, den Nachweis der Konzepttauglichkeit aller E/E-relevanten Innovationen betreffend deren E/E-Integrierbarkeit sowie der Durchführung von verschiedenen Konzeptuntersuchungen für alternative Realisierungen innerhalb der E/E-Architektur. Gerade die E/E-relevanten Innovationen müssen konzeptionell im E/E-Architekturentwurf untersucht werden, obwohl in diesem frühen Entwicklungsstand der Baureihe diese selten vollständig spezifiziert sind [EAG+05]. Dabei werden die Derivate aus dem ersten E/E-Architekturentwurf der gleichen Baureihe abgeleitet und benötigen somit eine verkürzte Entwurfszeit (siehe Abbildung 12).

In der Serienentwicklung wird das abgesicherte E/E-Architekturkonzept übernommen und fließt als Vorgabe sowohl in die E/E-Systementwicklung (ins Systemlastenheft[12]) oder E/E-Komponentenentwicklung (ins Komponentenlas-

---

10 Das Quality Gate (QG) bewertet am Ende eines Zeitabschnitts der Fahrzeugentwicklung, ob die vorher definierten Anforderungen erfüllt und damit die Phasen abgeschlossen sind.
11 Mercedes-Benz hat zwei E/E-Architekturfamilien eingeführt [Rei10].
12 Beschreibung der komponentenübergreifenden, funktionalen Zusammenhängen des E/E-Systems.

tenheft[13]) als auch in die Vernetzung bei der Erstellung der K-Matrix[14] oder des Leitungssatzes ein [BFM05]. Die E/E-Architekturentwicklung schließt mit dem *Konzeptheft* ab, in dem ein abgestimmtes technisches Fahrzeugkonzept, inklusive der Dokumentation von den Baureihenzielen aus der Strategiephase, festgeschrieben und bestätigt wird. Die iterative Entwicklung der Innovationen in der Serienentwicklung sowie die Einführung zusätzlicher Innovationen in der Serienphase können gegebenenfalls auf den E/E-Architekturentwurf rückwirken und führen trotz eines bestehenden Konzepthefts zu einer Anpassung und neuen Absicherung des E/E-Architekturentwurfs.

Der *E/E-Architekturlebenszyklus* dauert vom Start des E/E-Architekturentwurfs (mehrere Jahre vor dem SOP[15]) über die Serienphase (mit durchschnittlich 6 - 8 Jahren Produktion und Verkauf) bis hin zum Fahrzeugbetrieb (mit einer durchschnittlichen Lebenserwartung von mindestens 15 Jahren) [BKPS07, Bor10b, Hen09, Rei08]. Aus diesem Grund ist es auch unvermeidlich, Änderungen in diesem langen Zeitraum durchzuführen [BKPS07]. Der E/E-Architekturentwurf ist dabei durch die fahrzeugweite Integration eine Aktivität, in der verschiedene Interessen der Organisation aufeinander treffen [WA08].

3.2 E/E-Architekturentwurf

In dem vorherigen Kapitel 3.1 wird der E/E-Architekturentwurf in die Konzeptphase der Fahrzeugentwicklung eingegliedert. In diesem Kapitel sollen die unterschiedlichen Ansätze des E/E-Architekturentwurfs diskutiert und die Notwendigkeit einer modellbasierten Entwurfsmethode motiviert werden.

3.2.1 Ansätze des E/E-Architekturentwurfs

Der E/E-Architekturentwurf kann mit verschiedenen Ansätzen, dem funktionsorientierten *Top-Down-Entwurf*, dem hardwareorientierten *Bottom-Up-Entwurf* und dem kombinierten Entwurf, durchgeführt werden.

Top-Down-Entwurf

Beim Top-Down-Entwurf werden von den Anforderungen zuerst die Funktionen abgeleitet, anschließend die E/E-Komponenten durch die Funktionspartitionierung festgelegt und durch deren logische Vernetzung entworfen. Abschließend

---

13 Spezifiziert zusammen mit den Anteilen der E/E-Systemlastenhefte eine E/E-Komponente.

14 Das Kommunikationsaufkommen wird in einer Matrix mit der Zuordnung von Signalen zu Sender und Empfänger sowie deren Sendeparametern für jedes Bussystem der einzelnen Baureihen aufgelistet.

15 Start of Production: Beginn der Fahrzeugproduktion und -montage einer neuen Baureihe.

wird die elektrische Versorgung festgelegt, der physikalische Leitungssatz entworfen, und mit den E/E-Komponenten in der Topologie platziert (siehe in Abbildung 13 links).

Der Top-Down-Entwurf ist bei einer kompletten Neuentwicklung sinnvoll, bei denen der funktionale Entwurf nicht durch existierende Lösungen in den unteren E/E-Architekturebenen (siehe Kapitel 3.3.1) eingeschränkt wird [BFM05]. Dieser Ansatz entspricht allerdings nicht dem E/E-Architekturentwurf in der Praxis, weil eine Fahrzeugentwicklung nur mit einem Anteil von Gleichteilen durchgeführt wird [RSB08].

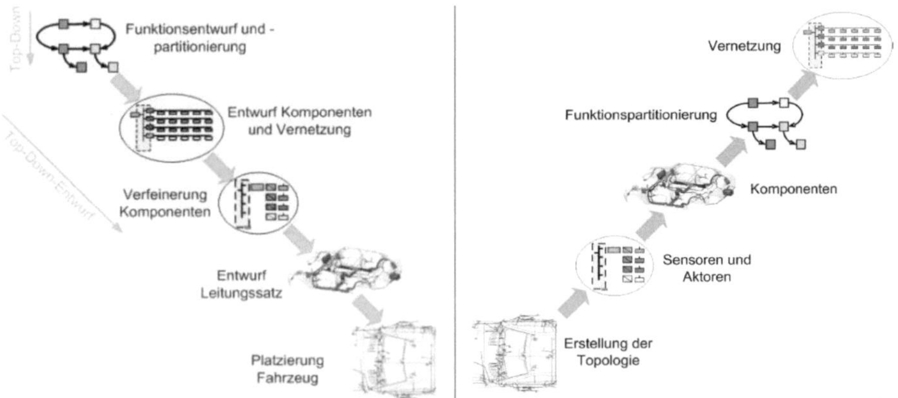

Abbildung 13: Top-Down-Entwurf (links) und Bottom-Up-Entwurf (rechts) [Fre06]

Bottom-Up-Entwurf

Der Bottom-Up-Entwurf geht von der bestehenden Topologie und von bereits existierenden und platzierten E/E-Komponenten (meistens Sensoren und Aktoren) aus. Weitere E/E-Komponenten der Innovationen werden hinzugefügt und die Funktionspartitionierung wird auf allen E/E-Komponenten durchgeführt. Daraus ergibt sich die logische Vernetzung und somit die physikalische Vernetzung des Leitungssatzes, welche abschließend in der Topologie platziert wird (siehe in Abbildung 13 rechts).

Der Bottom-Up-Entwurf geht vom evolutionären Entwurf der E/E-Architekturen aus [LEB07], bei dem nur neue E/E-Komponenten in eine bestehende E/E-Architektur integriert werden [RSB07]. Somit wird der Funktionsumfang teilweise durch die verbaute Hardware eingegrenzt und nicht durch die Anforderungen definiert.

Methodischer Ansatz des kombinierten Entwurfs der Daimler AG

Mit der Zunahme der E/E-relevanten Innovation werden gerade die E/E-Systeme in den E/E-Architekturen auf immer mehr E/E-Komponenten verteilt. Jedoch lässt sich der E/E-Architekturentwurf nicht ausschließlich (gemäß des Top-Down-Entwurfs) mit dem Ziel einer optimierten Funktionsverteilung durchführen, sondern es müssen (gemäß des Bottom-Up-Entwurfs) für die Integration der Innovationen auch die verblockten E/E-Komponenten sowie der begrenzte Bauraum für die E/E-Komponenten und den Leitungssatz beachtet werden [RB09]. In der Praxis wird daher (bei der Daimler AG) eine Kombination des funktionsorientierten (Top-Down-) und des klassischen hardwareorientierten (Bottom-Up-)Ansatzes durchgeführt [Fre06, RSB07, RSB08] (siehe Abbildung 14). Dadurch wird einerseits die Wiederverwendung von gegebenen Lösungen (aus Gleichteilen, Plattform- sowie Modulstrategien) berücksichtigt und anderseits die notwendige Integration von funktional abgeleiteten Innovationen ermöglicht.

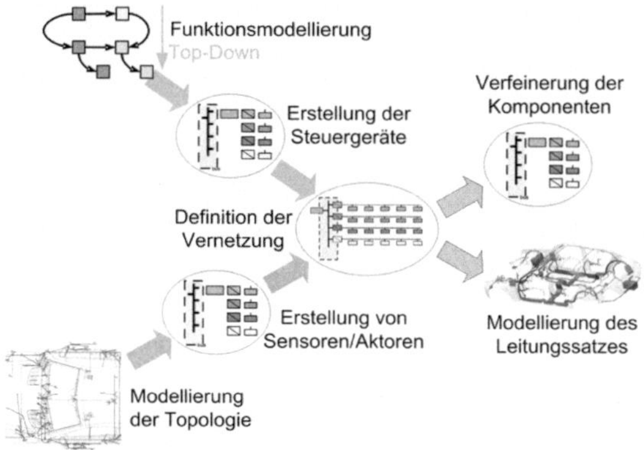

Abbildung 14: Kombinierter E/E-Architekturentwurf der Daimler AG [Fre06]

3.2.2 Modellbasierter E/E-Architekturentwurf

Der E/E-Architekturentwurf findet typischerweise vor der eigentlichen E/E-System- und Komponentenentwicklung sowie -integration statt (siehe Kapitel 3.1.2), wodurch die E/E-Komponenten, welche keine Gleichteile sind, noch nicht spezifiziert, entwickelt und realisiert sind. Aus diesem Grund wird der E/E-Architekturentwurf in der Konzeptphase *modellbasiert* durchgeführt, um durch ein *Frontloading*[16] von relevanten E/E-Architekturfragestellungen (z.B. Funktionsverteilung, Kommunikationsauslegung der Bussysteme, alternative

---

16 Frühzeitige Darstellung und digitale Absicherung der Funktionen ohne Hardware beziehungsweise Fahrzeug (d.h. Testen in die Entwurfsphase verlagern, siehe [Fre06]).

Leitungssatzverbindungen) bereits frühzeitig belastbare Bewertungen durchzuführen. Dabei erlaubt der modellbasierte E/E-Architekturentwurf, nachfolgend die E/E-Architekturmodellierung genannt, die architekturprägenden Festlegungen, wie die Partitionierung der Funktionen auf die Steuergeräte und die Vernetzung mit der Wahl von Bustechnologien und Gateways, trotz komplexer und zum Teil sogar gegenläufiger Einflussfaktoren zu treffen, zu bewerten und abzusichern [RB09, Sch10b].

Für den mechanischen Entwurf von maschinenbaulichen Fahrzeugarchitekturkonzepten (Rohbaukonzept, Räder-/Reifen-Szenario, Maßkonzept, Achskonzept, Crashkonzept, etc.) stellt sich eine ähnliche Notwendigkeit dar und wurde teilweise durch einen modellbasierten Entwurf in der Gesamtfahrzeugkonstruktion gelöst [EKL07]. Dabei werden einzelne Komponenten in CAD[17]-Werkzeugen als digitale Modelle entworfen und anschließend zu einem Gesamtmodell zusammengeführt, welches für frühzeitige Bewertungs- und Absicherungsverfahren (Crashberechnungen, Betriebsfestigkeit, Aerodynamik, Thermische Absicherung, etc.) genutzt wird.

Ein Ansatz der modellbasierten Beschreibung von E/E-Architekturen und deren Werkzeugunterstützung wird im nachfolgenden Kapitel 3.3 ausführlich beschrieben.

3.3 E/E-Architekturmodellierung

In Kapitel 3.3.1 wird eine Architekturbeschreibungssprache eingeführt. Darauf basierend wird das Modellierungswerkzeug zur E/E-Architekturmodellierung (Kapitel 3.3.2) und -absicherung (Kapitel 3.3.3) beschrieben, welches in der Umsetzung (Kapitel 7) und Evaluierung (Kapitel 8) eingesetzt wird.

3.3.1 E/E-Architekturbeschreibung

Die formale Beschreibung von E/E-Architekturen hat das Ziel, die Umfänge einer E/E-Architektur ganzheitlich zu beschreiben, um damit die Auswirkungen bei Konzeptionierung und Änderungen für die komplette E/E-Architektur zu erfassen [BFM05]. Dafür werden formale *Architekturbeschreibungssprachen* (ADL, engl. Architecture Description Language) verwendet. Diese ADL definieren Notationen für Strukturen und Modellobjekte, um Aufbau, Funktion oder Verhalten eines zu beschreibenden (komplexen) Systems in wesentliche Aspekte zu extrahieren und in einer abstrahierten Form in einem *Modell*[18] darzustellen. Als *graphische Modelle* werden dabei Modelle bezeichnet, deren

---

17 Computergestützter Entwurf (engl. Computer-Aided Design).
18 Ein Modell abstrahiert die Realität eines zu analysierenden Systems [Rei05].

annotierte Syntax nicht nur in Textform sondern auch durch gerichtete Graphen oder Baumstrukturen dargestellt werden [Gra08].

Die E/E-Architekturbeschreibungssprache *Electric Electronic Architecture - Analysis Design Language* (EEA-ADL) [Mat09] ist eine domänenspezifische Sprache[19] für die modellbasierte E/E-Architekturbeschreibung und -bewertung. Das graphische Modell sowie das zugrunde liegende Metamodell der EEA-ADL wird nachfolgend und zusätzlich in [GSKMG05, Mat09] beschrieben. Andere modellbasierte Ansätze sind in Kapitel C.1 aufgeführt und bewertet.

E/E-Architekturebenen nach EEA-ADL

Zur Beherrschung der komplexen E/E-Architektur führt die EEA-ADL hierarchisch aufeinander aufbauende Abstraktionsebenen in das graphische Modell ein, welche die benötigten Bereiche der E/E-Architektur abdecken und als *E/E-Architekturebenen* beschrieben werden (siehe Abbildung 15).

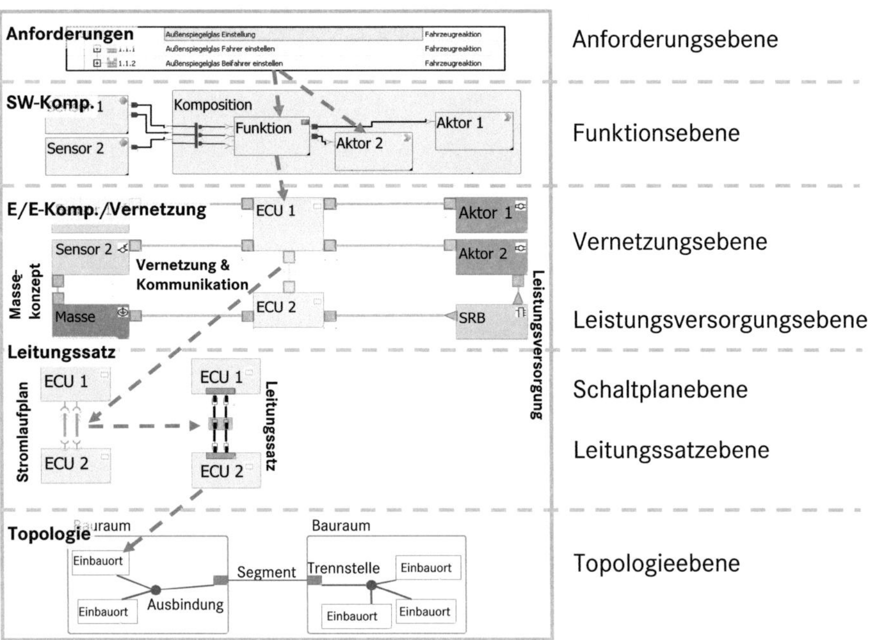

Abbildung 15: Graphisches Modell der E/E-Architekturebenen gemäß der Electric Electronic Architecture - Analysis Design Language (EEA-ADL) [Hen09]

ANFORDERUNGSEBENE In der *Anforderungsebene* (REQ) werden die umzusetzenden Funktionalitäten (gemäß Kundenanforderungen) als Anforderun-

---

19 Eine domänenspezifische Sprache ist spezialisiert auf ein Fachgebiet [Nor02].

gen in einer strukturierten Anforderungsliste[20] formuliert, um daraus die technischen Konzepte der unteren E/E-Architekturebenen abzuleiten.

FUNKTIONSEBENE Die *Funktionsebene* (FN) beschreibt die Funktionen als Komposition von Funktionsbeiträgen, die eigentlichen Funktionsbeiträge und deren Schnittstellen sowie das Funktionsnetzwerk, in dem die funktionale Vernetzung und der Datenaustausch über Signale festgelegt werden. Die Funktionsbeiträge werden dabei nur über deren Schnittstellen beschrieben[21].

VERNETZUNGSEBENE In der *Vernetzungsebene* (NET) wird die logische Vernetzung der E/E-Komponenten über Anbindungen, Bussysteme oder konventionelle Verbindungen sowie dem dazugehörigen Signalmapping beschrieben.

LEISTUNGSVERSORGUNGSEBENE In der *Leistungsversorgungsebene* (LV) wird die elektrische Infrastruktur der E/E-Architektur beschrieben, d.h. das Bordnetz- und das Massekonzept modelliert.

LEITUNGSSATZEBENE In der *Leitungssatzebene* (WH, engl. wiring harness) werden die logischen Verbindungen der NET-Ebene als elektrische Verbindungen sowie als physikalischer Leitungssatz konkretisiert.

TOPOLOGIEEBENE In der *Topologieebene* (TOP) wird das Packaging, d.h. die konkrete Platzierung der E/E-Komponenten in vordefinierten Bauräume und die Leitungsführung des Leitungssatzes im Fahrzeug durchgeführt. Dabei werden die festgelegten Einbauorte sowie mögliche Verlegewege als 2D-Modell dargestellt.

Zusätzlich beschreibt das Mapping eine Abbildung einer bidirektionalen Beziehung zwischen zwei Modellobjekten in verschiedenen E/E-Architekturebenen [MGRMG08]. Dadurch wird eine durchgängige Verbindung und Verfolgbarkeit zwischen unterschiedlichen E/E-Architekturebenen ermöglicht. Für die jeweiligen Beziehungen zwischen verschiedenen E/E-Architekturebenen wird jeweils ein unterschiedlicher Mappingtyp verwendet, welcher die jeweilige Übergangssemantik spezifiziert. So werden beispielsweise die Funktionsbeiträge aus der FN-Ebene auf die E/E-Komponenten der NET-Ebene gemappt, d.h. die Funktionen werden mittels der E/E-Komponenten realisiert. Eine detaillierte Beschreibungen der E/E-Architekturebenen findet sich in [GMRMG08, Mat09, MGK⁺06] ausgeführt.

Metamodell der EEA-ADL

Ein *Metamodell* ist eine formale Beschreibung einer Modellierungssprache und definiert die Syntax und Semantik deren Modellobjekte. Auch der EEA-ADL

---

20 In der Praxis extern aus einem Werkzeug für das Anforderungsmanagement bereitgestellt.
21 Verhaltensmodellierung wird in anderen Werkzeugen (z.B. Matlab Simulink) durchgeführt.

liegt ein Metamodell zugrunde, welches die Modellobjekte und die Regeln der Verknüpfung zwischen den Modellobjekten beschreibt [Mat09]. Dieses Metamodell wird mit der Meta-Modellierungssprache *Meta Object Facility* (MOF)[22] [MOF10] spezifiziert. Die verschiedenen Abstraktionsebenen werden dabei durch das Vier-Schichten-Modell der Object Management Group (OMG) beschrieben [GSKMG05]. Im Vier-Schichten-Modell wird immer die untere Schicht durch die darüber liegende Schicht abstrahiert beziehungsweise die obere Schicht durch die darunter liegende Schicht konkretisiert, d.h. die Abstraktion steigt von unten nach oben an (siehe Abbildung 16). Dementsprechend ist jedes Modellobjekt eines E/E-Architekturmodells beziehungsweise das E/E-Architekturmodell selbst eine Instanz des EEA-ADL-Metamodells.

- M3-Ebene (Meta-Metamodellschicht): MOF-Modellierungssprache als graphische Notation zur formalen Beschreibung beziehungsweise Modellierung von Metamodellen.

- M2-Ebene (Metamodellschicht): Abstrakte Syntax und Semantik zur Beschreibung von Modellen, jedoch ohne Darstellung von Notationen und Bedeutungen.

- M1-Ebene (Modellschicht): Darstellung des konkreten Modells mit Modellobjekten als Instanzen des Metamodells.

- M0-Ebene (Artefakteschicht): Instanziierungen der Artefakte bilden ganzheitliche reale Umsetzungen (z.B. Software, E/E-Komponente oder Leitungssatz).

Die Vorteile der MOF sind die einfache Verwendbarkeit, Modularität sowie Plattformunabhängigkeit [Gra08]. Zur Beschreibung der MOF wird als konkrete Syntax eine Teilmenge der UML verwendet [RGMG04]. Für die Detaillierung der Metamodellmodellierung für die EEA-ADL wird auf [GSKMG05, Mat09] verwiesen.

3.3.2 E/E-Architekturmodellierungswerkzeug

Bei der Daimler AG wurde der EEA-ADL-modellbasierte Ansatz ab 2005 eingeführt (siehe [BFM05, KFMG06]). Dabei wurde für die Implementierung der EEA-ADL ein modellbasiertes Konzeptionswerkzeug für E/E-Architekturen, das E/E-Konzept-Tool (EEKT), entwickelt und später als Modellierungswerkzeug PREEvision [Aqu10] kommerzialisiert. Dieses Modellierungswerkzeug PREEvision ist ein CASE[23]-Werkzeug mit konsistenter Datenhaltung [Aqu10] und basiert auf einem integrierten Datenmodell für die domänenspezifische Modellierungsnotation gemäß der EEA-ADL [KR08]. PREEvision ermöglicht

---

22 Standard zur Spezifikation von Metamodellen gemäß dem Vier-Schichtenmodell der OMG.
23 Computergestützte Softwareentwicklung (engl. Computer-Aided Software Engineering).

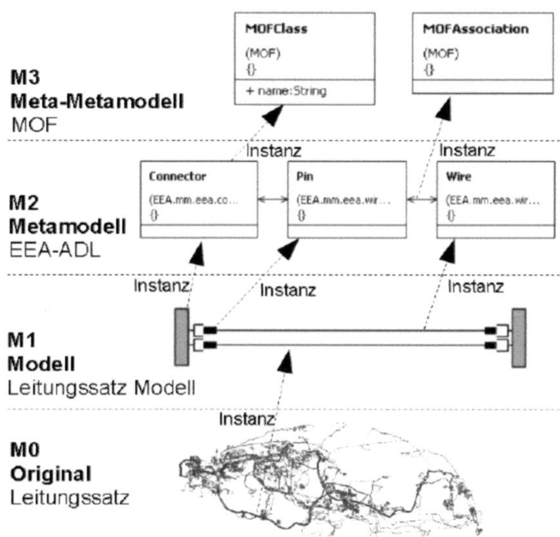

Abbildung 16: Darstellung der Abstraktionsebenen des Vier-Schichten-Modells der OMG am Beispiel der E/E-Architekturmodellierung eines Leitungssatzes in der EEA-ADL [Mat09]

den modellbasierten Entwurf und die ganzheitliche Bewertung sowie die Optimierung von E/E-Architekturen [RSB07], wobei im resultierenden E/E-Architekturmodell die verschiedenen E/E-Architekturebenen (gemäß Abbildung 15) zur detaillierten Darstellung und Bearbeitung durch grafische Editoren und Diagramme visualisiert werden [Aqu10]. PREEvision ist auf der integrierten Entwicklungsumgebung (IDE, engl. Integrated Development Enviroment) Eclipse implementiert und kann somit modular durch Plug-Ins erweitert werden. Diese funktionale Erweiterbarkeit des Modellierungswerkzeugs wird zur Umsetzung des Konzepts dieser Arbeit in Kapitel 7 verwendet.

In [MGK⁺06] wird erstmals die idealisierte Top-Down-Methodik zur E/E-Architekturmodellierung mit PREEvision vorgestellt. In [RSB07, RSB08] wird der Einsatz des Modellierungswerkzeugs PREEvision im realen E/E-Architekturentwurf bei der Daimler AG vorgestellt. Andere Werkzeuge zur E/E-Architekturentwicklung, wie z.B. CHS (Capital Harness Systems) für die physikalische Leitungssatzentwicklung und VNA (Volcano-Network-Architekt) für den Entwurf der NET-Ebene [SW08], werden hier nicht vorgestellt. Der Grund hierfür ist, dass PREEvision mit der EEA-ADL alle benötigte E/E-Architekturebenen beschreibt und in der praktischen E/E-Architekturmodellierung bei der Daimler AG eingesetzt wird.

3.3.3 E/E-Architekturabsicherung

In der E/E-Architekturmodellierung wird in der Konzeptphase (siehe Kapitel 3.1.2) ein E/E-Architekturkonzept erstellt und abgesichert. Die quantitative Bewertung und Absicherung von relevanten Eigenschaften der E/E-Architekturmodelle erfolgt im Modellierungswerkzeug durch belastbare, quantitative Metriken[24]. Diese Metriken können dabei automatisiert die quantitativen Eigenschaften, jedoch nicht die qualitativen Eigenschaften im E/E-Architekturmodell bewerten. Die Metriken sind auch deshalb wichtig, um im E/E-Architekturmodell eine genaue Aussage bezüglich Performance, Qualität, Kosten und Umsetzung der E/E-Architektur zu treffen [FWE$^+$08, RH06]. Nachfolgend sind die gängigen quantitativen Metriken der Absicherung aufgelistet (siehe auch in [Hen09, Sch10b]; zusätzliche Metriken sind z.B. in [PNG$^+$07] aufgeführt):

- Vernetzung: *Buslast*[25] (statisch und dynamisch) um die Kommunikation durch verteilte E/E-Systeme und *Busphysik*[26] um das Zeitverhalten für zeitkritische Kommunikationspfade, z.B. Antwortzeit bei zeitkritischen Systemen oder Request-Response-Zeiten für Diagnoseaufrufe [Tra10], inklusive der End-to-End-Latenzen[27] und dem Jitter[28] auf den Bussystemen abzusichern.

- Bordnetz: Leistungsverteilung zur Dimensionierung von Leitungsquerschnitten und Sicherungsauslegung, Ruhestrom, Batteriekonzept und -auslegung.

- Leitungssatz: Leitungssatzgewicht und -längen (auch als Kosten umgerechnet) sowie Bündeldurchmesser als entwurfsbestimmende Größe von Leitungssatzsegmenten und Verlegewegen im Rohbau.

Das Modellierungswerkzeug wird ständig um neue quantitative Bewertungskriterien durch Metriken erweitert. In dieser Arbeit steht jedoch deren Weiterentwicklung nicht im Fokus und die notwendigen Metriken werden als gegeben angenommen.

---

24 Metriken sind werkzeuginterne Algorithmen zur Bewertung von nicht-funktionalen Qualitätskenngrößen (z.B. Kosten, Gewichte oder Längen) und zur Ergebnisdarstellung [GMRMG08].
25 Kapazitive Auslastung der Bussysteme (prozentuale Ausnutzung der Bandbreite).
26 Zeitliches Verhalten der Signale auf dem Bus (Qualitätsmaß für Signalintegrität).
27 Differenz zwischen Beginn der Sendung bis zum Empfang einer Botschaft [Rei09].
28 Differenz zwischen maximaler und minimaler Latenz [Rei09].

3.4 E/E-Architekturmodellierung mit Modulen

In diesem Kapitel werden die Module aus Kapitel 2.3 und deren Verwendung in der Fahrzeugentwicklung (in Kapitel 3.4.1) und in die E/E-Architekturmodellierung (in Kapitel 3.4.2) betrachtet.

3.4.1 Einbindung von Modulen in die Fahrzeugentwicklung

Die Einbindung und Nutzung der Module in den Baureihen hat Auswirkungen auf die baureihenzentrierte Entwicklung und die Plattformstrategie.

Vereinigung der Modul- mit der Plattformstrategie

Die heutigen Plattformen werden durch die Einbindung von Modulen nicht ersetzt sondern erweitert. Dabei werden die Synergien in Zukunft hauptsächlich durch Verwendung von Modulen erzielt (siehe Abbildung 9), jedoch sind die Plattformen als Infrastruktur zu deren Fahrzeugintegration notwendig. Zur erfolgreichen Integration der Module müssen die Plattformen flexibel genug gestaltet sein, um unterschiedliche Module über deren definierte Schnittstellen zu integrieren und damit wiederzuverwenden. Dazu müssen bei der Definition einer Plattform beziehungsweise einer Fahrzeugarchitektur die Eigenschaften der Module sowie die Regeln der Modularisierung beachtet werden, damit sich diese auch für die Verwendung von Modulen eignet [Bla01].

Entkopplung von Fahrzeug- und Modulentwicklungszyklen

Die Modulstrategien steuern mit dem Modulzyklusplan die Entwicklung sowie Optimierung und Dynamisierung der jeweiligen Module. Dies führt dazu, dass die Module gegebenenfalls nicht mehr zeitgleich zur Fahrzeugentwicklung einer Baureihe, sondern baureihenunabhängig entwickelt werden können. Somit ist die Spezifizierung und Entwicklung nicht mehr an die Fahrzeugentwicklungszyklen gekoppelt. Diese modulspezifische Entwicklung hat im Gegensatz zur klassischen fahrzeugspezifischen Entwicklung folgende Vorteile:

KONTINUIERLICHE MODULENTWICKLUNG: Die kontinuierliche Modulentwicklung führt zu einer hohen Qualität der Module, da die Modulentwicklungszeiten jeweils modulspezifisch angepasst werden. Ebenso werden teilweise Module mit erprobter Serienreife und einem hohen qualitativen Entwicklungsstand direkt oder optimiert in neuen Baureihen wiederverwendet.

MODULSPEZIFISCHE ENTWICKLUNG: Die Module können bei Bedarf (z.B. Innovationen) sofort entwickelt und nach deren Serientauglichkeit gegebenenfalls gleichzeitig in mehreren Baureihen parallel eingeführt werden. Damit wird die Einführung und Integration von Innovationen (d.h. geänderte oder neue Module) auch in laufende Baureihenentwicklungen durch deren einheitliche Schnittstellen und Austauschbarkeit gemäß Kapitel 2.3 vereinfacht.

Durch die modulspezifische Entwicklung wird eine Entzerrung der gesamten Fahrzeugentwicklung erreicht, womit die Fahrzeugentwicklung effizienter gesteuert und die Modulentwicklung als ständiger Optimierungsprozess betrachtet werden kann.

3.4.2 Einbindung von Modulen in die E/E-Architekturmodellierung

Die Module sind implizit in den E/E-Architekturen als notwendige Hardware der Umsetzung von E/E-Komponenten eingebunden, jedoch werden diese zurzeit nicht explizit für deren E/E-Integration in der E/E-Architektur betrachtet (siehe Kapitel 1.2). Diese explizite Einbindung der Module hätte allerdings für die E/E-Architekturmodellierung den Vorteil, dass bei einer Neueinführung oder Dynamisierung von Modulen diese bezüglich deren E/E-Integrierbarkeit frühzeitig abgesichert werden. Ebenso ist die Nutzung von Modulen zur Steuerung von Wiederverwendung derselben Modellobjekte in mehreren E/E-Architekturmodellen sinnvoll. Eine Evaluierung (2010, [Rei10]) der Daimler AG zeigt dabei, dass die E/E-Architekturen der aktuellen Baureihen aus:

- 3% architekturbestimmenden (wie Gateways, Bussysteme, Leistungsverteiler),

- 17% architekturprägenden (wie Kombiinstrument oder Headunit) sowie

- 80% architekturunabhängigen (wie Sitz- und Türelektronik oder Fahrerassistenzsysteme) E/E-Komponenten bestehen.

Diese Evaluierung zeigt, dass der größte Teil der E/E-Komponenten Wiederverwendung in neuen Baureihen findet und somit die baureihenübergreifende Spezifikation von Modulen (siehe Definition 2.11) ausnutzt. Hierbei kann bei der Einbindung der Module in die E/E-Architekturmodellierung zukünftig berücksichtigt werden, dass für die E/E-Integration der Module in die E/E-Architekturen explizit Reserven in der elektrischen Leistungsversorgung oder Kommunikationsmatrix bei dem Entwurf einer E/E-Architektur notwendig sind.

4 | STAND DER TECHNIK IN DER PRODUKTLINIENENTWICKLUNG

Das zweite relevante Anwendungsgebiet in dieser Arbeit ist der Produktlinienansatz. Dazu werden in diesem Kapitel aus dem Stand der Technik der Produktlinienentwicklung, die eingesetzten Konzepte Produktlinien Engineering (Kapitel 4.1) und die Variabilität- beziehungsweise Merkmalsmodellierung (Kapitel 4.2) beschrieben.

4.1 Produktlinien Engineering

Die Variabilität ist in der Softwareentwicklung eine bekannte Herausforderung. Hierbei ist die Wiederverwendung der Software unter Ausnutzung der Variabilität auch in der Automobilindustrie schon seit Längerem adressiert (unter anderem in [Gri03] motiviert). Aus diesem Grund wird in dieser Arbeit mit dem Produktlinien Engineering gemäß [PBL05] ein Konzept zum Umgang mit der Variabilität aus der Softwaretechnik analysiert, welches die methodische Wiederverwendung von der Software teilweise gelöst hat. Dieser Ansatz und das Framework der Umsetzung wird daher in diesem Kapitel beschrieben. Einen Überblick zu deren Anwendung in der Praxis gibt Kapitel D.

4.1.1 Produktlinien in der Softwareentwicklung

In der Produktentwicklung verspricht die Idee der *Produktlinie*[1] durch die Entwicklung von *Kommunalitäten* (auch die *Gemeinsamkeiten*, engl. commonality), d.h. von gemeinsamen Artefakten (engl. core assets[2]), und deren *Wiederverwendung* in ähnlichen Produkten (d.h. Varianten) eine höhere Effizienz in Entwicklungsaufwand, -zeit und -qualität [HP02], sowie eine Minimierung der Redundanz und Eingrenzung der Variabilität [BHP04, Nor08].

---

[1] Auch *product family* oder *system family*; durch die anfängliche unabhängige Arbeit auf dem Gebiet, hatte die Forschung in den USA den Begriff *product line* eingeführt, während die europäischen Förderprojekte von product family sprachen. Inhaltlich waren die Ziele identisch und mittlerweile hat sich der Begriff product line durchgesetzt [Lin02, Sch10a].

[2] Core assets umfassen alle gemeinsamen Produkte der Produktlinienentwicklung, z.B. Anforderungsspezifikationen, Modelle, Komponenten, Testfälle oder Dokumentation [BHP04, Nor02].

Definition 4.1 (Produktlinie). *Eine Produktlinie ist eine Menge von Varianten, welche gemeinsame Merkmale teilen, allerdings auch bestimmte Unterschiede aufweisen, d.h. eine Produktlinie besteht aus der Menge von unterschiedlichen aber konzeptionell ähnlichen Varianten.*

Diese Produktlinie wird in der Softwareentwicklung dazu genutzt, Software-varianten unter Verwendung von gemeinsamen und unterschiedlichen Merk-malen zu erstellen [Kub07, RW06]. Dieser Ansatz unterscheidet sich von den klassischen Ansätzen in der Softwareentwicklung, welche auf die Entwick-lung von einzelnen Softwaresystemen fokussiert sind [Sch10a]. Die Vorteile für die Softwareentwicklung einer Produktlinienentwicklung gegenüber der getrennten Entwicklung gleicher Varianten sind (siehe auch unter anderem [CN02b, Nor08, PBL05, Sch10a, TFF$^+$01]):

- Reduzierung der Entwicklungszeit und -kosten

- Verbesserung der Software-Qualität

- Reduzierung des Wartungsaufwands

- Beherrschung der Software-Evolution

Folgende Quantifizierung dieser Vorteile wird in [LSR07, SEI10] beschrieben:

- Verkürzte Entwicklungszeit um den Faktor $2 - 4$

- Verringerte Kosten um den Faktor $2 - 4$

- Verbesserte Qualität mit halbierter Fehlerrate

Der Erfolg einer Softwareproduktlinie hängt davon ab, ob zur Entwicklung der verschiedenen Softwarevarianten ein möglichst hoher Grad gemeinsamer Artefakte wiederverwendet wird [Kub07]. Wie in Abbildung 17 erkennbar, muss zuerst ein initialer Aufwand zur Entwicklung der gemeinsamen Artefakte durchgeführt werden, welcher sich in der Produktbildung nach einigen Produk-ten amortisiert. In [ADH$^+$00] und [PBL05] werden drei abgeleitete Varianten zur Erlangung der Wirtschaftlichkeitsgrenze („Break-Even Point"in Abbildung 17) benötigt.

4.1.2 Produktlinienansatz und Framework

Das *Produktlinien Engineering*[3] gemäß [PBL05] ist ein Ansatz der Produktli-nienentwicklung, welcher die Wiederverwendung von gemeinsamen Artefakten in mehrere Softwaresysteme (gemäß dem Kapitel 4.1.1) umsetzt. Andere Vorge-hensmodelle zur Produktlinienentwicklung werden in Kapitel C.2 vorgestellt.

---

3 Basiert auf den Ergebnissen der Forschungsprojekte ESAPS, CAFE und FAMILIES [Lin02].

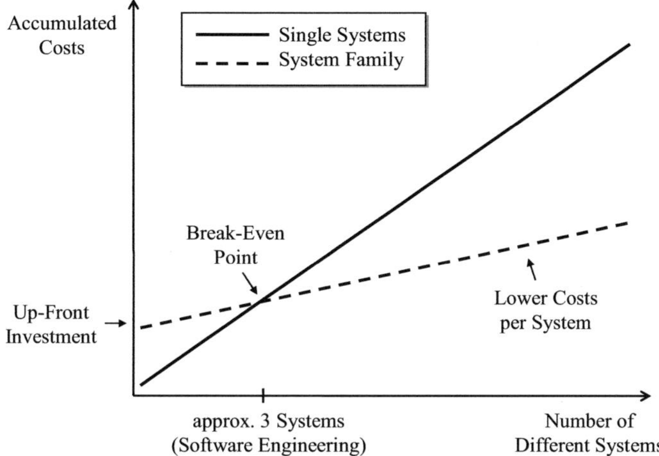

Abbildung 17: Qualitativer Vergleich von Einzel- (single systems) und Produktlinienentwicklung (system family) in den Entwicklungskosten von n ähnlichen Systemen [PBL05]

Ansatz des Produktlinien Engineerings

In Abbildung 18 ist der Ansatz zur Trennung zwischen gemeinsamen und produktspezifischen Artefakten in der Umsetzung einer Produktlinie aufgezeigt:

- Artefakteentwicklung *für* Wiederverwendung: Im *Domain Engineering* werden die Kommunalität (d.h. die gemeinsamen Artefakte der Produktlinie) und die Variabilität (d.h. die variable Funktionalität der Varianten und der Produktlinie) spezifiziert, entwickelt und umgesetzt.

- Variantenentwicklung *mit* Wiederverwendung: Im *Application Engineering* werden die verschiedenen Varianten durch Wiederverwendung der Kommunalität und unter Ausnutzung von Variabilität instanziiert.

Framework des Produktlinien Engineerings

In Abbildung 18 ist das Framework mit den einzelnen Prozessen des Produktlinien Engineering abgebildet. Dabei nutzt das Produktlinien Engineering einen *Two-Life-Cycle*-Ansatz zur Trennung zwischen Domain Engineering und Application Engineering. In den Prozessen des Domain Engineerings werden die allgemeingültigen und variantenspezifischen Aspekte der Produktlinie als Bestandteile einer *Produktlinienplattform* entwickelt. Die Produktlinienplattform umfasst dabei die gemeinsamen und variablen Artefakte aller Varianten.

PRODUCT MANAGEMENT Im *Product Management* wird das *Scoping*[4] zur Definition der Produktlinie (z.B. von kundenerlebbaren Features) durchgeführt.

DOMAIN REQUIREMENTS ENGINEERING Im *Domain Requirements Engineering* werden aus den kundenerlebbaren Features die gemeinsamen und variablen Anforderungen spezifiziert. Die Variabilität der Anforderungen wird in einem Merkmalsmodell (siehe Kapitel 4.2.2) dargestellt.

DOMAIN DESIGN Im *Domain Design* wird die Architektur entworfen, die in angepasster Form für alle Varianten genutzt wird.

DOMAIN REALISATION In der *Domain Realisation* werden die gemeinsamen und variablen Komponenten und Schnittstellen entwickelt.

DOMAIN TESTING Im *Domain Testing* werden wiederverwendbare Testfälle erstellt.

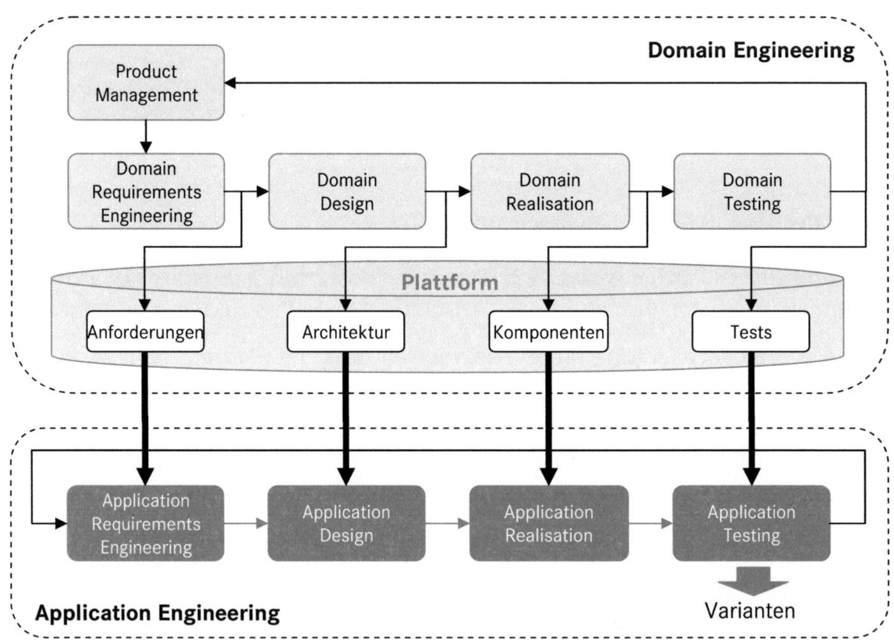

Abbildung 18: Two-Life-Cycle-Framework der Entwicklungsprozesse des Produktlinien Engineerings nach [PBL05]

Die Prozesse des Application Engineerings befassen sich mit der Entwicklung beziehungsweise Ableitung von Varianten der Produktlinie unter Verwendung der fertigen Artefakte im Domain Engineering.

---

4   Beim Scoping werden die betriebswirtschaftlichen und organisatorischen Aspekte sowie die technischen und gesetzlichen Anforderungen identifiziert [Sch00, Sch02, TFF⁺01].

APPLICATION REQUIREMENTS ENGINEERING Im *Application Requirements Engineering* werden die ausgewählten gemeinsamen sowie zusätzlichen Anforderungen spezifiziert. Die Konfiguration erfolgt im Merkmalsmodell (siehe Kapitel 4.2.2).

APPLICATION DESIGN Im *Application Design* wird die Architektur der Varianten gemäß der Konfiguration aus der Architektur abgeleitet und instanziiert.

APPLICATION REALISATION In der *Application Realisation* werden die wiederverwendeten und gegebenenfalls variantenspezifischen Komponenten in die Architektur implementiert und somit das Produkt umgesetzt.

APPLICATION TESTING Im *Application Testing* wird die Variante mit wiederverwendeten und variantespezifischen Testfällen validiert und verifiziert.

Die Varianten können sich gemäß [PBL05] bis zu 90% aus der Wiederverwendung von Artefakten aus dem Domain Engineering bedienen und müssen nur zu 10% varianten-spezifisch im Application Engineering entwickelt werden. Diese Trennung ermöglicht dabei unabhängige Lebenszyklen von Entwicklung und Evolution einer Produktlinienplattform sowie von den einzelnen Varianten [PBL05].

Variabilität innerhalb des Produktlinien Engineerings

Die Produktlinienplattform besteht aus gemeinsamen und variablen Artefakten. Die systematische Ausnutzung der Variabilität ist eine wesentliche Eigenschaft für das Konzept des Produktlinien Engineerings, da die Variabilität innerhalb einer Produktlinie überhaupt erst die Ableitung von ähnlichen (aber doch unterschiedlichen) Varianten [WHK+03] ermöglicht. Die Variabilität umfasst dabei alle variablen Artefakte einer Produktlinie (d.h. Anforderungen sowie auch Komponenten oder Testfälle) [RW06]. Diese variablen Artefakte können (aber müssen nicht) im Application Requirement Engineering konfiguriert und somit in den Varianten verwendet werden. Ein Konzept zur Darstellung und zum Umgang mit dieser Variabilität in den Produktlinien ist das Merkmalsmodell, welches im Kapitel 4.2.2 vorgestellt wird.

Eine Produktlinie kann nicht statisch angenommen werden, sondern widerfährt in deren *Produktlinienlebenszyklus* auch einer Änderung über die Zeit (d.h. die zeitliche Variabilität) [EBLSP10]. Dabei sind bei der Evolution folgende Aktivitäten notwendig [TDH11]:

- Hinzufügen von Merkmalen,

- Ändern von Merkmalen, und

- Aktualisieren der Variabilität.

Das nachfolgende Merkmalsmodell (siehe Kapitel 4.2.2) muss somit auch die zeitliche Variabilität in deren Konzept berücksichtigen.

4.2 Variabilitätsmodellierung

In diesem Kapitel werden die Variationspunkte eingeführt, und die Merkmalsmodellierung im Allgemeinen und zur Konfiguration im Speziellen beschrieben.
Einen Überblick zu deren Anwendung in der Praxis gibt Kapitel C.3.

4.2.1 Abstrahierung von Variabilität

In [Bos99] wurde früh die Notwendigkeit an Notationen und Abstraktionen zur
Darstellung von Variabilität in der Produktlinienentwicklung erkannt. Dabei
ist es unter anderem zur Planung und Entwicklung der Varianten einer Produktlinie wichtig, die variablen Merkmale (Kapitel 2.4.1) der Produktlinie zu
identifizieren und zu abstrahieren. Diese Variabilität innerhalb der Produktlinie
wird dabei durch *Variationspunkte* abgebildet.

Definition 4.2 (Variationspunkt). *Ein Variationspunkt kennzeichnet variable Artefakte, Modellobjekte oder Merkmale einer Produktlinie.*

Mit der Zuordnung eines Variationspunkts zu einem Merkmal, wird dieses
beziehungsweise dessen abstrahierte Eigenschaft als variabel für die Produktlinie gekennzeichnet. Dabei bildet der Variationspunkt die unterschiedlichen
Umsetzungsvarianten (z.B. verschiedene Schnittstellendefinition) als technischen Entscheidungspunkt für das abstrakte Merkmal ab [Wei08], ohne jedoch
die Mechanismen zur Auflösung und Umsetzung zu bestimmen [Rei08]. Somit wird die Variabilität einer Produktlinie mit den variablen Merkmalen
beschreibbar und auswählbar (dieses wird in Kapitel 4.2.2 ausgenutzt). Die
Auswahl oder Entscheidung für eine der zugeordneten Umsetzungsvarianten
wird auch als *Bindung* (engl. binding) bezeichnet [CE00], und kann zu unterschiedlichen Zeitpunkten (*Bindezeitpunkt*, engl. binding time) vorgenommen
werden [JLM07, PBL05]. Wenn eine Entwurfsentscheidung zwischen den Umsetzungsvarianten getroffen wird, indem ein variables Merkmal ausgewählt
wird, dann ist der Variationspunkt *gebunden* [GBS01, SGB00].

Eine Menge aus gebundenen Variationspunkten entspricht einer Variante (siehe
Definition 2.19), oder andersherum bestehen die Varianten aus einer Sammlung
von gebundenen Variationspunkten der internen Variabilität. Dabei können
diese Variationspunkte in der Variante einfach hinzugefügt, ersetzt oder entfernt
werden. Da die Merkmale auch die variablen Eigenschaften eines Modellobjekts beschreiben, repräsentieren diese einen oder mehrere Variationspunkte
und besitzen somit eine abgeleitet Assoziation zu den Varianten (siehe Abbildung 19).

Die Variationspunkte werden in der Produktlinienentwicklung verschiedenartig
genutzt, z.B. zur Variabilitätsbeschreibung in Architekturentwurfsdokumenten
oder in einer Architekturentwurfssprache [Myl01], zur Variabilitätsdarstellung

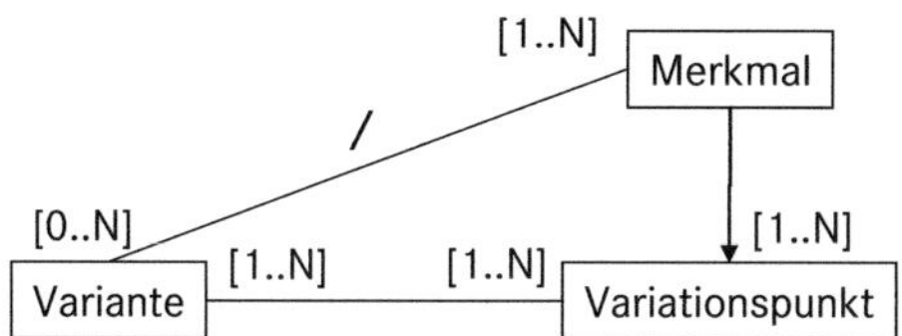

Abbildung 19: Metamodell der Variabilität für die nachfolgende Merkmalsmodellierung mit den Beziehungen zwischen Varianten, Variationspunkten und Merkmalen (abgeleitet unter anderem von [BHP04, BLP04, HP02, RW06])

im Variantenmanagement zur expliziten Verwaltung der Variabilität [LM06], sowie zur Variabilitätskonfiguration zur Darstellung einer möglichen Kundenauswahl [BB01]. In dieser Arbeit wird der Variationspunkt nur zur Konfiguration verwendet (siehe Kapitel 4.2.3).

4.2.2 Merkmalsmodellierung

Die Variabilität einer Produktlinie kann über die Variationspunkte gekennzeichnet werden (siehe Kapitel 4.2). Um eine zusammenhängende Sicht der Variabilität zu erhalten, werden diese Variationspunkte in einem *Variabilitätsmodell* zusammengefasst und dargestellt. Das Variabilitätsmodell kann dabei gemäß [Rei08] in drei unterschiedlichen Formen umgesetzt werden:

1. *Entscheidungstabellen*: Variabilitätsentscheidung in Tabellenform

2. *Entscheidungsdiagramme*: Variabilitätsentscheidung in Bäumen oder Graphen

3. *Merkmalsmodelle*: Variabilitätsbeschreibung mit Merkmalen

Die Entscheidungstabellen beziehungsweise -diagramme können zur Variabilitätsbindung genutzt werden, indem über die Entscheidungsreihenfolge, -informationen oder -priorisierungen die variablen Artefakte eines Produkts gebunden werden. Hierbei werden jedoch nicht die (produktlinienbestimmenden) gemeinsamen Merkmale berücksichtigt, was zu einer unvollständigen Beschreibung einer Variante führt. Im Merkmalsmodell hingegen sind keine zusätzlichen Hilfen zur Variabilitätsentscheidung enthalten, jedoch können über die gemeinsamen und variablen Merkmale die kompletten Varianten beschrieben beziehungsweise unterschieden werden.

Definition 4.3 (Merkmalsmodell). *Ein Merkmalsmodell ist eine hierarchische Strukturierung von Merkmalen zur Abstraktion der Variabilität, indem es die gemeinsamen und variablen Merkmale und deren Abhängigkeiten zueinander darstellt.*

Das Merkmalsmodell besteht aus einem hierarchischen und gerichteten *Merkmalsbaum*, welcher über *Merkmalstypen* und *Abhängigkeiten* die Beziehungen der Merkmale zueinander graphisch darstellt (siehe Abbildung 20). Für das Merkmalsmodell in dieser Arbeit wird dabei die in der Fahrzeugentwicklung bevorzugte Notation zur grafischen Modellierung der *Feature-Oriented Domain Analysis* (FODA)[5] verwendet, um eine strukturierte Sicht auf die Variabilität darzustellen und die Merkmale hierarchisch zu gruppieren[6]. Nachfolgend sind die unterschiedlichen Merkmalstypen und Abhängigkeiten klassifiziert.

Merkmalstypen (engl. *feature types*): Die Merkmale F2 und F3 stehen in Beziehung zum Merkmal F1 (d.h. F2 und F3 sind dem Variationspunkt F1 zugeordnet, siehe Abbildung 20):

- *Notwendiges Merkmal* (engl. *mandatory feature*): Alle Merkmale sind ausgewählt, wenn das Merkmal F1 ausgewählt wird. Dabei ist das notwendige Merkmal das einzige Merkmal, welches im Merkmalsmodell selbst keinen Variationspunkt repräsentiert.

- *Optionales Merkmal* (engl. *optional feature*): Jedes Merkmal kann (aber muss nicht) ausgewählt werden, wenn das Merkmal F1 ausgewählt wird.

- *Oder Merkmal* (engl. *or feature*): Mindestens eines der Merkmale muss ausgewählt werden, wenn das Merkmal F1 ausgewählt wird.

- *Alternatives Merkmal* (engl. *alternative feature*): Genau eines der Merkmale muss ausgewählt werden, wenn das Merkmal F1 ausgewählt wird, d.h. alle alternativen Merkmale stehen in gegenseitigem Ausschluss zueinander.

Die Merkmalstypen legen im Merkmalsmodell explizit fest, ob die gewählten Variationspunkte zur Bindung z.B. notwendig, optional oder auszuschließen sind.

Abhängigkeiten (engl. *constraints*): Die unterschiedlichen Merkmale werden hier über Abhängigkeiten in Beziehungen zueinander gestellt (siehe Abbildung 20):

- *Voraussetzung* (engl. *require constraint*): Ein Merkmal benötigt ein anderes Merkmal, unabhängig von den jeweils zugeordneten Variationspunkten. Eine *require*-Beziehung kann sowohl uni- als auch bidirektional sein.

- *Ausschluss* (engl. *exclude constraint*): Ein Merkmal schließt ein anderes Merkmal, unabhängig von den jeweils zugeordneten Variationspunkten aus. Eine *exclude*-Beziehung ist ausschließlich bidirektional.

In der Produktlinienentwicklung werden die Merkmalsmodelle für unterschiedliche Aufgaben eingesetzt (siehe unter anderem [Rei08, TH02]):

---

5 Methode im Domain Engineering, welche das Merkmalsmodell einführt [KCH⁺90, KLD02].
6 Ein Überblick über weitere Ansätze und Notationen zur Modellierung der Variationspunkte in Merkmalsmodellen ist unter anderem in [CE00, HST⁺08, MH07] aufgeführt.

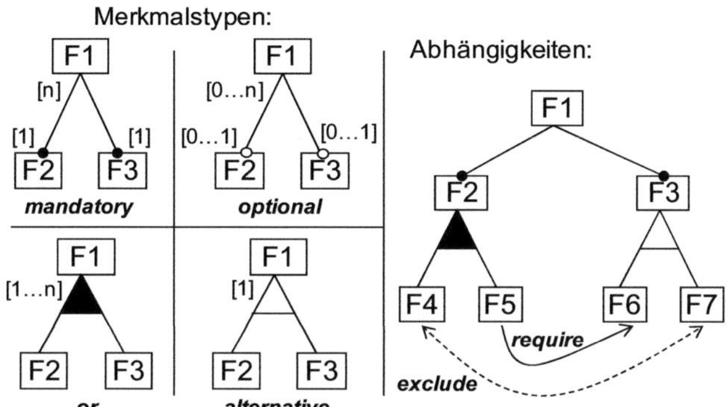

Abbildung 20: Notation der Merkmalstypen und Abhängigkeiten nach der Feature-Oriented Domain Analysis (FODA) [HST+08, MH07]

1. Definition der Variabilität: Durch die Definition von gemeinsamen und variablen Merkmalen können die Varianten innerhalb der Produktlinie (ohne Festlegung der Umsetzung) unterschieden werden (↦ Product Management im Domain Engineering).

2. Darstellung von Variabilität: Durch den graphischen Merkmalsbaum inklusive der Abhängigkeiten der Merkmale zueinander, wird die Variabilität der Produktlinie in abstrakter und verständlicher Form dargestellt (↦ Definition der Artefakte im Domain Requirements Engineering).

3. Kontrolle über Variabilität: Durch die Abhängigkeiten im Merkmalsmodell sind Änderungen oder neue Varianten in der Produktlinie schnell darzustellen und zu bewerten (↦ Scoping im Domain Engineering).

4. Konfiguration der Variabilität: Durch die Auswahl der Merkmale (die Bindung der Variationspunkte) im Merkmalsmodell wird eine Variante konfiguriert (↦ Application Requirements Engineering).

In dieser Arbeit soll die Merkmalsmodellierung nur zur Konfiguration (4.) verwendet werden, und wird im nachfolgenden Kapitel 4.2.3 beschrieben.

4.2.3 Konfiguration mit Merkmalsmodellen

Wie im vorherigen Kapitel 4.2.2 aufgeführt, werden die Merkmalsmodelle, neben der Definition und Darstellung einer Produktlinie, auch für die *Konfiguration* einer Variante der Produktlinie verwendet. Dabei wird bei der Konfiguration die hierarchische Abstraktion von komplexen Varianten, d.h. Varianten mit vielen Artefakten, der Merkmalsmodelle ausgenutzt, um eine abstrakte Konfigurationsbeschreibung und -dokumentation darzustellen.

Definition 4.4 (Konfiguration). *Eine Konfiguration beschreibt abstrakt eine Variante, welche durch die gemeinsamen und gewählten variablen Merkmale konfiguriert wird.*

Die Konfiguration beschreibt dabei jeweils eine mögliche Lösung, welche durch die Auflösung der Variationspunkte als Variante dargestellt wird. Diese Variantenbildung beziehungsweise die Bindung der Variationspunkte wird als *Variabilitätsmechanismus* bezeichnet, welcher in dieser Arbeit durch die Konfiguration in Merkmalsmodellen auf abstrakter Ebene umgesetzt wird. Hierbei kann ein E/E-Architekturmodell als komplexe Variante verstanden werden, dessen Konfiguration von den gewählten E/E-Systemen festgelegt wird, ohne jedoch dabei jedes einzelne Modellobjekte auszuwählen. Mit dem Merkmalsmodell wird somit eine abstrakte Konfigurationsbeschreibung und -dokumentation ermöglicht, was hilfreich für die Übersichtlichkeit und Handhabbarkeit von komplexen E/E-Architekturen ist.

Dieser Ansatz der Konfiguration wird in [PBL05] auch *orthogonale Variabilitätsmodellierung* genannt, bei dem die Variabilität auf Merkmals- und Artefakteebene getrennt darstellt wird. Dabei wird die Abbildung der Merkmale auf die technische Variabilität durch *Konfigurationslinks* umgesetzt.

Teil II

ANALYSE UND KONZEPT

5 | ANFORDERUNGEN AN DAS MODULORIENTIERTE PRODUKTLINIEN ENGINEERING

Die Einführung eines Produktlinien Engineerings und die Einbindung der Module werden erstmals in der E/E-Architekturmodellierung durchgeführt, so dass die hierbei identifizierten Lücken als Anforderungen an das modulorientierte Produktlinien Engineering in Kapitel 6 definiert werden.

5.1 Bewertung des Stands der Technik

Der modellbasierte E/E-Architekturentwurf wurde zur Darstellung und Absicherung von E/E-Architekturen in der Konzeptphase eingeführt. Allerdings ist in der heutigen Modellierung ein hoher Aufwand notwendig, um verschiedene E/E-Architekturmodelle von unterschiedlichen Baureihen zu erstellen und zu pflegen. Beeinflusst wird dabei die E/E-Architekturmodellierung durch die folgenden Faktoren:

- Variabilität und Komplexität der E/E-Architekturen und E/E-Systeme.

- Dynamisierung von Modulen und Evolution von E/E-Systemen.

- Integration von Innovationen in den langen E/E-Architekturlebenszyklen.

- Heterogenität und divergierende Entwicklungszyklen in den E/E-Architekturen.

Aus diesem Grund soll die heutige E/E-Architekturmodellierung nach den Zielsetzungen aus Kapitel 1.2 weiterentwickelt werden. Dafür wird nachfolgend die Wiederverwendung in Kapitel 5.1.1 und die Evolution in Kapitel 5.1.2 bewertet. Zusätzlich wird mit der Zielsetzung 1.2 die Einbindung der Module in Kapitel 5.1.3 betrachtet. Das Produktlinien Engineering verfolgt die methodische Wiederverwendung von Modellobjekten, aus diesem Grund wird für Zielsetzung 1.1 in Kapitel 5.1.4 die Verwendung in der E/E-Architekturmodellierung und abschließend in Kapitel 5.1.5 die Merkmalsmodellierung bewertet.

5.1.1 Wiederverwendung in der E/E-Architekturmodellierung

Der initiale Aufwand zur Erstellung eines E/E-Architekturmodells ist beträchtlich, da umfangreiche Daten aus unterschiedlichen Quellen integriert, konsolidiert und zueinander in Beziehung gesetzt werden [Sch10b]. Um diesen Aufwand zu rechtfertigen und vor allem einen Nutzen für weitere E/E-Architekturmodelle daraus zu erhalten, wird in [RSB07] die Wiederverwendung innerhalb der E/E-Architekturmodellierung vorgeschlagen. Dies ist für die E/E-Architekturen generell möglich, da sich typischerweise nur ein Teil der E/E-Komponenten von einer zur nächsten Baureihengeneration ändert. Diese Idee ist nachfolgend für die heutige E/E-Architekturmodellierung analysiert:

KEIN WIEDERVERWENDUNGSKONZEPT Die Wiederverwendung von Modellobjekten wird zurzeit nur implizit durch ein manuelles Kopieren in den E/E-Architekturmodellen, jedoch ohne einen formalen Prozess, ein geeignetes Wiederverwendungskonzept oder einer spezifischen Werkzeugunterstützung durchgeführt. Dies liegt unter anderem daran, dass nach Einführung der E/E-Architekturmodellierung vor wenigen Jahren und der Modellierung von mehreren Baureihen einer E/E-Architekturfamilie erst jetzt erste Erfahrungswerte vorliegen und die Notwendigkeit einer Wiederverwendung aufzeigen. Andere OEM (hier: Volvo Car Corporation) berichten in [WA08, WJA09] ebenfalls, dass für den E/E-Architekturentwurf noch strukturierte Methoden zur Entscheidungsunterstützung von Architekturfragestellung sowie ein formaler und dokumentierter Prozess ausstehen. Auch in anderen Bereichen der E/E-Systementwicklung sind Wiederverwendungskonzepte noch nicht lange etabliert, so dass im automotiven Softwareentwurf, welcher traditionell der weiteren Fahrzeugentwicklung durch etablierte Umsetzungen in anderen industriellen Bereichen voraus ist[1], weder Prozesse noch Werkzeuge in der Architekturkonzeption systematisch eingesetzt werden [BKPS07, DWHC09].

HETEROGENE MODELLIERUNG Die Wiederverwendung wird durch die Heterogenität des E/E-Architekturmodells erschwert. Die Modellierungsreihenfolge und -struktur wird oft domänenabhängig bestimmt, womit diese ungleiche Basis im E/E-Architekturmodell eine modelltechnische Wiederverwendung bis jetzt nicht ermöglicht. Ebenso ist kein allgemein geführter Modellierungsprozess existent, an dem sich unerfahrene Modellierer oder Architekten orientieren können und somit bleibt die E/E-Architekturmodellierung ein Expertenprozess (wobei die Expertise auf das Architekturwissen und nicht auf der eigentlichen Modellierung liegen sollte).

KEINE ARCHITEKTURPATTERN Für die Wiederverwendung können keine Standardlösungen wie z.B. ein E/E-Architektur-Lösungsmuster (Architectural Patterns wie in [MKK+08] vorgeschlagen) in der heutigen E/E-Architekturmodellierung verwendet werden. Die Umsetzung durch Lösungsmuster ist zu eingeschränkt, da zum einen die heutigen E/E-Architekturen sehr heterogen (bedingt durch die verschiedenen Bussysteme, unterschiedlichen Topologien und deren unterschiedlichen hierar-

---

1 Die Automobilindustrie ist in der Prozesssicherheit von Softwareentwicklungen 10 Jahre hinter der Softwareindustrie zurück [Bor10b].

chischen Organisation in Domänen) sind [Fri08], und zum anderen in der evolutionären E/E-Architekturentwicklung die Übernahme von E/E-Komponenten berücksichtigt werden muss [WJA09].

KEINE WIEDERVERWENDUNG IN DER E/E-ARCHITEKTURFAMILIE Die E/E-Architekturfamilie ist als evolutionärer Ansatz mit der Gruppierung von ähnlichen, zeitlich versetzten Baureihen umgesetzt. Allerdings werden hierbei in der E/E-Architekturmodellierung einige Aspekte nicht abgedeckt (z.B. die Parallelisierung von E/E-Architekturmodellen unterschiedlicher Baureihen, die Wiederverwendung von Modellobjekten auch in Baureihen außerhalb der E/E-Architekturfamilie, die Rückverfolgbarkeit und Änderungsfähigkeit bei späteren Änderungen von Modellobjekten, sowie die verschiedenen Einführungszeitpunkte von Innovationen in ein E/E-Architekturmodell). So kommt es, dass die evolutionäre Weiterentwicklung der Baureihen zu unterschiedlichen E/E-Architekturmodellen innerhalb der gleichen E/E-Architekturfamilie erfolgt. Und somit führen trotz einer E/E-Architekturfamilie, die individuelle E/E-Architekturentwicklung jeder Baureihe und die verschiedenen Einführungszeitpunkte der Innovationen zu einem hohen Modellierungsaufwand und vielen E/E-Architekturvarianten.

In der heutigen E/E-Architekturmodellierung sind somit keine Wiederverwendungskonzepte bekannt, jedoch müssen diese wegen der Variabilität und Komplexität in der zukünftigen E/E-Architekturmodellierung eingeführt werden (siehe Anforderung 1). Als weiteres wichtiges Kriterium wird in Kapitel 1.2 die Evolution erkannt, welche im nachfolgenden Absatz für die heutige E/E-Architekturmodellierung analysiert wird.

5.1.2 Evolution in der E/E-Architekturmodellierung

Die E/E-Architekturen sind über den E/E-Architekturlebenszyklus nicht stetig, sondern obliegen häufigen funktionalen Änderungen [GE10]. Die Ursachen hierfür sind unter anderem die Integration von Innovationen, die Weiterentwicklung der Technologien, neue oder erweiterte Funktionalitäten, divergierende Entwicklungszyklen der Domänen, die Modulstrategie beziehungsweise wirtschaftliche Gründe (Kostendruck, etc.). Diese Evolution wird allerdings zurzeit in der E/E-Architekturmodellierung nicht explizit berücksichtigt:

KEINE MODELLIERUNG ÜBER DEN E/E-ARCHITEKTURLEBENSZYKLUS Die E/E-Architekturmodellierung wird am Ende der Konzeptphase mit dem E/E-Architekturkonzept abgeschlossen (siehe Kapitel 3.1.2). Für spätere Änderungen beziehungsweise die Integration von neuen Innovationen werden diese E/E-Architekturmodelle nicht weiter genutzt, obwohl eine schnelle Bewertung einer E/E-Integrierbarkeit durch die bereits erstellten E/E-Architekturmodelle möglich ist. Dies liegt zum einen an dem fehlenden

Modellierungskonzept (die Änderungen werden zurzeit direkt in den umfangreichen E/E-Architekturmodellen durchgeführt und sind somit fehleranfällig), und zum anderen an der organisatorischen Trennung der Entwicklungsverantwortlichkeiten zwischen Konzeptphase und der Serienentwicklung (und damit auch der unterschiedlichen Entwicklungsprozesse).

KEINE AUTOMATISIERUNG DURCH DYNAMISIERUNG Die Modellobjekte in den E/E-Architekturmodellen unterliegen auch zeitlichen Änderungen, welche implizit durch die Dynamisierung der Module vorgegeben werden. Da jedoch zurzeit die Module nicht explizit in der E/E-Architekturmodellierung betrachtet werden, ist auch keine direkte Übernahme dieser Änderungen wegen der nicht bekannten Strukturierung und Hierarchisierung der Modulstrategien möglich. Dies bedeutet aber auch, dass wenn die Dynamisierung außerhalb der E/E-Architekturmodellierung durchgeführt wird und eingepflegt werden soll, sich dafür ein hoher Modellierungsaufwand ergibt (Kapitel 5.1.3).

Für die zukünftige E/E-Architekturmodellierung muss auch die Evolution von Modellobjekten mitbetrachtet werden (siehe Anforderung 2), um den initialen Aufwand zur Erstellung der E/E-Architekturmodelle in den späteren Entwicklungsphasen für schnelle und aufwandsarme Bewertungen zur E/E-Integrierbarkeit der Innovationen beziehungsweise der Änderungen von Modellobjekten zu nutzen. Dies würde die Vorteile der E/E-Architekturmodellierung gegebenenfalls auf den gesamten E/E-Architekturlebenszyklus erweitern sowie in der Entwicklungsorganisation verankern.

5.1.3 Einbindung der Module in die E/E-Architekturmodellierung

In Kapitel 3.4.2 wird die Möglichkeit der Einbindung von Modulen in die E/E-Architekturmodellierung dargestellt und nachfolgend die aktuelle Umsetzung bewertet:

KEINE EINBINDUNG IN DIE E/E-ARCHITEKTURMODELLIERUNG Diese Module werden in der E/E-Architekurmodellierung zurzeit weder in der Modellstruktur noch als Aggregationen von Modellobjekten berücksichtigt, d.h. es fehlt die Transparenz der Modulstrategien in den E/E-Architekturmodellen. Dabei werden die E/E-Architekturen heutzutage noch überwiegend für jede Baureihe hardwareorientiert und evolutionär weiterentwickelt (siehe auch [RH06, RSB07]). Hierbei liefern die kontinuierlich eingeführten Modulstrategien in der Zukunft die Vorgaben für enthaltende E/E-Komponenten und deren physikalischen Schnittstellen. Aus diesem Grund ist es naheliegend, die Module und deren Eigenschaften von baureihenübergreifender Wiederverwendung, einheitlicher Strukturierung und dem formalisierten Umgang mit der Modulevolution zu nutzen.

KEINE MODULÜBERGREIFENDE INTEGRATIONSSTRATEGIE Für die einzelnen Module liegt die Entwicklungsverantwortlichkeit bei einer anderen organisatorischen Einheit (d.h. Team oder Abteilung in unterschiedlichen Direktionen), und somit wird dieses unabhängig spezifiziert, entworfen und entwickelt. Die einzelnen Modulstrategien geben dabei Kennzahlen für die Spezifikation der Module (z.B. werden Gewichtsziele oder Variantenanzahl festgelegt) allerdings keine modulübergreifenden Entwurfsrichtlinien vor, da die Modularisierung nicht systemorientiert durchgeführt wurde und in der mechanischen Entwicklung die funktionale Interaktionen zwischen den Modulen nicht betrachtet werden. Somit existiert auch keine formale und prozessgestützte Integrationsstrategie für die modulübergreifende, funktionale Systemintegration, um die unabhängigen Module funktional zu einem Fahrzeug zusammen zu fügen (und somit erstmal in einem fahrzeugweiten E/E-Architekturmodell).

In der E/E-Architekturmodellierung bedarf es somit nicht nur eines Einbindungskonzepts sondern zusätzlich einer modulübergreifenden Integrationsstrategie zur Nutzung der Module, um deren Vorteile in der E/E-Architekturmodellierunggemäß Kapitel 5.2.3 zu nutzen.

5.1.4 Produktlinien Engineering in der E/E-Architekturmodellierung

Die E/E-Architekturen bestehen aus Gleichteilen (siehe Definition 2.8), welche den einmalig erstellten Artefakten des Produktlinien Engineerings entsprechen. Die Wiederverwendung von Gleichteilen in unterschiedlichen Baureihen wird zurzeit in der Fahrzeugentwicklung durch die Plattformen (siehe Kapitel 2.2.1) und in der E/E-Architekturentwicklung durch die E/E-Architekturfamilien (siehe Kapitel 2.2.2) realisiert. In dieser Arbeit wird allerdings das Produktlinien Engineering aus der Softwaretechnik für die Weiterentwicklung der methodischen Wiederverwendung in Betracht gezogen, um die Entkopplung in der Modellierung zwischen den Modellobjekten (z.B. den Gleichteilen) und den E/E-Architekturmodellen umzusetzen. Damit ergibt sich die Möglichkeit, diese Wiederverwendung nicht nur an die jeweilige E/E-Architekturfamilie zu binden, sondern für jegliche E/E-Architekturmodelle zuzulassen. Diese Flexibilität fördert dabei die Einbindung der Module (siehe Zielsetzung 1.2), welche auch baureihenübergreifend (d.h. über alle E/E-Architekturmodelle) spezifiziert werden. Zurzeit ist dabei in der E/E-Architekturmodellierung kein Produktlinienansatz eingeführt und es sind keine artverwandten Baukasten-

oder Bibliothekslösungen mit einem Two-Life-Cycle-Ansatz wie das Produktlinien Engineering bekannt. Somit wird in dieser Arbeit eine spezifische Trennung zwischen Modellobjekte- und E/E-Architekturmodellierung zur methodischen Umsetzung von Wiederverwendung und Evolution analysiert, und somit das Produktlinien Engineering gemäß [PBL05] aus der Softwaretechnik in Kapitel 5.3 in die E/E-Architekturmodellierung eingeführt beziehungsweise angepasst.

5.1.5 Merkmalsmodellierung in der E/E-Architekturmodellierung

In der Fahrzeugentwicklung existieren in Produktlinien von Softwaresystemen oft Tausende von Variationspunkten, welche für die einzelne Baureihe gebunden werden [BTC$^+$08, PBL05, STB$^+$04]. Um diese als gemeinsame und variable Merkmale einer Softwareproduktlinie darzustellen, wird die Merkmalsmodellierung verwendet. Das Merkmalsmodell stellt beispielsweise die gemeinsamen (z.B. gesetzlich vorgeschriebene Serienausstattungen) und variablen (z.B. Sonderausstattungen) Merkmale einer Produktlinie dar, wobei das variable Merkmal durch einen Variationspunkt gekennzeichnet wird. In dieser Arbeit soll dieser Ansatz der Variabilitätsdarstellung auch für die E/E-Architekturmodellierung eingeführt und für die Konfiguration von E/E-Architekturmodellen (siehe Kapitel 4.2.3) genutzt werden. Dies ist möglich, da auch in den verschiedenen E/E-Architekturebenen die Variationspunkte vorhanden sind.

> Beispiel (aus Kapitel A): In der FN-Ebene entspricht die Partitionierung von einer Softwarekomponente einem Variationspunkt, wenn die Stereokamera nur bei ausgewähltem E/E-System MBC (aber nicht bei ABC) die Softwarekomponente Objekterfassung implementiert. In der NET-Ebene besitzt das Steuergerät einen Variationspunkt für die Busanbindung, welche mit unterschiedlichen Bussystemen (CAN oder FlexRay) vernetzt werden kann. In der TOP-Ebene entspricht auch der Einbauort einem Variationspunkt, indem sich die Verortung des Steuergeräts des ABC oder des MBC durch denselben Einbauort ausschließen (d.h. durch die Auswahl des entsprechenden E/E-Systems wird dieser Variationspunkt gebunden).

Jedoch sind weder eine merkmalsbasierte Konfiguration noch andere merkmalsbasierte Variabilitätsmechanismen in der E/E-Architekturmodellierung eingeführt, was mit der zurzeit vorherrschenden Orientierung am Bottom-Up-Entwurf (siehe Kapitel 3.2.1) zu erklären ist. Somit muss in Kapitel 6.5 ein geeignetes Konzept für eine merkmalsbasierte Konfiguration erstellt werden. Zusätzlich muss bei der Einführung der Merkmalsmodellierung in die E/E-Architekturmodellierung zur Konfiguration von E/E-Architekturmodellen bedacht werden, dass ein initial aufgestelltes Merkmalsmodell nicht über die Zeit statisch besteht, sondern bedingt durch die zeitliche Variabilität evolutionär weiterentwickelt [Sch10a]. Dies erfordert vom Merkmalsmodell, dass es in der

Evolution der E/E-Systeme oder Dynamisierung der Module erweiterbar und veränderbar sein muss.

5.2 Analyse der E/E-Architekturmodellierung

In diesem Kapitel wird nach der Bewertung des Stands der Technik in Kapitel 5.1 die E/E-Architekturmodellierung hinsichtlich den allgemeinen Anforderungen an die zukünftige E/E-Architekturmodellierung und die Umsetzung der Zielsetzungen (aus Kapitel 1.2) analysiert.

5.2.1 Allgemeine Anforderungen an die zukünftige E/E-Architektur-modellierung

Die zukünftige E/E-Architekturmodellierung unterliegt mit der Zunahme von Variabilität und Komplexität der Herausforderung, eine Menge von fahrzeugweiten E/E-Architekturkonzepten in der Konzeptphase zu erstellen. Dabei werden diese auf Basis von nicht vollständig spezifizierten Anforderungen und Spezifikationen, die erst in den späteren Entwicklungsphasen fertiggestellt werden, modelliert. In diesem Kontext müssen daher für die E/E-Architekturmodellierung die nachfolgenden drei Anforderungen beachtet und vom modulorientierten Produktlinien Engineering berücksichtigt werden.

Einführung und Wiederverwendung von Modulen

In die E/E-Architekturmodellierung sollen gemäß Zielsetzung 1.2 die Module der Fahrzeugentwicklung eingebunden werden. In der Fahrzeugentwicklung entstehen durch die Nutzung der Modulstrategien nachweisbare Skaleneffekte in Kosten und Aufwand (siehe Kapitel 2.3.2), unter anderem indem dieselben Module nicht nur in mehreren, parallelen (auch innerhalb) Baureihen sondern auch in mehreren aufeinanderfolgenden Baureihengenerationen (zeitlich), je nach individuellem Modulzyklus, wiederverwendet werden. Das Ziel ist es, diese Wiederverwendung auch für die Modellobjekte in der E/E-Architekturmodellierung umzusetzen (siehe Anforderung 1), um Synergien im Modellierungsaufwand für die einzelnen E/E-Architekturmodelle zu ermöglichen.

Anforderung 1 (Wiederverwendung von Modulen). *Aufwandsreduzierung in der E/E-Architekturmodellierung durch die modellübergreifende Wiederverwendung von Modulen.*

Die Wiederverwendung von Modulen muss dabei eine effizientere Integration der Modellobjekte in die E/E-Architekturmodelle und auch deren spätere Austauschbarkeit (siehe Anforderung 2) ermöglichen.

Dynamisierung von Modulen

Die Wiederverwendung von Modulen in den E/E-Architekturmodellen muss berücksichtigen, dass die Module aufgrund deren Weiterentwicklung periodisch in der Dynamisierung optimiert werden (siehe Kapitel 2.3.2). Bedingt durch den langen E/E-Architekturlebenszyklus ergibt sich durch die Dynamisierung von integrierten Modulen eine hohe Änderungswahrscheinlichkeit innerhalb der E/E-Architekturmodelle. Diese Änderungen müssten in der heutigen E/E-Architekturmodellierung in den einzelnen E/E-Architekturmodellen manuell durchgeführt werden, was zum einen zeitaufwändig durch die Modellierung in mehreren E/E-Architekturmodellen und zum anderen fehleranfällig durch die direkte Modellierung in den E/E-Architekturmodellen ist. In der zukünftigen E/E-Architekturmodellierung ist somit für die Module ein effizientes Änderungs- und Austauschkonzept notwendig (siehe Anforderung 2).

Anforderung 2 (Dynamisierung von Modulen). *Änderung und Austausch von integrierten Modulen nach der Dynamisierung sowie Rückverblockung von Modulen in den E/E-Architekturmodellen.*

Zusätzlich muss für die Dynamisierung beachtet werden, dass mit einem fortgeschriebenen Modulzyklusplan das jeweilige Modul gegebenenfalls auch in bereits in der Produktion befindliche Baureihen eingeführt wird. Dies wird z.B. im Rahmen der Modellpflege dieser Baureihen als *Rückverblockung*[2] des jeweiligen Moduls durchgeführt und in deren E/E-Architekturmodelle integriert.

Innovationsmodellierung mit Modulen

In der Konzeptphase der E/E-Architekturmodellierung ist die Evaluierung von Innovationen auf deren E/E-Integrierbarkeit eine zentrale Aufgabe (siehe Kapitel 3.1.2). Hierbei werden eine Vielzahl von Ideen als Innovationen untersucht, von denen nur einige Innovationen die Konzeptreife (abgesicherte Konzepttauglichkeit) erreichen und in den nachfolgende Phasen umgesetzt werden. Für deren Konzeptuntersuchung ist es notwendig, dass alle Innovationen modelliert werden. Aus diesem Grund muss die Modellierung der Innovationen schnell und vor allem effizient durchführbar sein. Da sich die meisten Innovationen aus bestehenden E/E-Systemen und -Komponenten weiterentwickeln lassen, können somit bereits vorhandene Modellobjekte zur Modellierung der Innovationen wiederverwendet werden. Dieser Ansatz soll in Zukunft durch

---

2 Rückverblockung ist die Verblockung (Definition 2.9) in bestehende Baureihen.

eine Wiederverwendung der Module zu einem reduzierten Modellierungsaufwand führen (siehe Anforderung 3), so dass nur der jeweilige Neuanteil der Innovation zusätzlich modelliert werden muss.

Anforderung 3 (Innovationsmodellierung mit Modulen). *Effiziente und schnelle Absicherung der E/E-Integrierbarkeit von Innovationen durch die Wiederverwendung von Modulen in der E/E-Architekturmodellierung.*

5.2.2 Analyse der Übertragbarkeit des Produktlinien Engineerings auf die E/E-Architekturmodellierung

Mit der Zielsetzung 1.1 wird die Anpassung der heutigen E/E-Architekturmodellierung zu einem Produktlinienansatz motiviert. Dazu wird eingangs in diesem Kapitel das Produktlinien Engineering gemäß Kapitel 4.1 auf die heutige E/E-Architekturmodellierung abgebildet und die Fragestellung 1.1 beantwortet. Nachfolgend werden die Gründe diskutiert, warum die heutige E/E-Architekturmodellierung nicht direkt auf die Prozesse des Produktlinien Engineerings aus Kapitel 4.1.2 übertragbar ist.

DOMAIN ENGINEERING Die Prozesse des Domain Engineerings sind in der heutigen E/E-Architekturmodellierung nicht abgebildet, da die Modellierung der Modellobjekte direkt in den E/E-Architekturmodellen (↦ Application Engineering) durchgeführt und nicht zwischen gemeinsamen und variablen Modellobjekten getrennt wird. Hieraus ergibt sich, dass keine modellübergreifende Wiederverwendung der Modellobjekte (die Wiederverwendung von Modellobjekten zwischen den E/E-Architekturmodellen wird manuell vorgenommen) und keine explizite Ableitung von Varianten (die E/E-Architekturvarianten werden direkt im E/E-Architekturmodell gebildet) über einen Produktlinienansatz erfolgt.

APPLICATION ENGINEERING Die Prozesse der E/E-Architekturmodellierung umfassen den Entwurf (↦ Application Design), die Modellierung (↦ Application Realisation) sowie die Absicherung (↦ Application Testing) der einzelnen E/E-Architekturmodelle. Es wird jedoch keine Anforderungsableitung und Konfiguration als separater Prozess (↦ Application Requirements Engineering) durchgeführt, sondern es wird implizit durch die evolutionäre Übernahme des vorherigen E/E-Architekturmodells und der Modellierungen von Innovationen direkt im E/E-Architekturmodell eine Konfiguration vorgenommen.

Dieses Ergebnis der Analyse ist in Abbildung 21 vereinfacht dargestellt. Zur Anpassung der E/E-Architekturmodellierung zu einem produktlinienbasierten Ansatz (wie in Zielsetzung 1.2 gefordert), muss das Domain Engineering zur Trennung der Modellierung und Umsetzung der modellübergreifenden Wiederverwendung eingeführt werden. Ein erstes Konzept zum Transfer der Prozesse

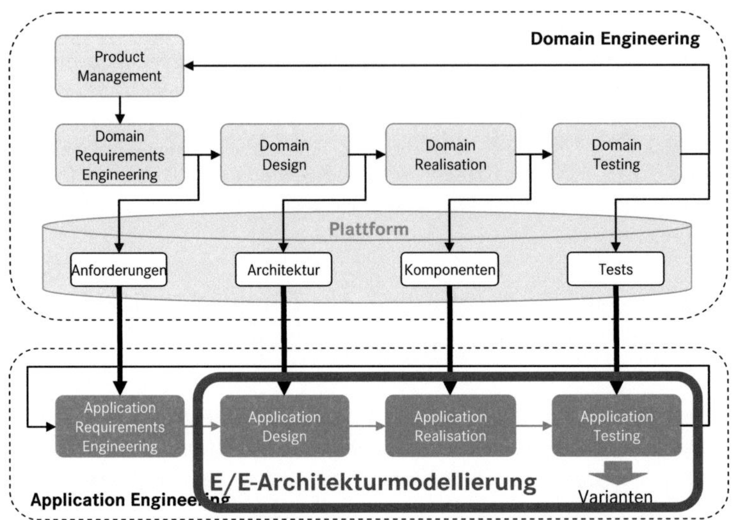

Abbildung 21: Theoretische Abdeckung der heutigen E/E-Architekturmodellierung (blau) mit Prozessen des Produktlinien Engineerings aus Abbildung 18

des Produktlinien Engineerings sowie zur Anpassung auf die Anforderungen der E/E-Architekturentwicklung wird von Jaensch, Hedenetz, Conrath und Müller-Glaser in [JHCMG10] vorgestellt. Dabei wird der komplette E/E-Architekturentwicklungszyklus (nicht nur die E/E-Architekturmodellierung) betrachtet, allerdings wird nachfolgend, aufgrund der Fokussierung dieser Arbeit, nur die Anpassung für die E/E-Architekturmodellierung diskutiert (siehe Abbildung 22):

E/E-PLATTFORMENTWICKLUNG Entsprechend eines Domain Engineerings wird die Entwicklung und Evolution einer E/E-Plattform eingeführt. Dabei wird nach der Spezifizierung der E/E-Plattform (↦ Plattform Requirements Engineering), diese als E/E-Architekturmodell entworfen (↦ Plattform Design), bewertet (↦ Virtuelle Absicherung Plattform) und iterativ optimiert (↦ Architekturoptimierung). Diese E/E-Plattform führt theoretisch die Idee einer E/E-Architekturfamilie fort (d.h. eine E/E-Architektur zur Wiederverwendung in mehreren Derivaten, siehe Kapitel 2.2.2). Dieser Ansatz wird noch um die Parallelisierung von E/E-Architekturmodellen unterschiedlicher Derivate sowie einer virtuellen Absicherung der wiederverwendbaren Modellobjekte erweitert. Weitere Prozesse des Domain Engineerings werden von der E/E-Plattform nicht durchlaufen, da eine Umsetzung und damit das Testen aufgrund von sich gegenseitig ausschließenden oder überspezifizierten Konfigurationen nicht für die E/E-Plattform durchgeführt wird.

E/E-ARCHITEKTURENTWICKLUNG Die E/E-Architekturentwicklung setzt die Ableitung und Anpassung der E/E-Architekturmodelle (d.h. die Derivate) aus der E/E-Plattform entsprechend einem Application Engineering um. Dabei wird die E/E-Architekturvariante konfiguriert (↦ Architektur Requirements Engineering) und als E/E-Architekturmodell abgeleitet (↦ Architektur Design). Die nachfolgenden Prozesse beschreiben die weitere E/E-Architekturentwicklung nach Abschluss der E/E-Architekturmodellierung (↦ Architekturkonzept) und werden hier weiter erörtert.

MODULENTWICKLUNG Die Entwicklung von E/E-Komponenten durch die Modulstrategien wird in [JHCMG10] in Bezug zur E/E-Architekturentwicklung gestellt. Hierbei ist jedoch die Einbindung der Module in die E/E-Architekturmodellierung nur als Spezifizierung der Modellobjekte und nicht als modulspezifisches Modellierungskonzept erfolgt (↦ Modul Management).

Bewertung der eigenen Ergebnisse aus [JHCMG10]

Das vorgestellte Produktlinien Engineering für die E/E-Architekturentwicklung zeigt, dass die Entkopplung der Entwicklungsprozesse auch für die E/E-Architekturmodellierung theoretisch möglich ist, indem eine E/E-Plattform als weiterentwickelter Ansatz einer E/E-Architekturfamilie die methodische Wiederverwendung von E/E-Architekturmodellen ermöglicht. Jedoch sind in der praktischen Umsetzung dieses Ansatzes die folgenden Herausforderungen zu beachten:

KOMPLEXITÄT DES E/E-ARCHITEKTURMODELLS Für die E/E-Architekturmodellierung ist dieser plattformorientierte Ansatz eine modelltechnische Herausforderung in Komplexität und Variabilität. Ein einziges E/E-Architekturmodell als E/E-Plattform ist sehr umfangreich, da es die Modellobjekte aller Module und zusätzliche Modellobjekte zur vollständigen Darstellung der E/E-Systeme sowie der Vernetzung enthalten würde.

BEWERTBARKEIT DES E/E-ARCHITEKTURMODELLS Ein einziges E/E-Architekturmodell als E/E-Plattform ist zusätzlich nicht bewertbar, da sich ein inkonsistentes E/E-Architekturmodell durch sich gegenseitig ausschließende Architekturlösungen der Module wie z.B. unterschiedliche Busanbindungen des gleichen Modellobjekts ergäbe.

RÜCKVERFOLGBARKEIT DES E/E-ARCHITEKTURMODELLS Ebenso ist in einem einzigen E/E-Architekturmodell als E/E-Plattform die Rückverfolgung der Dynamisierungen und die E/E-Systemevolutionen in mehreren, zeitlich versetzten Baureihen aus einem einzigen (statischen) E/E-Architekturmodell nicht konsistent zu halten.

ORGANISATORISCHE RAHMENBEDINGUNG Das Produktlinien Engineering für die E/E-Architekturentwicklung hat durch die Abdeckung des kompletten E/E-Architekturentwicklungszyklus einen Einfluss auf unterschiedliche

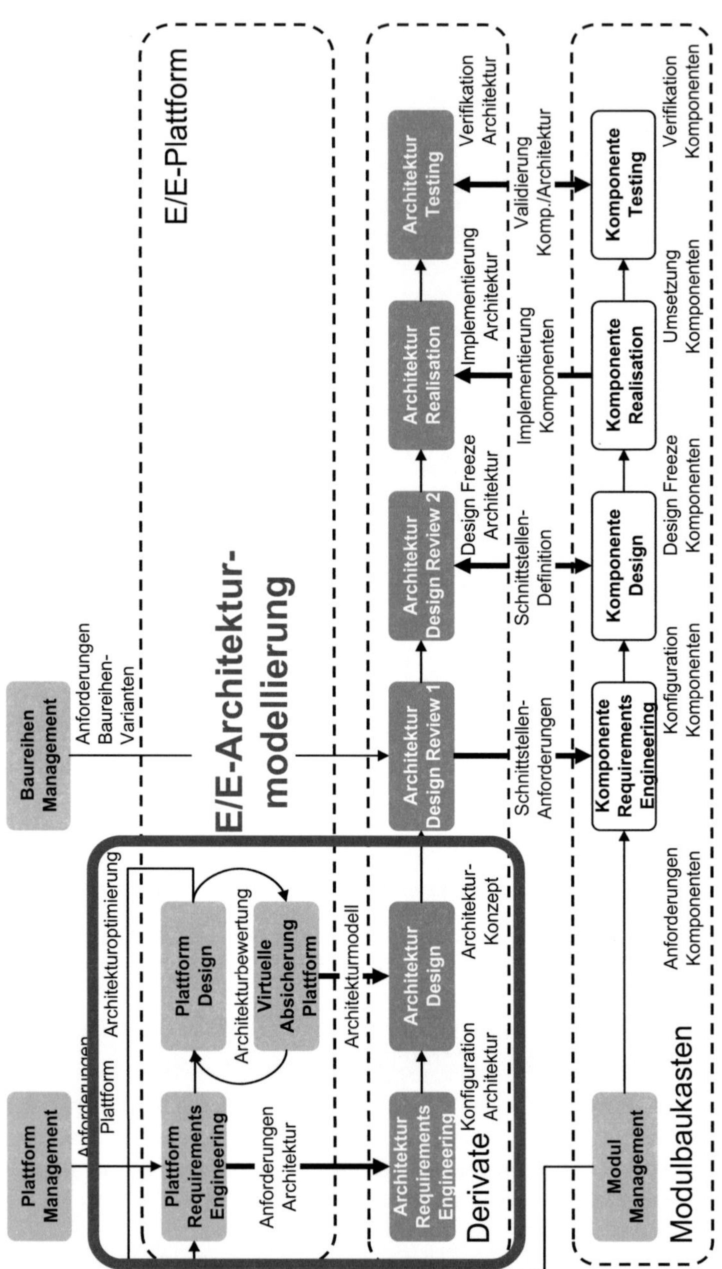

Abbildung 22: Transfer des Produktlinien Engineerings auf die Prozesse der heutigen E/E-Architekturentwicklung und im Speziellen auf die E/E-Architekturmodellierung (blau) [JHCMG10]

Organisationseinheiten (Vorentwicklung, Serienentwicklung und Produktion) und muss sowohl mit den E/E-Architekturfamilienstrategien als auch mit den Modulstrategien abgestimmt sein.

Aus diesen Gründen wird in dieser Arbeit mit dem modulorientierten Produktlinien Engineering ein weiterentwickelter Ansatz für die E/E-Architekturmodellierung vorgestellt, welcher hierbei auf dem Domain Engineering-Konzept basiert. Wie in Abbildung 23 zu erkennen ist, wird die Modellierung zwischen Modellobjekten und E/E-Architekturmodellen getrennt (↦ Modellobjekte Design und ↦ Architektur Design). Dabei wird auf der Ebene der Modellobjektmodellierung kein E/E-Architekturmodell erstellt, sondern dieses wird nur in der Modellierungsebene der E/E-Architekturmodelle erstellt (↦ Architektur Design), abgesichert (↦ Architekturbewertung) und optimiert (↦ Architekturoptimierung). Zusätzlich wird die Konfiguration der E/E-Architekturmodelle nur auf Modellobjekte-Ebene durchgeführt (↦ Merkmalsmodell). Die Gründe für diese Anpassungen des Produktlinien Engineerings werden nachfolgend in Kapitel 5.3 hergeleitet.

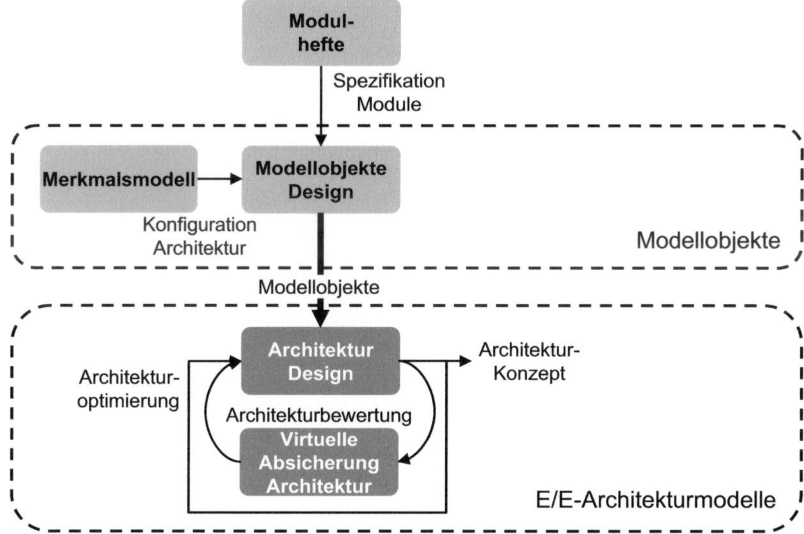

Abbildung 23: Weiterentwicklung des Ansatzes aus Abbildung 22 für die E/E-Architekturmodellierung zu den Prozessen des modulorientierten Produktlinien Engineerings (aus [JHCMG10] abgeleitet)

5.2.3 Analyse der Potenziale für die Einbindung von Modulen in die E/E-Architekturmodellierung

Die Module sind unabhängige und austauschbare Einheiten, die in den Modulheften spezifiziert, individuell entwickelt und eingekauft, sowie in der Dynamisierung modulspezifisch optimiert werden. Dabei ergeben sich durch die Einbindung der Module die folgenden Potenziale für die E/E-Architekturmodellierung:

ENTKOPPLUNG ZWISCHEN BAUREIHEN- UND MODULZYKLEN Die E/E-Integration der Innovationen sowie die divergierenden Entwicklungszyklen der Domänen führen zu ständigen Änderungen in den E/E-Architekturmodellen. Durch eine Trennung der Entwicklungszyklen können Änderungen von Modellobjekten getrennt entworfen und abgesichert werden, um dann zu einem definierten Zeitpunkt über einen zuverlässigen Integrationsprozess in die E/E-Architekturmodelle integriert werden.

REDUZIERUNG DER VARIABILITÄT Ein Ziel der Modulstrategien ist die Variantenreduzierung durch die Verblockung über mehrere Baureihen (siehe Definition 2.12). Durch die Nutzung der Modulstrategien und einer formalen Wiederverwendung der Modellobjekte, ist die Verblockung baureihenübergreifend auch in der E/E-Architekturmodellierung realisierbar, und die heutige wiederholte Modellierung von gleichen Modellobjekten in unterschiedlichen E/E-Architekturmodellen vermeidbar.

REDUZIERUNG DER KOMPLEXITÄT Eine Aggregation von Modellobjekten ist überschaubarer als die komplexen E/E-Architekturmodelle mit deren umfangreichen Anzahl an Modellobjekten. Dies führt mit der Nutzung der Module zur einer vereinfachten Modellierung der einzelnen Modellobjekte. Die Folge daraus ist eine geringere Fehleranfälligkeit bei Änderungen, da diese erst im Modul durchgeführt und abgesichert werden können und nachfolgend ins E/E-Architekturmodell eingebracht werden (und nicht direkt im E/E-Architekturmodell ausgeführt werden).

SCHNELLER INITIALER AUFBAU DER E/E-ARCHITEKTURMODELLE Die E/E-Architektur wird vor der Erstellung von System- beziehungsweise Komponentenlastenheften entworfen, d.h. die relevanten Informationen für die E/E-Architekturmodellierung können nicht einer Spezifikation entnommen werden. Hierbei können die Module von Nutzen sein, welche von den Modulstrategien baureihenunabhängig und langfristig in deren Modulheften spezifiziert werden. Somit können für den initialen Aufbau der E/E-Architekturmodelle einer neuen Baureihe die Modellobjekte durch die Vorgabe dieser Module selektiv übernommen werden.

FRÜHZEITIGE BEWERTUNG DER E/E-INTEGRIERBARKEIT In [BP01] wird darauf hingewiesen, dass der Entwurfsprozess in der Fahrzeugentwicklung nicht perfekt modularisiert werden kann. Dies liegt an den verschiedenen Technologien mit unterschiedlichem Evolutionsfortschritt sowie

-geschwindigkeit der Komponenten. Da allerdings die Module entkoppelt und unabhängig entwickelt werden, kann dieses bei deren Integration gegebenenfalls zu inkompatiblen Technologien (z.B. der zu verbindenden Schnittstelle) führen. Hierbei wird durch die E/E-Architekturmodellierung diese Technologielücke frühzeitig im Entwurf aufgedeckt und eine entsprechende Anpassung kann entwickelt werden.

Um die aufgezeigten Vorteile für die E/E-Architekturmodellierung zu nutzen, wird in Kapitel 5.4 die Einbindung der Module in die E/E-Architekturmodellierung konzeptioniert.

5.3 Konzeption der Einführung des Produktlinien Engineerings

In Kapitel 5.2.2 wird bei der Abbildung des Produktlinien Engineerings auf die heutige E/E-Architekturmodellierung identifiziert, dass keine äquivalenten Prozesse zur Durchführung eines Domain Engineerings sowie zur Konfiguration vorhanden sind. Diese Prozesse werden in diesem Kapitel als Anforderungen an ein Produktlinien Engineering für die zukünftige E/E-Architekturmodellierung definiert. Warum dieser Ansatz des Produktlinien Engineerings weiter verfolgt wird, ergibt sich aus der Analyse der zukünftigen Anforderungen aus Kapitel 5.2.1:

- Wiederverwendung (Anforderung 1): Das Produktlinien Engineering setzt methodisch die Ableitung von Varianten durch die Wiederverwendung von Objekten um. In der E/E-Architekturmodellierung wird damit die einmalige Modellierung und Absicherung der Modellobjekte ermöglicht ($\mapsto$ Domain Engineering), bevor diese in den einzelnen E/E-Architekturmodellen methodisch wiederverwendet ($\mapsto$ Application Engineering) werden.

- Dynamisierung (Anforderung 2): Die Entkopplung der Modellierung der Modellobjekte von den E/E-Architekturmodellen ($\mapsto$ Domain Engineering) ermöglicht für die Dynamisierung der Modellobjekte, dass deren Änderung und Austausch effizienter (keine Modellierung mehrfach und direkt in den umfangreichen E/E-Architekturmodellen notwendig) und besser steuerbar (der Austausch von Modellobjekten in die E/E-Architekturmodellen wird einzeln und zeitunabhängig getroffen) wird.

- Innovationen (Anforderung 3): Die Entwicklung von Innovationen ist im Produktlinien Engineering bisher nicht berücksichtigt, da deren Entwicklung als eine komplette Neuentwicklung angenommen wird [PBL05].

Aus dieser Analyse ergibt sich, dass für die Einführung in die heutige E/E-Architekturmodellierung Anpassungen und Erweiterungen des Produktlinien Engineerings notwendig sind (siehe nachfolgende Absätze).

a) Getrennte Modellierung von Modellobjekten

Zur Umsetzung von Wiederverwendung und Dynamisierung (Anforderung 1 und 2) wird eine entkoppelte Modellierung der Modellobjekte benötigt. Dies wird im modulorientierten Produktlinienansatz mit der Einführung eines getrennten, allgemeinen Modellierungsbereichs umgesetzt (siehe auch Zielsetzung 1.2). Durch diese Entkopplung wird erreicht, dass zum einen die Innovationen, Änderungen und Erweiterung modelliert und abgesichert werden ($\mapsto$ Domain Engineering), und zum anderen in den E/E-Architekturmodellen wiederverwendet und ausgetauscht werden ($\mapsto$ Application Engineering). Diese Entkopplung der Modellierung zwischen den Modulen und der E/E-Architekturmodelle ist zusätzlich notwendig, da die Entwicklungszyklen von Modulen und E/E-Architekturen ebenso entkoppelt sind (siehe Kapitel 3.4.1).

Anforderung 5.1 (Getrennte Modellierung der Modellobjekte). *Einführung eines neuen Modellierungsbereichs zur entkoppelten Modellierung und Absicherung der Modellobjekte.*

Dabei werden nicht alle Prozesse des Domain Engineerings berücksichtigt, d.h. die Module werden spezifiziert ($\mapsto$ Domain Requirements Engineering), modelliert ($\mapsto$ Domain Realisation) und abgesichert ($\mapsto$ Domain Testing), jedoch wird kein Architekturmodell erstellt (kein $\mapsto$ Domain Design). Die Erstellung eines modulübergreifenden E/E-Architekturmodells im Domain Engineering ist aber nicht sinnvoll. Dies liegt an der Unabhängigkeit der Module zueinander, an einer fehlenden funktionalen Vernetzung der Module miteinander und an der Heterogenität in heutigen E/E-Architekturmodellen unterschiedlicher Baureihen (siehe auch Diskussion bezüglich dem alleinigen E/E-Architekturmodell für die E/E-Plattform in Kapitel 5.2.2).

b) Getrennte Modellierung der Innovationen

Zur Umsetzung der Innovationsmodellierung (Anforderung 3) wird die Wiederverwendung (Anforderung 1) zur schnellen und effizienten Modellierung von Innovationen angewandt ($\mapsto$ Domain Engineering). Zusätzlich muss in der E/E-Architekturmodellierung das Produktlinien Engineering um einen getrennten Modellierungsbereich für die Innovationen erweitert werden, in dem die Innovationen zur Reifegraderlangung unabhängig modelliert und abgesichert werden.

Anforderung 5.2 (Getrennte Modellierung der Innovationen). *Einführung eines neuen Modellierungsbereichs zur getrennten Modellierung und Absicherung der Innovationen.*

c) Merkmalsmodell zur Konfiguration

Mit dem Produktlinien Engineering werden auch die Prozesse des Application Engineerings in der E/E-Architekturmodellierung abgebildet. Dabei werden die Modellobjekte zur Integration in einem E/E-Architekturmodell wiederverwendet ($\mapsto$ Application Design und $\mapsto$ Application Realisation) und dieses E/E-Architekturmodell abgesichert ($\mapsto$ Application Testing). Eingangs ist hierfür eine Konfiguration notwendig, welche erstmalig durch die Variabilitätsmodellierung (Merkmalsmodell, siehe Kapitel 4.2.2) zur Konfiguration ($\mapsto$ Application Requirements Engineering) in die E/E-Architekturmodellierung eingeführt wird.

Anforderung 5.3 (Merkmalsmodell zur Konfiguration). *Einführung eines neuen Merkmalsmodells zur Konfiguration der E/E-Architekturmodelle.*

Mit diesen Erweiterungen (Anforderung 5.1, 5.2 und 5.3) des Produktlinien Engineerings werden für die E/E-Architekturmodellierung zukünftig die Anforderungen 1, 2 und 3 im Konzept des modulorientierten Produktlinien Engineerings berücksichtigt.

5.4 Konzeption der Einbindung von Modulen

Die Zielsetzung 1.2 formuliert die Einbindung von Modulen in die E/E-Architekturmodellierung. Da die Module in der mechanischen Fahrzeugentwicklung eingeführt, aber gemäß Kapitel 5.1.3 noch nicht in der E/E-Architekturmodellierung berücksichtigt werden, wird in diesem Kapitel deren Einbindung in die E/E-Architekturmodelle konzeptioniert. Zu berücksichtigen sind dabei die von JAENSCH, CONRATH, HEDENETZ, und MÜLLER-GLASER in [JCHMG11] beschriebenen Anforderungen zur modellbasierten Integration und Austauschbarkeit von Modulen:

- Integration der Modulmodelle durchgängig in allen relevanten E/E-Architekturebenen,

- Schnittstellenkompatibilität in den einzelnen E/E-Architekturebenen,

- Umgang mit Dynamisierung der Modulmodelle sowie der Evolution von E/E-Architekturmodellen.

Zum einheitlichen Verständnis der nachfolgenden Arbeit werden die verwendeten Begriffe im Umgang mit den Modulen in der E/E-Architekturmodellierung kurz aufgeführt:

Die *Erstellung von Modulen* beschreibt die initiale Erstellung der *Modulmodelle* (als eine Menge von Modellobjekten, siehe Definition 5.1). Die *Integration von Modulen* fügt die Modulmodelle in einem E/E-Architekturmodell zusammen.

Die *Wiederverwendung von Modulen* bedeutet hierbei, dass die Modulmodelle in einem oder mehreren E/E-Architekturmodellen integriert sind. Der *Austausch von Modulen* verdeutlicht, dass in der Dynamisierung die Modulmodelle geändert und anschließend mit den jeweiligen integrierten Modulmodellen in den einzelnen E/E-Architekturmodellen ausgetauscht werden. Bei der *Innovationsmodellierung aus Modulen* wird ein *Innovationsmodell*[3] aus einem oder mehreren Modulmodellen initial erstellt.

5.4.1 Definition der Modulmodelle

In den Modulheften sind die Module als Einheiten von physisch zusammenhängenden Komponenten gemäß der Definition 2.11 spezifiziert. In dieser Arbeit werden dabei nur die Module mit enthaltenen E/E-Komponenten betrachtet. Für diese Module gilt allerdings eine abweichende Spezifikation, da deren E/E-Komponenten nicht zwangsweise durch die physische Nähe sondern eher durch die logische Zusammengehörigkeit als Module aggregiert werden. Diese von der mechanischen Modularisierung abweichende Spezifikation der Module, resultiert aus der Verteiltheit und teilweiser Ortsungebundenheit der logisch zusammenhängenden E/E-Komponenten.

> Beispiel (aus Kapitel A): Das E/E-Systems ABC wird durch die E/E-Komponenten des Moduls Fahrwerk umgesetzt, wobei diese an unterschiedlichen Einbauorten im Fahrzeug vorhanden sind. So sind die vier Einheiten der Feder-/Dämpfer-Beine sowie das Steuergerät im Fahrzeug nicht physisch zusammenhängend platziert (siehe Abbildung 60).

Da die logische Aggregation für die Module mit E/E-Komponenten bewusst getroffen wurde, soll diese jetzt auch im modulorientierten Ansatz der E/E-Architekturmodellierung übernommen werden. Dazu werden die entsprechenden Modellobjekte von logisch zusammenhängenden E/E-Komponenten in einem *Modulmodell* zusammengefasst (siehe Definition 5.1). Mit anderen Worten, repräsentiert ein Modulmodell somit die E/E-relevanten Inhalte des jeweiligen Moduls.

Definition 5.1 (Modulmodell). *Ein Modulmodell setzt sich aus einer Menge von logisch assoziierten Modellobjekten zusammen, welches in der E/E-Architekturmodellierung das entsprechende Modul aus der Fahrzeugentwicklung repräsentiert.*

Ein Modulmodell besteht nach dieser Definition 5.1 aus einer Menge von Modellobjekten, welche dem Modulmodell korrekt gemäß dem Umfang der

---

3 Das Innovationsmodell ist die modelltechnische Repräsentation zur Bewertung und Absicherung der E/E-Integrierbarkeit von Innovationen in der E/E-Architekturmodellierung.

Modulhefte zugewiesen werden. Hierzu werden die verschiedenen *Modellobjekttypen*[4] kategorisiert, je nachdem ob diese modulintern (d.h. *Intramodulobjekte*, siehe Definition 5.2) oder modulübergreifend (d.h. *Intermodulobjekte*, siehe Definition 5.3) in der Modellierung verwendet werden.

Definition 5.2 (Intramodulobjekt). *Das Intramodulobjekt ist ein Modellobjekt, das einem Modulmodell zugeordnet und für dessen vollständige, unabhängige Beschreibung notwendig ist.*

Definition 5.3 (Intermodulobjekt). *Das Intermodulobjekt ist ein Modellobjekt, welches keinem Modulmodell zugeordnet ist, und für die physikalische, logische und funktionale Integration der Modulmodelle in die E/E-Architekturmodelle notwendig ist.*

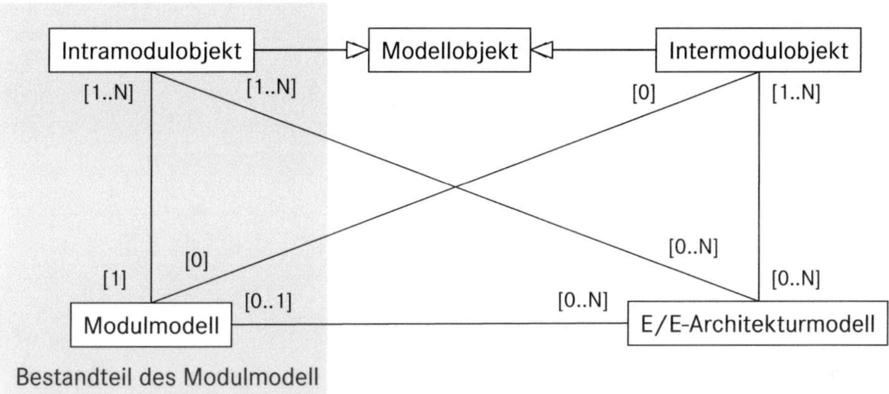

Abbildung 24: Beziehungen der Intra- und Intermodulobjekte zu den Modulmodellen und E/E-Architekturmodellen

Die Unterscheidung zwischen den Intra- und Intermodulobjekten ist in Abbildung 24 dargestellt. Beide Modellobjekttypen leiten sich von den generalisierten Modellobjekten ab, welche durch deren Zuordnung zum Modulmodell beziehungsweise nicht zum Modulmodell typisiert werden. Dabei besitzen nur die Intramodulobjekte eine einfache Assoziation zum Modulmodell, d.h. jedes instanziierte Intramodulobjekt darf nur in einem Modulmodell vorhanden sein. Zusätzlich kann das Intramodulobjekt in keinem oder beliebig vielen E/E-Architekturmodellen enthalten sein. Dieses resultiert aus der späteren Integration der Modulmodelle in die E/E-Architekturmodelle (siehe Anwendungsfall 5.4). Das instanziierte Intermodulobjekt darf nicht im Modulmodell enthalten sein (explizit durch die [0]-Assoziation in Abbildung 24 dargestellt), kann jedoch wie das Intramodulobjekt auch in dem E/E-Architekturmodell enthalten sein.

Diese definierten Abhängigkeiten in Abbildung 24 erlauben eine eindeutige Zuordnung der Modellobjekttypen, um die Modulmodelle automatisiert zu

---

4 Die Typen der Modellobjekte beschreiben die Darstellung und die Eigenschaften als Metamodellobjekte (M2-Modellebene), welche als konkrete Modellobjekte instanziiert werden.

erstellen (siehe Anwendungsfall 5.1) und in die E/E-Architekturmodelle zu integrieren (siehe Anwendungsfall 5.4). Dabei besteht ein Modulmodell immer aus mindestens einem notwendigen Intramodulobjekt vom Modellobjekttyp Steuergerät und dessen peripheren E/E-Komponenten (Sensoren und Aktoren) sowie den notwendigen An- und Verbindungen (siehe Abbildung 26). Dabei werden für das Steuergerät alle Anbindungen (*Intramodulanbindungen* und *Intermodulanbindungen*) sowie die *Intramodulverbindungen* zwischen den Intramodulanbindungen des Steuergeräts und den peripheren E/E-Komponenten dem Modulmodell zugeordnet (siehe Abbildung 25). Die *Intermodulverbindungen* von den Intermodulanbindungen zu anderen, modulexternen E/E-Komponenten werden in das Modulmodell aufgenommen. Diese Intermodulverbindungen sind keinem Modulmodell exklusiv zuzuordnen, und werden somit als Intermodulobjekte kategorisiert. Die Intermodulobjekte bilden somit die Kommunikations- und Versorgungsvernetzung in den E/E-Architekturmodellen ab und werden bei der Integration von verschiedenen Modulmodellen zu einem E/E-Architekturmodell notwendig. Beispiele sind die Bussysteme, konventionelle Verbindungen sowie Masse- und Leistungsversorgungsverbindungen, welche jeweils zwei oder mehrere Modulmodelle miteinander vernetzen.

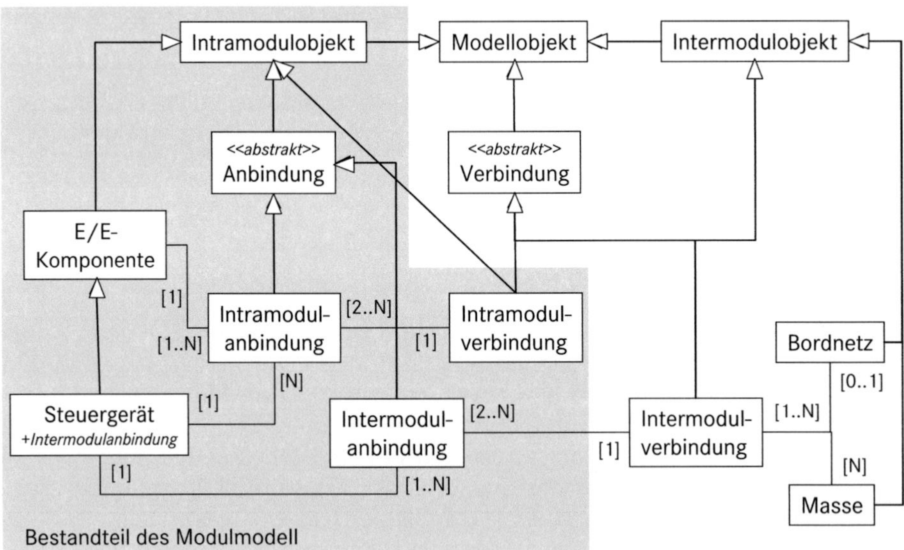

Abbildung 25: Im Modulmodell sind die Intramodulobjekte über Intramodulanbindungen und -verbindungen vernetzt; als einziger Modellobjekttyp der E/E-Komponente besitzt das Steuergerät eine Intermodulanbindung. Das Modellobjekt Verbindung kann sowohl eine Intramodulverbindung sowie eine Intermodulverbindung instanziieren.

Für die E/E-Architekturmodellierung ergibt sich durch die Definitionen 5.2 und 5.3 eine eindeutige Zuordnung der Modellobjekte, d.h. die Intramodulobjekte beschreiben den Modulinhalt und die Intermodulobjekte die Vernetzung und Infrastruktur innerhalb eines E/E-Architekturmodells[5]. In Kapitel 5.4.3 werden die Modellobjekttypen der Modulmodelle für die einzelnen E/E-Architekturebenen identifiziert.

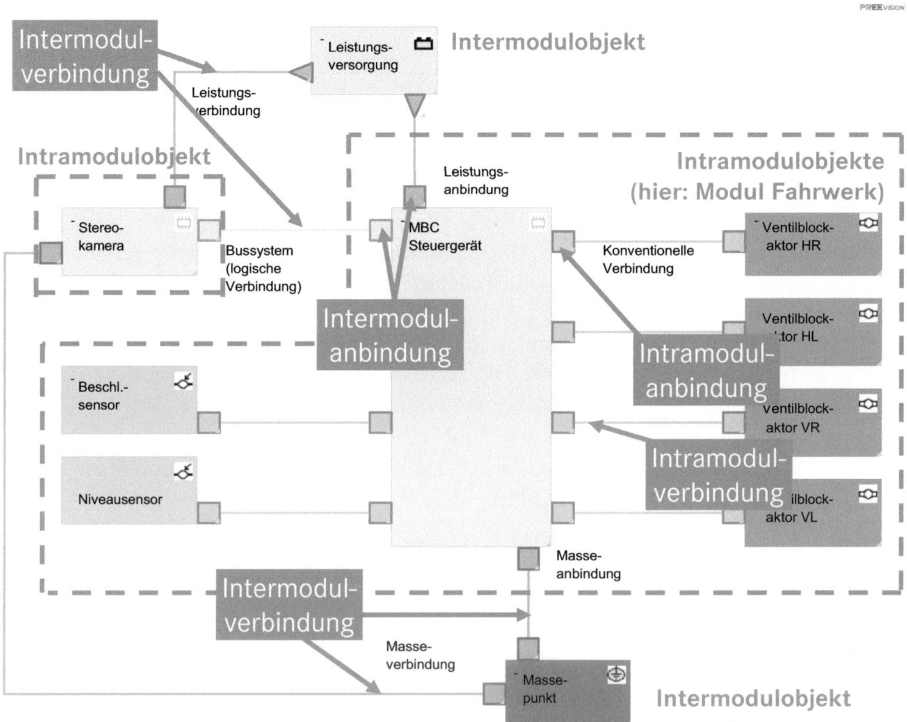

Abbildung 26: Exemplarische Darstellung der Intramodulobjekte des Modulmodells MBC aus Kapitel A auf einem Netzwerkdiagramm der NET-Ebene

5.4.2 Kriterien, Verhalten und Variabilität der Modulmodelle

In diesem Kapitel werden für Zielsetzung 1.2 die notwendigen Kriterien aufgestellt, welche im Konzept bei der Erstellung und Verwendung der Module in der E/E-Architekturmodellierung eingehalten werden müssen. Nachfolgend werden noch die Eigenschaften der Modulmodelle sowie deren Variabilität aufgeführt.

---

5 In den nachfolgenden Kapiteln dieser Arbeit wird bei allgemeiner Erklärung von Modellobjekten und bei eindeutiger Differenzierung von Intra- beziehungsweise Intermodulobjekten gesprochen.

Notwendige Kriterien für die Erstellung und Verwendung der Modulmodelle

Die Module spezifizieren deren E/E-Komponenten in den Modulheften (siehe Kapitel 2.3.2). Da Module in der E/E-Architekturmodellierung als Modulmodelle abgebildet werden, müssen die zugehörigen E/E-Komponenten als Intramodulobjekte in diesen Modulmodellen enthalten sein. Dabei ist es für die weitere Verwendung der Modulmodelle notwendig, dass diese *vollständig* modelliert sind (Kriterium 5.1). Diese *Vollständigkeit* der Modulmodelle führt in der Integration dazu, dass die nachträglich manuelle Modellierung in den E/E-Architekturmodellen vermieden und der Einmalaufwand für die Modellierung erweitert werden kann.

Kriterium 5.1 (Vollständigkeit). *Das Modulmodell muss vollständig sein, d.h. alle relevanten Modellobjekte müssen als Intramodulobjekte im Modulmodell enthalten sein.*

Für eine Verwendung von unterschiedlichen Modulen in der E/E-Architekturmodellierung, müssen alle Modulmodelle in derselben Modulmodellstruktur und über alle E/E-Architekturebenen *einheitlich* modelliert werden (Kriterium 5.2). Durch diese *Einheitlichkeit* ist eine Anwendung von den gleichen Mechanismen für alle Modulmodelle möglich, was einen effizienten Umgang mit den Modulmodellen ermöglicht.

Kriterium 5.2 (Einheitlichkeit). *Die Modulmodellstruktur muss einheitlich sein, d.h. dessen Intramodulobjekte müssen in einer einheitlichen Modellhierarchie und -struktur im Modulmodell enthalten sein.*

Die Modellierung des Modulmodells muss vor dessen Verwendung vollständig und einheitlich abgeschlossen sein, damit dieses mit einem standardisierten Schnittstellenkonzept aus Kapitel 6.6.1 in den jeweiligen E/E-Architekturebenen integriert werden kann. Zusätzlich müssen die Intramodulobjekte innerhalb des Modulmodells *konsistent* sein (Kriterium 5.3). Hierdurch wird in der Integration der Modulmodelle vermieden, dass falsche oder offene Zuordnungen in den E/E-Architekturmodellen existieren und diese vor der Absicherung der E/E-Architekturmodelle aufwändig gesucht und korrigiert werden müssen. Somit muss die *Konsistenz* innerhalb des Modulmodells garantieren, dass bei der Integration nur die externen Schnittstellen betrachtet werden müssen.

Kriterium 5.3 (Konsistenz). *Das Modulmodell muss konsistent sein, d.h. alle Schnittstellen der Intramodulobjekte müssen widerspruchsfrei sein und eine eindeutige Zuordnung besitzen.*

Um die Vorteile durch die Verwendung der Module aus Kapitel 2.3 auch in der E/E-Architekturmodellierung zu nutzen, müssen die Modulmodelle in der Modellierung *unabhängig* voneinander erstellt, verwendet und geändert werden können (Kriterium 5.4). Diese *Unabhängigkeit* erlaubt eine effiziente Verwendung des Modulmodells, indem eine mehrfache Zuordnung eines Intramodulobjekts nicht zugelassen und somit ungewollte Abhängigkeiten vermieden werden (in Abbildung 24 als eine [1]-Assoziation umgesetzt).

Kriterium 5.4 (Unabhängigkeit). *Das Modulmodell muss unabhängig sein, d.h. alle enthaltenen Intramodulobjekte sind einmal zugeordnet und können damit unabhängig von anderen Modulen verwendet werden.*

Die oben eingeführten Kriterien (5.1, 5.3, 5.2 und 5.4) sind alle notwendig, um die *Konfigurierbarkeit* und *Wiederverwendbarkeit* der Modulmodelle in der E/E-Architekturmodellierung umzusetzen. Diese Eigenschaften werden auch in Anforderung 1 gefordert, und werden somit nicht als explizites Kriterium mitaufgenommen.

Ein zusätzliches Kriterium wird durch die Dynamisierung der Module notwendig (siehe Anforderung 2). Um bei Änderungen der Modulmodelle auch eine Anpassung der integrierten Intramodulobjekte durchführen zu können, müssen die Modulmodelle in die jeweiligen E/E-Architekturmodelle zur Dokumentation und zum Austausch *verfolgbar* beziehungsweise nachvollziehbar sein (Kriterium 5.5).

Kriterium 5.5 (Verfolgbarkeit). *Das Modulmodell muss verfolgbar sein, d.h. die integrierten Modulmodelle müssen in die jeweiligen E/E-Architekturmodelle rückverfolgbar sein.*

Bedingungen bei der Erstellung und der Verwendung von Modulmodellen

Die oben beschriebene Abbildung von Modulen auf die E/E-Architekturmodellierung führt zu folgendem Bedingungen der Modulmodelle:

- ZUORDNUNG ZUM MODULMODELL Jedem Modulmodell wird als notwendige Bedingung mindestens ein Steuergerät und dessen peripheren Sensoren und Aktoren sowie die zugehörigen Verbindungen als Intramodulobjekte zugeordnet.

- AGGREGATION INNERHALB DES MODULMODELLS Die Modulmodelle fassen die logisch zusammengehörenden Modellobjekte in einer einheitlichen Modulmodellstruktur zusammen. Durch die Vollständigkeit, Einheitlichkeit und Konsistenz (Kriterien 5.1, 5.2 und 5.3) ergibt sich für die Modulmodelle eine hohe logische Datenkonsistenz und die Möglichkeit der sofortigen Nutzung.

- WIEDERVERWENDUNG DES MODULMODELLS Die Modulmodelle sind durch Kriterium 5.4 voneinander gekapselt, womit eine unabhängige, modulorientierte Wiederverwendung in den E/E-Architekturmodellen möglich ist.

- INTEGRATION VON MODULMODELLEN Die Integration der Modulmodelle zueinander, erfolgt über definierte Intermodulanbindungen, die als Intramodulobjekt in dem Modulmodell enthalten sind, und dessen Verbindung als Intermodulobjekt bei der Integration erstellt wird.

Variabilität der Modulmodelle

Mit der Variabilität der Module wird im modulorientierten Produktlinien Engineering strukturell umgegangen. In den Modulstrategien werden für ein Modul oft mehrere Umsetzungsvarianten (technische Variabilität, siehe Kapitel 2.4.2) in den Modulheften beschrieben. Diese Varianten werden von jeweils einem Modulmodell (*Modulmodellvariante*) repräsentiert. Ein Modulmodell kann auch unterschiedliche Versionen (zeitliche Variabilität, siehe Kapitel 2.4.2) besitzen, welche ebenfalls als jeweiliges Modulmodell (*Modulmodellversion*) dargestellt werden.

Während in den Modulmodellvarianten das jeweilige Intramodulobjekt nur einmalig enthalten ist, kann in den unterschiedlichen Modulmodellversionen das gleiche Intramodulobjekt für das jeweilige Modulmodell mehrfach zugeordnet sein (siehe Abbildung 27). Die Unabhängigkeit (Kriterium 5.4) ist damit für deren Verwendung gewährleistet, da jeweils nur eine Modulmodellversion in einem E/E-Architekturmodell integriert werden darf.

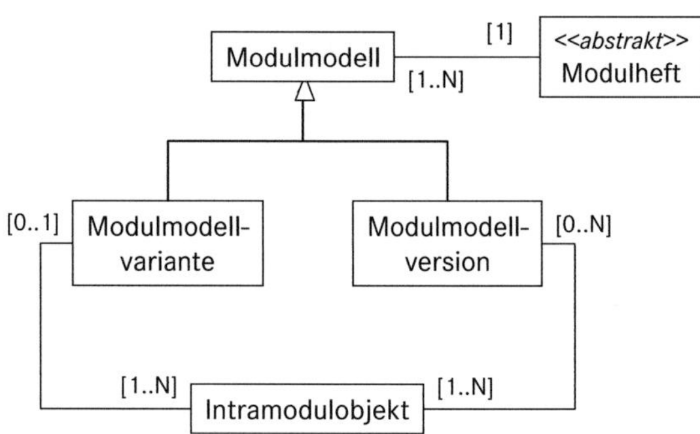

Abbildung 27: Beziehungen der Intramodulobjekte zu den Modulmodellvarianten und -versionen

Die unterschiedlichen Modulmodellvarianten und Modulmodellversionen werden nachfolgend nicht mehr differenziert, im modulorientierten Produktlinien Engineering werden diese jeweils durch ein individuelles Modulmodell dargestellt. Diese Mehrfachinstanziierungen von gleichen Intramodulobjekten (da eine Mehrfachzuweisung auf die Modulmodelle nicht zulässig ist) führen zwar zu größeren Datenmengen in der E/E-Architekturmodellierung, haben aber den notwendigen Vorteil der unabhängigen Wiederverwendung und Austauschbarkeit von Modulmodellen (siehe Kapitel 5.5.1).

5.4.3 Abbildung auf die E/E-Architekturebenen

In Kapitel 3.3.1 werden die E/E-Architekturebenen zur vollständigen und durchgängigen Beschreibung einer E/E-Architektur eingeführt. Nachfolgend wird analysiert, welche E/E-Architekturebenen mit der Spezifikation der Modulhefte abgedeckt sind und welche Modellobjekte in diesen E/E-Architekturebenen den Modulmodellen als Intramodulobjekte zugewiesen werden können.

ANFORDERUNGSEBENE Die REQ-Ebene wird im Konzept dieser Arbeit aus-genommen, da heute in der E/E-Architekturmodellierung das Anfor-derungsmanagement in einem externen Werkzeug und keine explizite Anforderungsableitung im E/E-Architekturmodell durchgeführt wird.

FUNKTIONSEBENE Die Funktionsbeiträge auf dem jeweiligen Steuergerät der Module sowie die Interaktionen zwischen den Steuergeräten unterschied-licher Module werden in den Modulheften nicht spezifiziert. Nur über einen schriftlichen Hinweis auf umzusetzende E/E-Systeme, können im-plizit die Partitionierung der Funktionsbeiträge auf die Steuergeräte aus den Modulheften extrahiert werden (aber keine E/E-Systembeschreibung, siehe Kapitel 5.4.5).

VERNETZUNGSEBENE Die E/E-Komponenten und deren Anbindungen sind in den Modulheften durch die hardwarenahe montageorientierte Defini-tion von Modulen umfangreich als Intramodulobjekte spezifiziert. Die logischen Verbindungen sind sowohl Intramodul- als auch Intermodul-verbindungen, womit die jeweilige Zuordnung zu den Modulmodellen stattfinden kann.

LEISTUNGSVERSORGUNGSEBENE Die Modellobjekte des Bordnetzes und des Massekonzepts sind zur modulübergreifenden Integration notwendig und werden somit keinem Modulmodell zugeordnet[6] (d.h. es sind Intermodul-objekte).

SCHALTPLANEBENE Die elektrischen Eigenschaften der Intramodulobjekte wer-den der CIR-Ebene nicht explizit in den Modulheften beschrieben, und sind nur aus den logischen Verbindungen abzuleiten.

LEITUNGSSATZEBENE Die Modellobjekte der WH-Ebene konkretisieren die lo-gischen Verbindungen aus der NET-Ebene. Hierbei sind die Stecker und Komponentenpins der Anbindungen in den Modulheften spezifiziert und die Intramodulverbindungen können mit Hilfe von zusätzlichen techni-schen Beschreibungen bezüglich der Verbindungseigenschaften (Leitungs- und Kabeltypen sowie -durchmesser) als Intramodulobjekte abgeleitet werden. Die Intermodulverbindungen (sämtliche Leistungsversorgungs- und Masseverbindungen sowie die modulübergreifenden Verbindungen) sind variantenspezifisch für das jeweilige Fahrzeug und somit als Inter-modulobjekte definiert.

---

6 Anmerkung: Diese Festlegung wird für diese Arbeit getroffen. Formal existiert eine Mo-dulstrategie Bordnetz, jedoch ist für die Integration der Modulmodelle zu einem E/E-Architekturmodell nicht deren technische Spezifikation von Interesse.

TOPOLOGIEEBENE Die Bauräume der einzelnen E/E-Komponenten sind in den Modulheften zwar als schriftlicher Hinweis enthalten, jedoch wird in dieser Arbeit aufgrund der unterschiedlichen geometrischen Abmessungen der Fahrzeugvarianten, und damit auch unterschiedlichen Platzierungen der E/E-Komponenten und Verlegewege, auf eine Übernahme als Modellobjekt verzichtet.

Ebene	Intramodulobjekt	Intermodulobjekt
FN	n/a	Softwarekomponente
		funktionale Verbindung
NET	Aktor, Sensor, Steuergerät	Sternverteiler
	logische Anbindung	
	logische Verbindung	logische Verbindung
LV	LV-Anbindung, Masseanbindung	
		LV-Verbindung, Masseverbindung
		Leistungsvesorgung, Massepunkt
CIR	Schaltplanpin	
	elektrische Verbindung	elektrische Verbindung
WH	Komponentenpin	Leitungspin
	komponentenseitiger Stecker	leitungsseitiger Stecker
	Leitung und Kabel	Leitung und Kabel
	Ausbindung	Trennstelle, Ausbindung
TOP	n/a	Bauraum, Einbauort
		Leitungssatzsegment
MAP	SW-NET:Mappings	diverse

Abbildung 28: Zuweisung der Modellobjekttypen zu den E/E-Architekturebenen: Intramodulobjekte sind im Modulmodell enthalten, Intermodulobjekte werden zur Vernetzung in den E/E-Architekturmodellen benötigt

Die Intramodulobjekte auf den unterschiedlichen E/E-Architekturebenen sind in Abbildung 28 zusammengefasst und in Abbildung 29 schematisch dargestellt. Aus den Modulheften können für die E/E-Architekturebenen NET, LV, CIR und WH die Spezifikationen der Intramodulobjekte direkt entnommen werden. Damit wird schon ein bedeutender Anteil der E/E-Architekturmodelle abgedeckt, und mit der Beschreibung der zentralen NET-Ebene der Ausgangspunkt für jede Modellierung gelegt.

Die FN- und TOP-Ebene sind in den montageorientierten Modulheften nicht enthalten, und diese Unterdeckung in der Spezifikation der Modulmodelle durch die Modulhefte wird aus guten Gründen nicht angepasst. Die Modulmodelle sollen die repräsentative Abbildung der Module (d.h. gemäß den jeweiligen Modulheften) darstellen, und eine einfache Änderung bei Dynamisierung der Module (d.h. Änderung der Modulhefte) durch Austausch oder Erweiterung auf den beschriebenen E/E-Architekturebenen gemäß Abbildung 28 soll erreicht werden. Nur somit ist eine organisatorische Kopplung zwischen den

Vorgaben der Modulstrategie durch deren Modulheft und der Umsetzung in der E/E-Architekturmodellierung möglich.

Die Analyse in diesem Kapitel zeigt, dass ein Modulmodell über mehrere E/E-Architekturebenen existiert, und somit eine Vielzahl von Intramodulobjekte für die E/E-Architekturmodelle bereitstellt. Da allerdings das Modulmodell nicht 1:1 auf alle E/E-Architekturebenen abbildbar ist und somit durch dessen alleinige Verwendung kein vollständig durchgängiges E/E-Architekturmodell aufgebaut werden kann, muss im modulorientierten Produktlinien Engineering für die Integration ein Konzept erarbeitet werden. Um dabei den Modellierungsaufwand klein zu halten und ein kompatibles Konzept zu entwickeln, werden in Kapitel 5.4.4 insbesondere die Schnittstellen in den jeweiligen E/E-Architekturebenen analysiert.

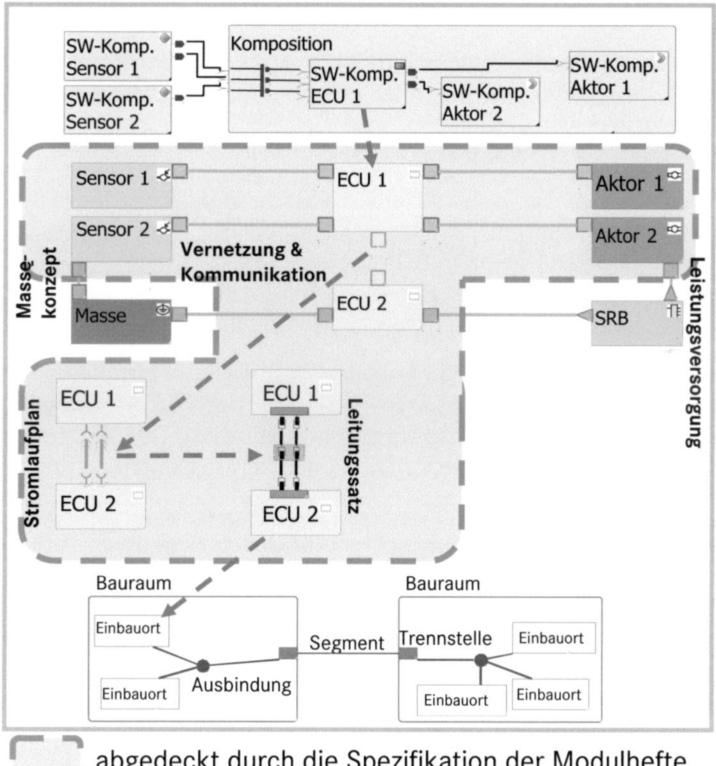

Abbildung 29: Übersichtsdarstellung der Abdeckung der E/E-Architekturebenen durch die Modulmodelle. Das Modulmodell enthält die Modellobjekte der NET-, LV-, CIR- und WH-Ebene in den E/E-Architekturmodellen.

5.4.4 Schnittstellen in den E/E-Architekturebenen

Die Schnittstellen (vom Modellobjekttyp: Anbindung) ermöglichen die modulübergreifende Integration der Modulmodelle zu einem E/E-Architekturmodell. Die Definition der Module gemäß Definition 2.11 wurde für einen effizienten Montageprozess ausgelegt, d.h. die Schnittstellen sind nach mechanischen Anforderungen wie der Passgenauigkeit in den Bauräumen, dem einfachen Einbau und der Befestigung sowie der Anbindung an die Versorgungssysteme (z.B. Bordnetz oder Hydraulikleitungen) spezifiziert. Daraus ergibt sich, dass die physikalischen und teilweise die geometrischen Schnittstellen durch die Modulhefte spezifiziert sind. Für eine durchgängige Integration der Modulmodelle in die E/E-Architekturmodelle, wird nachfolgend allerdings jede E/E-Architekturebene auf die unterschiedlichen Anforderungen an die Schnittstellenintegration, d.h. die *Schnittstellenkompatibilität*[7], untersucht:

FUNKTIONSEBENE Funktionale Schnittstelle zum Signalaustausch: Zur Spezifikation der Kommunikation ist es notwendig, die Ports der Softwarekomponenten mit dem Signal und der Übertragungsrichtung (Senden, Empfangen) zu spezifizieren.

VERNETZUNGSEBENE Logische Schnittstelle zur Botschaftsübertragung: Zur Umsetzung der Kommunikation ist es notwendig, die Verbindung mit dem richtigen Verbindungstyp (z.B. Bussystemprotokoll und -übertragungsrate) anzulegen, die Signale zu Botschaften zusammenzufassen und auf die logische Verbindung zu mappen (auch *Kommunikationsmapping*[8]).

LEISTUNGSVERSORGUNGSEBENE Logische Schnittstelle zur elektrischen Leistungsversorgung: Zur Leistungsversorgung der E/E-Komponenten ist es notwendig, die Leistungsversorgungsverbindung (LV-Verbindung) dem richtigen Klemmentyp zuzuordnen und die Masseverbindung zum Massepunkt herzustellen.

SCHALTPLANEBENE Elektrische Schnittstelle durch Schaltplanverbindungen: Zur Leistungsverteilung und für Stromberechnungen über die elektrischen Potentiale ist es notwendig, die logischen Verbindungen abzuleiten, wodurch eine elektrische Verbindung zwischen den Schaltplanpins erstellt wird.

LEITUNGSSATZEBENE Physikalische Schnittstelle zwischen Komponentenpins: Zur Umsetzung der logischen Verbindungen als Leitungen und Kabel inklusive Ausbindungen und Trennstellen ist es notwendig, die physikalischen Verbindungen abzuleiten und über die Leitungs- und Komponentenpins zu verbinden.

---

7 Die Schnittstellenkompatibilität bestimmt die Integrier- und Austauschbarkeit der Module.
8 Oder *Busschedule*: Zusicherung von Übertragungszeiträumen oder -zyklen für die Botschaftsübertragungen (Gruppierung von Signalübertragungen) auf einem Bussystem.

TOPOLOGIEEBENE Geometrische Schnittstelle zur Fahrzeugarchitektur (Rohbau): Zum Packaging der E/E-Komponenten und des Leitungssatzes in die Bauräume und Leitungssatzsegmente ist es notwendig, die E/E-Komponenten in den Bauräumen und die Leitungen in die Leitungssatzsegmente zu platzieren.

Modellobjekttyp		Intramodulschnittstelle	Intermodulschnittstelle
FN	Anbindung	n/a	Softwarekomponentenports
	Verbindung		Funktionale Verbindung
NET	Anbindung	logische Anbindung	
	Verbindung		logische Verbindung (Bussysteme, konv. Verb.)
LV	Anbindung	Klemmentyp der LV-Anbindung Masse-Anbindung	
	Verbindung		LV-Verbindung Masse-Verbindung
CIR	Anbindung	Schaltplanpin	
	Verbindung		elektrische Verbindung
WH	Anbindung	Komponentenpin	Leitungspin
	Verbindung		Leitung und Kabel
TOP	Anbindung	n/a	Einbauort
	Verbindung		Leitungssatzsegment

Abbildung 30: Modellobjekte der Intramodulschnittstellen (modulinterne Verbindungen) und Intermodulschnittstellen (modulexterne Verbindungen) in den einzelnen E/E-Architekturebenen

In Abbildung 30 sind den Schnittstellen der E/E-Architekturebenen die relevanten Modellobjekte zugeordnet. Bei der Zuordnung wird zwischen der *Intramodulschnittstelle*[9] und *Intermodulschnittstelle*[10] unterschieden. Für die Modulmodelle ist die Schnittstellenkompatibilität der physikalischen Schnittstellen durch die Hardwareunabhängigkeit der Module direkt gegeben und in den Modulheften berücksichtigt. Für die funktionalen, logischen und geometrischen Schnittstellen der Modulmodelle müssen jedoch Abhängigkeiten beachtet werden, d.h. es ist Architekturarbeit (Abbildung der Kommunikation, Vernetzung der Bussysteme und des Bord- und Massenetzes, Packaging in der Topologie, etc.) für die Integration der Modulmodelle erforderlich. Das Schnittstellenkonzept muss zusätzlich die Austauschbarkeit von Modulmodellen und auch die Rückverblockung in andere E/E-Architekturmodelle ermöglichen.

---

9 Die modulinterne Schnittstelle verbindet die Intramodulanbindungen der Modulmodelle über eine Intramodulverbindung.

10 Die modulübergreifende Schnittstelle verbindet die Intermodulanbindungen der Modulmodelle über eine Intermodulverbindung.

5.4.5 Modulmodelle in systemorientierten E/E-Architekturmodellen

In diesem Kapitel wird die Umsetzung von E/E-Systemen in der E/E-Architekturmodellierung unter der Verwendung von Modulmodellen analysiert. Generell muss mit der Einbindung der Module betrachtet werden, wie E/E-Systeme (Definition 2.5) durch die Modulmodelle in den E/E-Architekturmodellen umgesetzt beziehungsweise sich abgrenzen. Hierzu zeigt die Gegenüberstellung in Abbildung 31 die Abgrenzung und Unterschiede von Modulen und E/E-Systemen.

	montageorientierte Module	**funktionsorienterte E/E-Systeme**
Definition	physikalisch definierte Einheiten (mechanische, elektrische/elektronische und mechatronische Komponenten) aus dem Bereich der Produktion	funktional definierte Einheiten (Software- und E/E-Komponenten) aus dem Bereich der Entwicklung
Abgrenzung	physikalische Einheiten werden vormontiert und können nicht auf ein einzelnes E/E-System begrenzt werden, d.h. ein Modul ist als räumliche Einheit verbaut, kann aber mehr als ein E/E-Systeme umsetzten.	verteilte E/E-Systeme werden durch mehrere Funktionsbeiträge auf gegebenenfalls mehrere Module umgesetzt, d.h. ein E/E-System ist eine funktionale Einheit, wird aber durch mehr als ein Module im Fahrzeug montiert.
Beispiel (Kap. A)	das Modul Kamera ist eine physikalische Einheit, hat Funktionsbeiträge einerseits für das E/E-System MBC sowie andererseits zu kamerabasierten E/E-Systeme.	das E/E-System MBC ist eine funktionale Einheit, welches durch die Module Fahrwerk und Kamera im Fahrzeug montiert wird.

Abbildung 31: Gegenüberstellung der Definitionen, Abgrenzungen sowie eine Erklärung am Beispiel von dem montageorientierten Modul und den funktionsorientierten E/E-Systemen

Hierbei ergibt sich bei einer systemorientierten Betrachtung der E/E-Architekturmodelle, dass die Modulmodelle nicht mehr das Kriterium 5.4 erfüllen. Die E/E-Systeme können in unterschiedlichen Modulmodellen auf dem jeweiligen Steuergerät Funktionsbeiträge partitioniert haben, deren Interaktion diese Modulmodelle notwendig machen und somit deren Unabhängigkeit aufheben. Aus diesem Grund wird eine funktionale Integration zwischen den Modulmodellen notwendig. Ebenso können mehrere Funktionsbeiträge auf einem Modulmodell von unterschiedlichen E/E-Systemen partitioniert werden.

Zur Umsetzung eines systemorientierten E/E-Architekturmodells mit der Integration der Modulmodelle, können anhand vom Intramodulobjekt SW-NET:Mapping[11] die relevanten Softwarekomponenten modelltechnisch erfasst werden. Darüber hinaus können über deren Ports die funktionalen Verbindungen

---

11 Mapping der Softwarekomponente auf das Steuergeräte

für die Kommunikation (Signale) zwischen den Softwarekomponenten abgebildet werden. In den weiteren E/E-Architekturebenen werden die notwendige logische Vernetzung zur Abbildung der Kommunikation (Botschaftsübertragung) sowie die physikalischen Verbindungen durch den Leitungssatz im E/E-Architekturmodell umgesetzt. Somit wird eine modulübergreifende Integrationsstrategie zur Abbildung der E/E-Systeme in den E/E-Architekturmodellen benötigt, welche die Intermodulobjekte wie Leitungen oder die Kommunikation (Signale/Botschaften) zwischen den einzelnen Modulmodellen erstellt.

Eine weitergehende Abhandlung zu den Unterschieden zwischen Modul und (verallgemeinerten) System ist in [HB08, ESG96, Mau01] enthalten.

5.5 Anwendungsfälle der Modulmodelle

Nachdem in Kapitel 5.3 das Produktlinien Engineering in die E/E-Architekturmodellierung eingeführt und in Kapitel 5.4 die Modul eingebunden werden, sind nachfolgend die Anwendungsfälle des modulorientierten Produktlinien Engineering in Kapitel 5.5.1 identifiziert und in Kapitel 5.5.2 konzeptioniert.

5.5.1 Identifikation von Anwendungsfällen

In Kapitel 5.4 wird die Einbindung der Module in die E/E-Architekturmodellierung konzeptioniert und die Abbildung als Modulmodelle definiert. Nachfolgend werden die Anwendungsfälle der Modulmodelle unter Berücksichtigung der allgemeinen Anforderungen für die zukünftige E/E-Architekturmodellierung identifiziert. Die Abbildung 32 gibt einen Überblick über die jeweiligen Anwendungsfälle und deren Beschreibungen in den nachfolgenden Kapiteln.

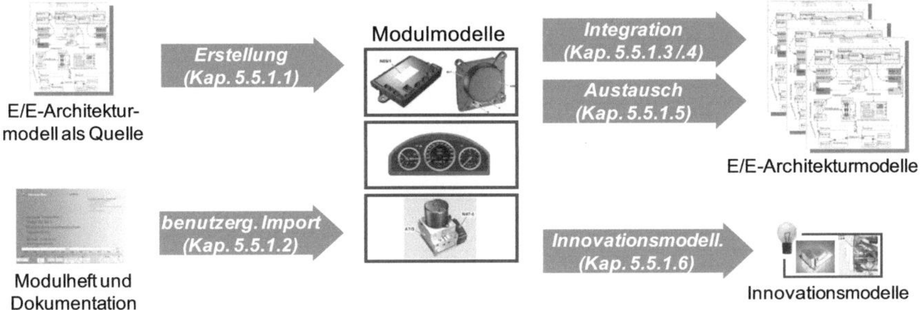

Abbildung 32: Die Anwendungsfälle der Modulmodelle (blaue Pfeile) im Kontext zu den jeweiligen Modellen oder Spezifikationen

5.5.1.1 Erstellung von Modulmodellen

In der E/E-Architekturmodellierung müssen zuerst die Modulmodelle beziehungsweise deren Modellobjekte initial erstellt werden. Da hierbei eine manuelle Modellierung mit hohem Aufwand verbunden ist, sollen nach Möglichkeit bereits existierende Modellobjekte genutzt werden. Diese Modellobjekte sind teilsweise bereits in den E/E-Architekturmodellen erstellt und abgesichert, jedoch sind diese nicht in einer Modulmodellstruktur vorhanden. Dieser geleistete Entwurfs- und Modellierungsaufwand und der erreichte Modellreifegrad soll in der Erstellung der Modulmodelle durch eine automatisierte Übernahme von benötigten Modellobjekten eingespart beziehungsweise übernommen werden, um die aufwändige und fehleranfällige manuelle Modellierung der einzelnen Modellobjekte zu vermeiden.

Anwendungsfall 5.1 (Erstellung von Modulmodellen). *Automatisierte Übernahme von benötigten Modellobjekten aus E/E-Architekturmodellen und anschließend automatisierter Erstellung von Modulmodellen.*

> Beispiel (aus Kapitel A): Das E/E-System ABC wurde in einem E/E-Architekturmodell zur Absicherung der Baureihe C215 (Mercedes-Benz CL-Klasse) modelliert. Zur initialen Erstellung des Modulmodells Fahrwerk sollen die erstellten Modellobjekte nun aus dem E/E-Architekturmodell C215 übernommen und in dem Modulmodell erstellt werden.

5.5.1.2 Benutzergeführter Import von Modulmodellen

Für den Fall, dass die benötigten Modellobjekte aus keinem E/E-Architekturmodell übernommen werden können (wie bei der Erstellung im Anwendungsfall 5.1), sollen hierbei die vorhandenen Modulhefte als externe Datenquelle genutzt werden, um eine manuelle Modellierung der Modulmodelle zu vermeiden. Ein geführter Import zur Abfrage der relevanten Daten mit nachfolgender automatisierter Modulmodellerstellung soll eine manuelle Übernahme ermöglichen, welche gegenüber der manuellen Modellierung vorteilhaft im Modellierungsaufwand und in der Modellqualität ist.

Anwendungsfall 5.2 (Benutzergeführter Import von Modulmodellen). *Benutzergeführte, manuelle Übernahme von Modellobjekten aus Modulheften und anschließend automatisierter Erstellung von Modulmodellen.*

Hierbei ist die gängigste Quelle das Modulheft als Spezifikation der jeweiligen Module. Zusätzlich werden gegebenenfalls begleitende Dokumentationen, z.B. Blockschaltbilder benötigt, da die Spezifikation im Modulheft aus E/E-Sicht nicht vollständig ist (siehe Kapitel 5.1).

Beispiel (aus Kapitel A): Das Modulheft des Moduls Fahrwerk spezifiziert das Steuergerät sowie die Beschleunigungs- und Niveausensoren. Diese Beschreibungsbasis soll als Spezifikation für die effiziente und fehlerfreie Erstellung der Modellobjekte und des Modulmodells genutzt werden.

5.5.1.3 Konfiguration mit Modulmodellen

In dieser Arbeit werden über die Wiederverwendung von Modulmodellen (Anforderung 1) die jeweiligen E/E-Architekturmodelle erstellt. Dazu muss vorher das E/E-Architekturmodell mit den gewünschten Modulen konfiguriert werden, damit bei der Integration auch nur die ausgewählten Modulmodelle wiederverwendet werden (z.B. nur die Serienausstattungen als minimale Konfiguration). Dabei kann die Konfiguration über wählbare Merkmale (siehe Definition 2.17) erfolgen, welche über die Abstraktion der Modulmodelle eine indirekte Auswahl einer großen Menge an Modellobjekten für das E/E-Architekturmodell ermöglicht. Die Konfiguration aus Modulmodellen hat den Vorteil, dass die Modellobjekte als logische Aggregation schnell und effizient über mehrere E/E-Architekturebenen für die Integration in die E/E-Architekturmodelle (siehe Kapitel 5.5.1.4) bereitgestellt, und nicht erst in den umfangreichen E/E-Architekturmodellen gesucht und gesammelt werden müssen.

Anwendungsfall 5.3 (Konfiguration mit Modulmodellen). *Wiederverwendung von Modulmodellen zur schnellen und effizienten Konfiguration der E/E-Architekturmodelle.*

> Beispiel (aus Kapitel A): Das E/E-System ABC wird für ein neues E/E-Architekturmodell ausgewählt und damit werden aus dem Modul Fahrwerk die notwendigen Modellobjekte (z.B. das Steuergeräte und die Sensoren sowie deren logischen Verbindungen) als Teil der Konfiguration des E/E-Architekturmodells aggregiert übergeben (und somit müssen die einzelnen Modellobjekte nicht zusammen gesucht werden).

5.5.1.4 Integration von Modulmodellen

Die E/E-Architekturmodelle werden im Anwendungsfall 5.3 konfiguriert und nachfolgend in diesem Anwendungsfall erstellt. Die E/E-Architekturmodelle werden dabei in der heutigen Modellierung noch aus einzelnen Modellobjekten, jedoch zukünftig durch die Integration von Modulmodellen aus aggregierten Modellobjekten zusammengesetzt („Verschmelzung"der Modulmodelle). Dabei hat die Integration von Modulmodellen den Vorteil, dass ein Modulmodell abgesicherte Modellobjekte und einheitliche Modulmodellstrukturen hat (Kriterien 5.1, 5.2 und 5.3) und über festgelegte Schnittstellen zu einem E/E-Architekturmodell integriert werden kann. Selbst die Nutzung dieser Modulmodelle für die manuelle Integration in mehrere E/E-Architekturmodelle ist vorteilhaft, da die dazugehörigen Modellobjekte nur einmalig modelliert und mehrfach wiederverwendet werden. Eine automatisierte Integration der unabhängigen Modulmodelle (Kriterium 5.4) soll zusätzlich eine Reduzierung im Integrationsaufwand, und somit eine schnelle und effiziente Erstellung von E/E-Architekturmodellen ermöglichen.

Anwendungsfall 5.4 (Integration von Modulmodellen). *Automatisierte Integration von mehreren wiederverwendbaren Modulmodellen in einem E/E-Architekturmodell.*

> Beispiel (aus Kapitel A): Bei der Integration des E/E-Systems ABC in ein E/E-Architekturmodell wird dieses zur Interaktion mit den anderen E/E-Systemen logisch vernetzt (z.B. Statussignale von der Reifendruckkontrolle oder elektrischen Parkbremse geben Niveausignale an das Lichtsystem), elektrisch versorgt und in die Topologie platziert.

5.5.1.5 Austausch von Modulmodellen

Nach der Integration der Modulmodelle in die E/E-Architekturmodelle wird es zu modulspezifischen und baureihenunabhängigen Änderung beziehungsweise Erweiterung der Modulmodelle in den E/E-Architekturlebenszyklen kommen (Anforderung 2), da die Module einen unterschiedlichen Lebenszyklus haben (der E/E-Architekturlebenszyklus erstreckt sich über circa 10 Jahre, wobei der Modulzyklus circa 3 Jahre beträgt). Aus diesem Grund werden die Module in der Dynamisierung periodisch geändert und optimiert, und es muss nach der Dynamisierung entschieden werden, ob ein Austausch dieses geänderten Modulmodells in den E/E-Architekturmodellen durchgeführt werden soll. In der E/E-Architekturmodellierung werden zurzeit die Änderungen der Modellobjekte direkt im E/E-Architekturmodell ausgeführt. Jedoch ist dieses manuelle Vorgehen wegen der Vielzahl von Modellobjekten und deren Beziehungen zueinander in den umfangreichen E/E-Architekturmodellen zeitaufwendig und fehleranfällig. Da zukünftig die Modellobjekte als Modulmodelle aggregiert und in die E/E-Architekturmodelle integriert werden, soll somit nach einer Dynamisierung auch der Austausch der geänderten Modulmodelle möglich sein.

Anwendungsfall 5.5 (Austausch von Modulmodellen). *Automatisierter Austausch von integrierten Modulmodellen in den E/E-Architekturmodellen.*

Für den modulorientierten Produktlinienansatz ist der Austausch von dynamisierten Modulmodellen in den E/E-Architekturmodellen zusätzlich wichtig, um die E/E-Architekturmodelle auch für spätere Entwicklungsphasen auf dem aktuellen Konfigurationsstand zu halten (Verlängerung der Lebenszeit der E/E-Architekturmodelle).

> Beispiel (aus Kapitel A): Das E/E-System ABC ist im E/E-Architekturmodell C215 integriert. In der Dynamisierung des Moduls Fahrwerk wird beispielsweise die Auflösung der Niveausensoren verbessert, wodurch eine weitere Komfortverbesserung für das ABC erreicht wird. Aus diesem Grund könnte ein Austausch der Niveausensoren in dem schon existierenden E/E-Architekturmodell C215 gewünscht sein.

5.5.1.6 Innovationsmodellierung mit Modulmodellen

Für die Innovationsmodellierung werden die effiziente Modellierung und Absicherung von Innovationsmodellen notwendig (Anforderung 3). Da durch die Modulmodelle eine schnelle Wiederverwendung von Modellobjekten (Anforderung 1) möglich ist, werden die Modulmodelle auch zum initialen Aufbau von Innovationsmodellen genutzt werden. Hierbei wird ausgenutzt, dass die Innovationsmodelle sich häufig aus bestehenden Modulmodellen evolutionär weiterentwickeln und somit deren Modellobjekte wiederverwendet werden können, z.B.:

- bei der funktionalen Weiterentwicklung von E/E-Systemen können die Modulmodelle unverändert übernommen werden.

- bei der technischen Weiterentwicklung von bestehenden E/E-Komponenten können die benötigten Modellobjekte als initialer Stand zur Modellierung aus Modulmodellen abgeleitet werden.

- bei der Dynamisierung werden die Modellobjekte eines Modulmodells geändert.

Nach Modellierung und Absicherung des Innovationsmodells sollen diese als Modulmodell übernommen werden, damit die Integration in die E/E-Architekturmodelle und der Austausch der Modulmodelle mit den Mechanismen des modulorientieren Produktlinienansatzes gewährleistet sind.

Anwendungsfall 5.6 (Innovationsmodellierung mit Modulmodellen). *Effiziente und schnelle Innovationsmodellierung und -absicherung durch Wiederverwendung von Modulmodellen und automatischer Modulmodellerstellung.*

> Beispiel (aus Kapitel A): Die ehemalige Innovation MBC basierte auf dem E/E-System ABC. Somit hätten zur Absicherung und Modellierung in einem Innovationsmodell die schon vorhandenen Modellobjekte des Moduls Fahrwerk wiederverwendet, und die neue E/E-Komponenten Stereokamera neu modelliert (oder bestenfalls aus dem Modul Kamera wiederverwendet) und miteinander vernetzt

werden können. Das MBC wäre nach der Absicherung zu einem Modul erzeugt worden, um die Innovation nicht nur in die Zielbaureihe zu integrieren, sondern auch für weitere E/E-Architekturmodelle wiederzuverwenden.

5.5.2 Konzeption der Anwendungsfälle

Für die identifizierten Anwendungsfälle aus Kapitel 5.5.1 wird der Stand der Technik (Kapitel 5.1) analysiert und die daraus resultierenden Lücken als Anforderungen an das Konzept in Kapitel 6 formuliert.

5.5.2.1 Erstellung von Modulmodellen

Im Anwendungsfall 5.1 wird die Notwendigkeit der automatisierten Erstellung von Modulmodellen aus existierenden Modellobjekten erkannt. Hierbei ist die Erstellung eines Modulmodells aus unterschiedlichen Gründen sinnvoll:

- Modulmodell aus einem E/E-Architekturmodell: Die initiale Erstellung eines Modulmodells aus Modellobjekten eines existierenden E/E-Architekturmodells wird durchgeführt, um den Modellierungsaufwand gegenüber einer manuellen Erstellung einzusparen.

- Modulmodell nach einer Dynamisierung: Die Erstellung eines Modulmodells nach einer Modellierung der Änderungen und Absicherung des geänderten Modulmodells wird durchgeführt, um dieses in der E/E-Architekturmodellierung als unabhängiges Modulmodell (gemäß Kriterium 5.4) wiederzuverwenden (Anwendungsfall 5.4) und gegebenenfalls das integrierte Modulmodell in den E/E-Architekturmodellen auszutauschen (Anwendungsfall 5.5).

- Modulmodell aus einem Innovationsmodell: Die Erstellung der modellierten und abgesicherten Innovation zu einem Modulmodell wird durchgeführt, um diese in der E/E-Architekturmodellierung wiederzuverwenden (Anwendungsfall 5.6).

In allen drei Anwendungsfällen wird eine durchgeführte Modellierung von Modellobjekten (für ein E/E-Architekturmodell einer vorherigen Baureihengeneration oder für die getrennte Modellierung von Innovationen und Dynamisierungen) ausgenutzt, um den bereits geleisteten Modellierungsaufwand für die Erstellung der Modulmodelle einzusparen. Dass hierbei die manuelle Übernahme dieser Modellobjekte für Anwendungsfall 5.1 nicht ausreichend ist, ergibt sich durch einen Abgleich mit den notwendigen Kriterien für die Modulmodelle aus Kapitel 5.4.2:

- Vollständigkeit (Kriterium 5.1): Die benötigten Modellobjekte in den umfangreichen E/E-Architekturmodellen einzeln zu suchen und manuell zu übernehmen, ist aufgrund der Vielzahl an Intramodulobjekten pro Modul[12] und der Verteilung der Intramodulobjekte auf mehreren E/E-Architekturebenen aufwändig und fehleranfällig.

- Einheitlichkeit (Kriterium 5.2): Die heutigen E/E-Architekturmodelle entsprechen in deren Strukturierung nicht der Modularisierung, d.h. die Modellobjekte sind nicht zu Modulen aggregiert (sondern nach Domänen gruppiert, siehe Kapitel 5.1) und über mehrere E/E-Architekturebenen verteilt (siehe Kapitel 5.4.3). Aufgrund dieser Verteiltheit der Modellobjekte ist eine gruppierte Übernahme als ein Modulmodell nicht möglich, um das Kriterium 5.2 zu erfüllen.

Für das Konzept von Anwendungsfall 5.1 in Kapitel 6.3 ergeben sich die folgenden Anforderungen, um die Intramodulobjekte automatisiert aus den E/E-Architekturmodellen zu übernehmen und in den Modulmodellen zu erstellen.

Anforderung 5.4 (Effiziente Erstellung). *Für eine effiziente Erstellung muss ein eindeutiges Bezugsobjekt im E/E-Architekturmodell definiert werden, welches für ein Modulmodell mit den benötigten Modellobjekten über alle benötigten E/E-Architekturebenen logisch assoziiert ist.*

Anforderung 5.5 (Modulspezifische Erstellung). *Die modulspezifische Erstellung darf nur die notwendigen und zugehörigen Intramodulobjekte eines Modulmodells (Kriterium 5.1) aus dem E/E-Architekturmodell übernehmen.*

Anforderung 5.6 (Automatisierte Erstellung). *Das Modulmodell muss automatisiert in der einheitlichen Modulmodellstruktur (Kriterium 5.2) sowie als unabhängiges Modulmodell (Kriterium 5.4) erstellt werden, damit es für die Integration (Anwendungsfall 5.4) in die E/E-Architekturmodelle verwendet werden kann.*

5.5.2.2 Benutzergeführter Import von Modulmodellen

Der Anwendungsfall 5.2 sieht die Erstellung eines Modulmodells auf Basis der Modulhefte und begleitenden Dokumentation vor. Da es sich dabei um dokumentenbasierte Spezifikationen handelt, ist vor der Erstellung der Intramodulobjekte keine automatisierte Übernahme deren Inhalte aus den nachfolgenden Gründen möglich:

- Im Modulheft sind die notwendigen Informationen zur Erstellung eines Modulmodells nicht vollständig (gemäß Kriterium 5.1) abgebildet (unter anderem ist die E/E-Integration in den Modulheften nicht spezifiziert). Aus diesem Grund müssen zusätzliche Informationen aus begleitenden

---

12 Ein E/E-System (zum Beispiel das MBC, siehe Kapitel A) besteht aus circa 1000 Modellobjekten.

Dokumentationen (Lastenhefte, Blockschaltbilder, Stücklisten, etc.) mit dem Modulheft kombiniert werden.

- Die Modulhefte und Dokumentation werden in unterschiedlichen Dateiformaten und teilweise ohne festgelegte Templates erstellt. Somit ist eine datentechnische Auswertung und Übernahme nicht möglich, da keine einheitlichen und mit Mitteln der Datenverarbeitung nutzbaren Strukturen der Inhalte vorhanden sind.

Es ist somit keine datentechnische Übernahme aus den Modulheften zur Erstellung der Intramodulobjekte möglich, jedoch soll die aufwändige und fehleranfällige Modellierung vermieden werden. Dies wird über einen geführten Import erreicht, der über Abfragen die notwendigen Daten aus den Modulheften, etc. manuell aufnimmt und diese dann automatisch als Intramodulobjekte im Modulmodell erstellt. Hierbei muss über den Inhalt und die Reihenfolge der Abfragen die Vollständigkeit (Kriterium 5.1) und Konsistenz (Kriterium 5.3) gewährleistet sein, und durch die automatische Erstellung der Intramodulobjekte aus den übernommenen Daten die Einheitlichkeit (Kriterium 5.2) und Unabhängigkeit (Kriterium 5.4) umgesetzt werden.

Anforderung 5.7 (Benutzergeführter manueller Import). *Der benutzergeführte manuelle Import muss schrittweise über Benutzerabfragen eine manuelle Übernahme der relevanten Daten zur Erstellung der Intramodulobjekte des Modulmodells ermöglichen.*

Für die Erstellung des Modulmodells aus den aufgenommenen Eingaben des Imports müssen die Anforderungen 5.5 und 5.6 aus Kapitel 5.5.2.1 abgedeckt werden.

5.5.2.3 Konfiguration mit Modulmodellen

Im Anwendungsfall 5.3 werden Modulmodelle vor deren Integration zu einem E/E-Architekturmodell (siehe Anwendungsfall 5.4) konfiguriert. Diese Konfiguration wird über die Auswahl von Merkmalen durchgeführt, wobei in der E/E-Architekturmodellierung zwischen zwei verschiedenen Merkmalszuordnungen unterschieden wird:

- Modul als Merkmal: Eine Konfiguration aus Modulen ist für E/E-Architekturfragestellungen, wie dem Entwurf des Leitungssatzes und der Packagebetrachtung, ausreichend, indem die Modulmodelle direkt und die TOP-Ebene zusätzlich ins E/E-Architekturmodell übernommen werden. In diesen (partiellen) E/E-Architekturmodellen wird dabei bewusst auf die datenreiche FN-Ebene verzichtet, um unter anderem den Umfang des E/E-Architekturmodells zu reduzieren.

- E/E-System als Merkmal: Für die neuen Baureihen werden jedoch durchgängige E/E-Architekturmodelle erstellt, welche auf Basis der E/E-Systeme konfiguriert werden. Auch in Zukunft ist diese systemorientierte Sicht auf die E/E-Architekturmodelle notwendig, da immer mehr Innovationen als E/E-Systeme umgesetzt werden (motiviert in Kapitel 1.1). Aus diesem Grund muss eine systemorientierte Konfiguration (d.h. aus E/E-Systemen) die notwendigen Module für die Erstellung eines durchgängigen E/E-Architekturmodells bestimmen [JPS$^+$11].

Die Konfiguration über Module entspricht einer direkten Auswahl der jeweiligen Modulmodelle, wobei die Abhängigkeiten durch Verblockung[13] und Ausschluss[14] zwischen Modulen berücksichtigt, genauso wie die Korrektheit[15] der Konfiguration garantiert werden muss. Für die Konfiguration über die E/E-Systeme muss zusätzlich die Abbildung der E/E-Systeme durch die Modulmodelle (siehe Kapitel 5.4.5) ausgenutzt und die Funktionsverteilung der E/E-Systeme auf unterschiedliche Modulmodelle beachtet werden. Die weitere Umsetzung dieser Konfiguration aus Modulmodellen und gegebenenfalls Softwarekomponenten der E/E-Systeme wird im Anwendungsfall 5.4 erörtert.

Die Konfiguration über Merkmale wird dabei auf einer abstrakten Ebene durchgeführt, wodurch sich eine vorteilhafte Trennung zwischen dem Anwendungsfall 5.3 der Konfiguration (zur Verifizierung und Änderung der Konfiguration vor der Umsetzung oder gegebenenfalls auch zur Diskussion ohne Umsetzung in einem E/E-Architekturmodell) und dem Anwendungsfall 5.4 der eigentlichen Integration (die Umsetzung einer verifizierten und diskutierten Konfiguration) ergibt. Allerdings wird die Konfiguration in der heutigen E/E-Architekturmodellierung durch keinen Mechanismus abgedeckt (siehe Kapitel 5.2.2), und muss somit in den folgenden Anforderungen berücksichtigt werden.

Anforderung 5.8 (Merkmalsorientierte Konfiguration). *Die Konfiguration muss eine merkmalsbasierte Auswahl von E/E-Systemen oder Modellen zulassen, Diese ausgewählte Konfiguration muss die Modulmodelle zur Integration in ein E/E-Architekturmodell bereitstellen.*

Anforderung 5.9 (Verifikation der Konfiguration). *Die Konfiguration muss auf Verblockung, Ausschluss und Korrektheit zur Vermeidung von unzulässigen Konfigurationen vor deren Integration (Anwendungsfall 5.4) verifiziert werden.*

Anforderung 5.10 (Erweiterbarkeit der Konfiguration). *Die Konfiguration muss bei Dynamisierung der Module oder Evolution der E/E-Systeme angepasst und dokumentiert werden.*

5.5.2.4 Integration von Modulmodellen

Der Anwendungsfall 5.4 betrachtet die Integration der Modulmodelle zu einem E/E-Architekturmodell. Dabei erzeugt die Integration der Modulmodelle

---

13 Der Modulzyklusplan gibt die Modulvariante und -version für die jeweiligen Baureihen vor.
14 Einige Module schließen sich aufgrund von gleicher Funktion oder gleichem Einbauort aus.
15 Alle notwendigen Module (d.h. die Serienausstattungen) müssen ausgewählt sein.

ein initial vernetztes E/E-Architekturmodell zur weiteren Optimierung und Absicherung. Hierbei müssen für die Integration die unterschiedlichen Abstraktionssichten der E/E-Architekturmodellierung berücksichtigt werden:

- Die ganzheitliche E/E-Architekturmodellierung: Es werden durchgängig alle E/E-Architekturebenen als allgemeines Baureihenmodell benötigt.

- Die leitungssatzorientierte E/E-Architekturmodellierung: Es werden nur die E/E-Architekturebenen NET, WH und TOP zum Leitungssatz- und Packagingentwurf (auch Bewertung von Bordnetz- und Massekonzepten) benötigt.

- Die funktionale E/E-Architekturmodellierung: Es werden nur die E/E-Architekturebenen FN und NET zum funktionalen E/E-Architekturentwurf (Kommunikationsbewertungen, d.h. Buslast und Timing) benötigt.

- Die E/E-Architekturmodellierung zur Entwurfdokumentation: Es wird nur die E/E-Architekturebene NET zur grafische Darstellung und nachfolgenden Abstimmung eines E/E-Architekturentwurfs (aber ohne Absicherung) benötigt.

Somit muss die Integration ebenenspezifisch durchführbar sein. Dabei wird für die Modulmodelle durch deren unterschiedlichen Schnittstellen in den jeweiligen E/E-Architekturebenen (siehe Kapitel 5.4.4) eine individuelle Schnittstellenintegration benötigt. Hierbei sollte diese ebenenspezifische Schnittstellenintegration unterstützt werden, damit die zeitaufwändige und auch fehleranfällige manuelle Nacharbeit bei der Vielzahl an Schnittstellen minimiert wird. Eine automatisierte Integration zu einem durchgängigen E/E-Architekturmodell ist hierbei jedoch nicht möglich.

- Einzelne E/E-Architekturebenen benötigen benutzerbestimmte Zuweisungen von Intermodulobjekten zur Vernetzung (z.B. Zuweisung des Bussystems).

- Variantenspezifische E/E-Architekturebenen können mit den Modulmodellen nur nicht optimiert (WH-Ebene) oder gar nicht (TOP-Ebene) erstellt werden.

Es sind in den Modulmodellen die meisten E/E-Architekturebenen enthalten (siehe Kapitel 5.4.3). Für diese müssen zur Integration in einem durchgängigen E/E-Architekturmodell die nachfolgenden Anforderungen umgesetzt werden:

Anforderung 5.11 (Ebenenspezifische Integration). *Für eine durchgängige Integration der Modulmodelle in die E/E-Architekturmodelle müssen die Intramodulobjekte mit ebenenspezifischer Schnittstellenintegration gemäß Kapitel 5.4.4 in den jeweiligen E/E-Architekturebenen durch Intermodulobjekte vernetzt werden.*

Anforderung 5.12 (Benutzergeführte Integration). *Für die Integration muss über einen Schnittstellendialog die gewünschte logische Vernetzung abfragt und anschließend automatisiert die Erstellung der Intermodulobjekte und Vernetzung ausgeführt werden.*

5.5.2.5 Austausch von Modulmodellen

Im Anwendungsfall 5.5 wird die Änderungs- beziehungsweise Austauschfähigkeit der integrierten Modulmodelle in den E/E-Architekturmodellen identifiziert. Um dabei den Austausch der Modulmodelle durchzuführen, müssen die Intramodulobjekte gesucht, entfernt und die neuen Intramodulobjekte an die richtige Stelle des E/E-Architekturmodells wieder integriert werden. Dies wird heute manuell und direkt in E/E-Architekturmodellen durchgeführt. Um zukünftig diesen Austausch effizienter zu gestalten, soll durch die Verfolgbarkeit (Kriterium 5.5) identifiziert werden, wo und in welchem E/E-Architekturmodell ein Modulmodell integriert ist. Da die Modulmodelle über den Anwendungsfall 5.4 in die E/E-Architekturmodelle integriert werden, muss dieser um die Verfolgbarkeit der Modellobjekte zwischen den Modulmodellen und E/E-Architekturmodellen erweitert werden. Mit dem Wissen der integrierten Modulmodelle in den E/E-Architekturmodellen darf der Austausch allerdings nicht automatisch erfolgen, sobald ein Modulmodell in der Dynamisierung geändert und freigegeben wird. Denn für jedes Modul ist eine Einführungsplanung in den jeweiligen Modulzyklusplan festgelegt, welche durch die einzelne und zeitunabhängige Ausführung des Austauschs für jedes E/E-Architekturmodell berücksichtigt wird.

Zusätzlich muss für diesen Anwendungsfall 5.5 beachtet werden, dass in den Modulstrategien die E/E-Integrierbarkeit explizit nicht berücksichtigt (siehe Kapitel 5.1) wird. Gemäß [Lar05a] ist es für ein modulares Fahrzeug theoretisch möglich, Module einfach hinzuzufügen, zu entfernen oder auszutauschen. Allerdings kann die E/E-Architektur nicht als modulare Architektur klassifiziert werden (siehe Nachweis in Kapitel B.3), wodurch Anpassungen beziehungsweise Erweiterungen beim Austausch der Modulmodelle notwendig sind. Somit sind die Änderungen durch die Dynamisierung gegebenenfalls nicht mit dem jeweiligen E/E-Architekturmodell kompatibel. Aus diesem Grund muss vor dem Austausch des neuen Modulmodells dessen Integrierbarkeit und der Integrationsaufwand in das jeweilige E/E-Architekturmodell abgeschätzt werden.

Anforderung 5.13 (Rückverfolgbare Integration). *Bei der Integration der Modulmodelle (Anwendungsfall 5.4) muss eine Verfolgbarkeit (Kriterium 5.5) zu den jeweiligen in den E/E-Architekturmodellen integrierten Modulmodellen erstellt werden, um diese lokalisieren und austauschen zu können.*

Anforderung 5.14 (Automatisierter Austausch). *Der Austausch muss über die Verfolgbarkeit der integrierten Modulmodelle deren Intramodulobjekte automatisch identifizieren, die Änderungen des neuen Modulmodells zur Abschätzung dessen Integrierbarkeit und Integrationsaufwands aufzeigen, und nach einer Benutzerbestätigung die geänderten Intramodulobjekte nachvollziehbar austauschen.*

5.5.2.6 Innovationsmodellierung mit Modulmodellen

Im Anwendungsfall 5.6 werden die Modulmodelle für einen initialen Aufbau der Innovationsmodelle verwendet. Die Innovationen besitzen durch ihre Neuartigkeit und der noch nicht erlangten Konzepttauglichkeit folgende Eigenschaften:

- Die Innovationen sind vor deren erlangtem Konzeptreifegrad unvollständig spezifiziert und bestehen somit in der E/E-Architekturmodellierung oft nur aus vorläufigen Annahmen (besonders bezüglich deren E/E-Integrierbarkeit).

- Für die Absicherung der Innovationsmodelle müssen oft verschiedene E/E-Architekturkonzepte zur E/E-Integration der Innovation bewertet werden.

Aus diesen Gründen können die Innovationsmodelle nicht in bestehende E/E-Architekturmodelle integriert werden, um Auswirkungen auf diese zu vermeiden. Hierfür wird in Anforderung 5.2 ein getrennter Modellbereich gefordert, in dem die Innovationsmodelle einzeln iterativ modelliert und abgesichert werden. Die Dynamisierung wird dabei als Spezialfall der Innovation abgedeckt:

- Innovation: Das Innovationsmodell kann ein oder mehrere Modulmodelle komplett oder partiell wiederverwenden.

- Dynamisierung von Modulen: In der Dynamisierung wird nur genau ein Modulmodell wiederverwendet, dessen Änderungen schon abgestimmt sind.

Für eine effiziente und schnelle Innovationsmodellierung und -absicherung muss ein hoher Grad an Wiederverwendung von Modulmodellen und Intramodulobjekten erreicht werden, um die manuelle Modellierung in den Innovationsmodellen zu minimieren. Hierfür sind die nachfolgenden Anforderungen zu beachten.

Anforderung 5.15 (Erstellung aus den Modulmodellen). *Das Innovationsmodell verwendet zur dessen initialer Erstellung eines oder mehrere Modulmodelle wieder. Zusätzliche Architekturarbeit darf nur für die Erstellung von neuen Modellobjekten oder bei der Vernetzung von mehreren Modulmodellen anfallen.*

Anforderung 5.16 (Erstellung aus dem Innovationsmodell). *Nach der Modellierung und Absicherung des Innovationsmodells wird dieses als Modulmodell erstellt und somit der E/E-Architekturmodellierung zur Verfügung gestellt werden.*

5.6 Zusammenfassung

In diesem Kapitel 5 wird die Analyse eines modulorientierten Produktlinien-ansatzes für die E/E-Architekturmodellierung im Vergleich zum Stand der Technik aus Kapitel 3 und Kapitel 4 durchgeführt. Diese Analyse basiert dabei auf den Ergebnissen der Stand der Technik-Bewertungen in Kapitel 5.1:

PRODUKTLINIEN ENGINEERING Für die E/E-Architekturmodellierung ist kein in der Praxis erprobter produktlinienorientierter Modellierungsansatz bekannt.

MODULORIENTIERUNG Für die E/E-Architekturmodellierung ist kein Konzept für die Einbindung von Modulen sowie kein modulorientierter Modellie-rungsansatz bekannt.

Analyseergebnis für die Einführung des Produktlinien Engineerings

Die Analyse in Kapitel 5.3 erkennt aus den Anforderungen in Kapitel 5.2.1 die folgenden notwendigen Erweiterungen für die Einführung eines Produktlinien Engineerings:

- Die heutige E/E-Architekturmodellierung muss um ein Domain Enginee-ring erweitert werden, um die Modellierung zwischen den Modellobjekten und den E/E-Architekturmodellen zu entkoppeln (Anforderung 5.1).

- In der heutige E/E-Architekturmodellierung muss ebenso ein Merkmals-modell zur Konfiguration eingeführt werden, um eine effiziente Erstellung der E/E-Architekturmodelle zu ermöglichen (Anforderung 5.3).

- Das Produktlinien Engineering muss zusätzlich für die Modellierung der Innovationen um einen getrennten Modellbereich erweitert werden (Anforderung 5.2).

Analyseergebnis für die Einbindung der Module

Die Analyse in Kapitel 5.4 hat für die Einbindung der Module in die E/E-Ar-chitekturmodellierung die folgenden Herausforderungen identifiziert:

- Abbildung der Module im E/E-Architekturmodell: Die Module werden erstmals in den E/E-Architekturmodellen verwendet, dazu ist ein Kon-zept zur Einbindung und Darstellung dieser Module als Modellobjekte notwendig (Kapitel 5.4.1).

- Durchgängigkeit der Module in den E/E-Architekturebenen: Die Spezifi-kation durch die Modulhefte deckt nicht alle E/E-Architekturebenen ab (Kapitel 5.4.3).

- Schnittstellen der Module in den E/E-Architekturebenen: Die Integration der Module zu einem E/E-Architekturmodell benötigt kompatible Schnittstellen und ein Schnittstellenkonzept für die jeweiligen E/E-Architekturebenen (Kapitel 5.4.4).

- Systemorientierung der Module: Die E/E-Systeme sind nicht vollständig durch Module abbildbar, werden aber durch deren enthaltene E/E-Komponenten teilweise umgesetzt. (Kapitel 5.4.5).

Diese identifizierten Herausforderungen werden in dem nachfolgenden Kapitel 6 mit dem modulorientierten Produktlinien Engineering gelöst.

Anwendungsfälle von Modulmodellen im modulorientierten Produktlinienansatz

In Kapitel 5.5.1 werden die für die Verwendung von Modulmodellen notwendige Anwendungsfälle abgeleitet und in Kapitel 5.5.2 für die E/E-Architekturmodellierung analysiert:

- Die automatische Erstellung aus E/E-Architekturmodellen (Anwendungsfall 5.1).

- Die benutzergeführte Erstellung aus Dokumenten (Anwendungsfall 5.2).

- Die Konfiguration von E/E-Architekturmodellen (Anwendungsfall 5.3).

- Die Integration zu E/E-Architekturmodellen (Anwendungsfall 5.4).

- Der Austausch in E/E-Architekturmodellen (Anwendungsfall 5.5).

- Die Modellierung von Innovationen (Anwendungsfall 5.6).

Für diese Anwendungsfälle werden jeweils in den Kapiteln 6.3 - 6.8 passende Konzepte entwickelt, welche innerhalb des modulorientierten Produktlinien Engineerings in Kapitel 7 umgesetzt werden.

Teil III

UMSETZUNG

6 | MODULORIENTIERTES PRODUKTLINIEN ENGINEERING

In Kapitel 5.5.1 werden die Anwendungsfälle identifiziert und in Kapitel 5.5.2 daraus Anforderungen abgeleitet. Aus diesen Anforderungen wird in diesem Kapitel das modulorientierte Produktlinien Engineering konzeptioniert.

Dabei werden in Kapitel 6.1 die angewandten Prinzipien für die Konzeptionierung aufgeführt. In Kapitel 6.2 wird die neue Modellstruktur in die E/E-Architekturmodellierung eingeführt, um die Anforderungen des Produktlinien Engineerings aus Kapitel 5.3 umzusetzen. Anschließend werden in den Kapiteln 6.3 - 6.8 die Methoden und das Vorgehen für die einzelnen Anwendungsfälle in Kapitel 5.5.2 ausgearbeitet. Die Abbildung 33 zeigt die Zusammenhänge der Modelle und Anwendungsfälle schematisch auf.

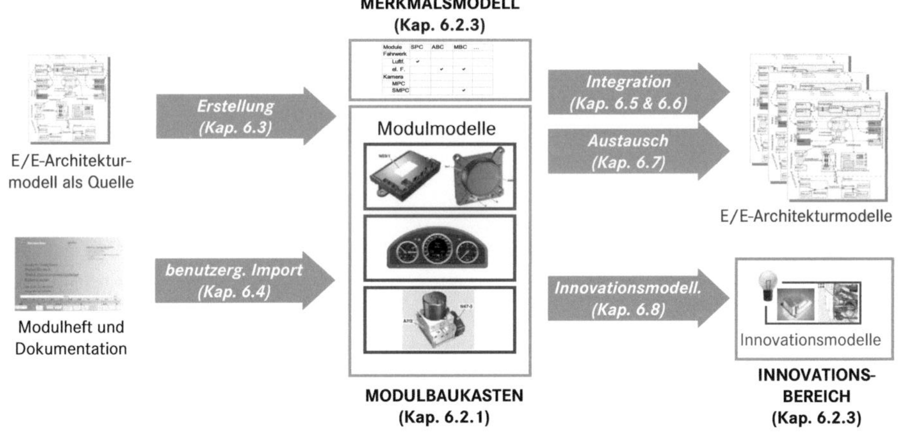

Abbildung 33: Übersicht der neuen Modelle in Kapitel 6.2 im Kontext zu den Anwendungsfällen (blaue Pfeile) und deren methodische Umsetzung (in Kapitel 6.3 - 6.8) für das modulorientierte Produktlinien Engineering

6.1 Angewandte methodische Prinzipien

In Kapitel 1.1 werden die Variabilität und Komplexität als Herausforderungen für die E/E-Architekturmodellierung identifiziert. Nachfolgend werden die methodischen Prinzipien diskutiert, welche im modulorientierten Produktlinien

Engineering zum Umgang mit diesen Herausforderungen angewandt werden. Die Beherrschung der Komplexität soll mit den nachfolgenden Prinzipien ermöglicht werden:

ZERLEGUNG (DEKOMPOSITION) Mit der Zerlegung und Hierarchisierung eines E/E-Architekturmodells in Modulmodelle, können alle Modellobjekte zu unabhängigen Einheiten aggregiert werden (siehe Kriterium 5.4). Dabei werden diese für die weitere E/E-Architekturmodellierung gekapselt, womit jeweils eine reduzierte Menge an Modellobjekten für jedes Modulmodelle zu modellieren und wiederzuverwenden ist (divide et impera - teile und beherrsche [SV10, SZ10]). Somit wird durch die Zerlegung eine Reduzierung in der Komplexität im Umgang mit den Modellobjekten erreicht.

ABSTRAKTION Durch die Zerlegung werden die Modellobjekte zu Modulmodellen aggregiert und somit über die Modulmodelle als eine abstrakte Gruppierung in die E/E-Architekturmodellierung eingeführt. Aus E/E-Architektursicht sind durch diese Abstrahierung auf die Modulmodelle eine erleichterte Konfiguration, Wiederverwendung und Austausch für die E/E-Architekturmodelle möglich, ohne sich im ersten Schritt mit der Komplexität (einzelner Modellobjekte und deren unterschiedliche Beziehungen) in den Modulmodellen auseinander zu setzen (Voraussetzung ist, dass alle Modellobjekte logisch zusammenhängen und somit ein vollständiges und unabhängiges Modulmodell bilden, siehe Kriterium 5.1 und Kriterium 5.4). Mit dieser Abstraktion wird somit eine Reduzierung der Komplexität in der Betrachtung der Modellobjekte erreicht.

EINHEITLICHER ENTWURF Der Umgang mit der Komplexität kann zusätzlich durch Vereinheitlichung im Entwurf erleichtert werden [SV10]. Die Module besitzen dabei durch deren Modulhefte eine einheitliche Strukturierung und Hierarchisierung, welche bei deren Einbindung in die E/E-Architekturmodellierung übernommen werden (siehe Kriterium 5.2). Dieser einheitliche Entwurf der Modulmodelle vereinfacht deren Verwendung (Integration und Austausch) und erlaubt die Entwicklung von verallgemeinerten modulunabhängigen Konzepten für die Anwendungsfälle 5.1 - 5.6. Mit dem einheitlichen Entwurf der Modulmodelle wird somit eine Reduzierung in der Komplexität im Entwurf der E/E-Architekturmodelle erreicht.

In dieser Arbeit wird die Beherrschung der Komplexität durch die Wiederverwendung zur Aufwandsreduzierung in der E/E-Architekturmodellierung motiviert (siehe Anforderung 1). Dazu wird in [SVN07] angegeben, dass durch die Abstraktion von Komponenten (d.h. auf Module) und durch die Vereinheitlichung von Konzepten zur Schnittstellenintegration die Fähigkeit zur Wiederverwendung verbessert wird. Desweiteren sollen zur Beherrschung der Variabilität die nachfolgenden Prinzipien angewendet werden:

TRENNUNG VON ASPEKTEN Der Umgang mit Variabilität kann in der E/E-Architekturmodellierung durch die Trennung von unterschiedlichen Fahrzeugbeiträgen (*separation of concerns*[1]) vereinfacht werden. Hierbei wird in der Konfiguration zur initialen Erstellung eines E/E-Architekturmodells eine Auswahl von Funktionen (d.h. E/E-Systeme) oder abstrakten Modulen als Merkmale getroffen, ohne deren technische Umsetzung durch einzelne E/E-Komponenten, deren Vernetzung und deren Packaging zum Konfigurationszeitpunkt zu beachten. Diese Trennung der merkmalsbasierten von den umsetzenden Fahrzeugbeiträgen reduziert die Variabilität zum Konfigurationszeitpunkt, was zu einer schnelleren Konfiguration, vereinfachten Beschreibung und reduzierter Dokumentation für das jeweilige E/E-Architekturmodell führt.

ABHÄNGIGKEITEN Die Kombinatorik in der Variabilität wird durch die Abhängigkeiten in der Umsetzbarkeit von E/E-Architekturmodellen eingegrenzt und führt damit zu einer Reduzierung der wählbaren Varianten. Diese Abhängigkeiten wie die Verblockung und der Ausschluss (siehe Kapitel 5.5.2.3) von Modellobjekten zwischen den Baureihen, werden durch die Modulstrategien vorgegeben und in den Modulheften spezifiziert.

Im modulorientierten Produktlinien Engineering müssen dabei die technische Variabilität im Anwendungsfall 5.3 (Konfigurierbarkeit und Wiederverwendbarkeit) und die zeitliche Variabilität im Anwendungsfall 5.5 (Austauschbarkeit) beherrscht werden.

6.2 Einführung einer neuen Modellstruktur

In der heutigen E/E-Architekturmodellierung wird für jede Baureihe jeweils ein E/E-Architekturmodell zur Modellierung und Absicherung erstellt (siehe Kapitel 5.1.1). In diesem E/E-Architekturmodell sind alle notwendigen (auch sich ausschließende) Modellobjekte enthalten. Diese umfangreichen und überspezifizierten E/E-Architekturmodelle werden jetzt dem modulorientierten Produktlinien Engineering angepasst. Dabei wird mit der Einführung des Produktlinien Engineerings in Kapitel 5.3 die Entkopplung in der Modellierung von Baureihen, Modulen und Innovationen (Anforderungen 5.1, 5.2 und 5.3) spezifiziert und die E/E-Architekturmodellierung aufgebrochen. Die resultierenden neuen Modelle werden nachfolgend anhand der Einbindung der Module und deren Anwendungsfälle in Kapitel 5.5.2 kurz eingeführt (siehe Abbildung 34) und in den Kapiteln 6.2.1 - 6.2.3 beschrieben.

Der *Modulbaukasten* enthält alle Modulmodelle für die E/E-Architekturmodelle sämtlicher Baureihen. Die Modulmodelle werden dabei aus den *Leitungssatzmo-*

---

1 Separation of Concerns umfasst die Trennung von Aspekten und ist eines der wichtigsten Prinzipien zur Beherrschung der Komplexität großer Systeme [Wei08].

dellen (E/E-Architekturmodell ausgenommen der FN-Ebene) und dem *Kommunikationsmodell* (enthält alle *E/E-Systemmodelle*[2]) erstellt[3] (Anwendungsfall 5.1). Die Konfiguration eines neuen E/E-Architekturmodells wird in einem *Merkmalsmodell* durchgeführt (Anwendungsfall 5.3). Die Integration der ausgewählten Modulmodelle führt zu dem eigentlichen *E/E-Architekturmodell* (Anwendungsfall 5.4), in dem die Modulmodelle aus dem Modulbaukasten wiederverwendet und miteinander auf den unterschiedlichen E/E-Architekturebenen initial vernetzt werden. Zur getrennten Innovationsmodellierung sowie zur Durchführung der Dynamisierung ist ein *Innovationsbereich* notwendig (Anwendungsfall 5.5 und Anwendungsfall 5.6).

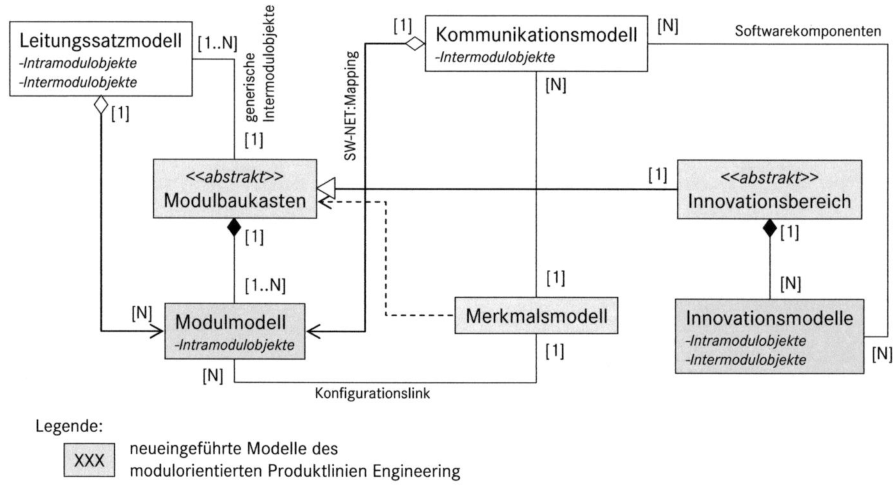

Abbildung 34: Neue Modellstruktur des modulorientierten Produktlinien Engineerings mit der Klassifizierung der enthaltenden Modellobjekte als Intra- beziehungsweise Intermodulobjekte

6.2.1 Modulbaukasten

Der modellbasierte, abstrakte Modulbaukasten (nachfolgend nur noch Modulbaukasten genannt) entspricht dem imaginären Modulbaukasten (siehe Kapitel 2.3.2) für die E/E-Architekturmodellierung. Dieser Modulbaukasten setzt hierbei die Modellstruktur zur Entkopplung der Modellierung von Modulmodellen und E/E-Architekturmodellen um (Anforderung 5.1), und ist der

---

2 Das E/E-Systemmodell bildet in der E/E-Architekturmodellierung nur den funktionalen Anteil eines E/E-Systems ab, d.h. das E/E-System wird vom E/E-Systemmodell der FN-Ebene und dem Modulmodell der NET-Ebene in den E/E-Architekturmodellen umgesetzt.

3 Die Trennung zwischen funktionalen und leitungssatzorientierten E/E-Architekturfragestellungen hat aus werkzeugtechnischen und organisatorischen Gründen zu einer Aufteilung der E/E-Architekturebenen geführt. Dies entspricht zurzeit dem Stand der Technik.

modellübergreifende Bereich zur Erstellung, Wiederverwendung und zum Austausch von den Modulmodellen. In Abbildung 34 sind die Beziehungen des Modulbaukastens zu anderen Modellen dargestellt. Der abstrakte Modulbaukasten ist nur einmal in der E/E-Architekturmodellierung vorhanden und ist für die [1..N] Modulmodelle notwendig (in Abbildung 34 als Komposition für die Modulmodelle). Für die Erstellung der Modulmodelle nach Anwendungsfall 5.1 sind die Leitungssatzmodelle und das Kommunikationsmodell notwendig, wobei im Modulbaukasten zusätzlich generische Intermodulobjekte erstellt werden (deren Motivation und Nutzen wird in Kapitel 6.3.2 erklärt), und aus diesem Grund eine Assoziation zu den [N] Leitungssatzmodellen besteht. Zusätzlich ist im Modulbaukasten auch das ebenfalls neu eingeführte Merkmalsmodell (siehe Kapitel 6.2.2) modelltechnisch enthalten (gekennzeichnet durch die Abhängigkeit in Abbildung 34).

Der Modulbaukasten enthält somit die Modulmodelle und muss dabei für deren modulspezifische Verwendung folglich die Kriterien aus Kapitel 5.4.2 erfüllen:

- Vollständigkeit (Kriterium 5.1): Die Modulmodelle werden vollständig erstellt und können ohne vorherigen Modellierungsaufwand verwendet werden.

- Einheitlichkeit (Kriterium 5.2): Die Modulmodellstruktur ist im Modulbaukasten einheitlich und deckt alle notwendigen E/E-Architekturebenen ab, damit alle Modulmodelle automatisiert erstellt (Anwendungsfall 5.1 und 5.2), wiederverwendet (Anwendungsfall 5.4 und 5.6) und ausgetauscht (Anwendungsfall 5.5) werden können. Durch diese Einheitlichkeit ist auch eine definierte Schnittstellenintegration auf den jeweiligen E/E-Architekturebenen für alle Modulmodelle möglich.

- Konsistenz (Kriterium 5.3): Die Modulmodelle besitzen die gleiche Modellqualität durch die einheitliche Nutzung der Konsistenzprüfung.

- Unabhängigkeit (Kriterium 5.4): Die Modulmodelle werden einmalig erstellt und sind unabhängig voneinander. Damit ist die modulindividuelle Änderung und Wiederverwendung (durch Dynamisierung oder Integration) der unterschiedlichen Modulmodelle möglich, ebenso ist durch deren unabhängige Modellierung und Absicherung deren Vollständigkeit und Konsistenz einfach zu prüfen.

- Verfolgbarkeit (Kriterium 5.5): Für die Modulmodelle wird bei deren Integration die Rückverfolgbarkeit gewährleistet, um den Austausch der integrierten Modulmodelle in den jeweiligen E/E-Architekturmodellen automatisiert durchführen zu können.

Für den Modulbaukasten werden die folgenden Eigenschaften festgelegt:

- Im Modulbaukasten werden die Modulmodelle zentral und einmalig erstellt (durch die Anwendungsfälle 5.1 und 5.2), um eine einheitliche

Modellstruktur und -qualität für alle Modulmodelle zu erhalten und die spezifische Modellierung (nach der Integration) in den jeweiligen E/E-Architekturmodellen zu minimieren.

- Alle Modulmodelle (auch die abgesicherten Innovationsmodelle oder die geänderten Modulmodelle nach der Dynamisierung) werden zur Integration, zum Austausch oder zur Innovationsmodellierung nur aus dem Modulbaukasten heraus wiederverwendet. Somit ist der Modulbaukasten die einzige Quelle (single-source) für die modellübergreifende E/E-Architekturmodellierung aller Baureihen und dokumentiert über die Verfolgbarkeit der Modulmodelle deren Wiederverwendung (weitere Mechanismen wie ein Versions-, Release- oder Konfigurationsmanagement könnten hier zentral eingeführt werden).

- Der Modulbaukasten hierarchisiert und strukturiert die Modulmodelle entsprechend den Modulstrategien. Diese 1:1-Abbildung von Strukturierung und Hierarchisierung erleichtert dabei die manuelle Übernahme von Änderungen aus dem Modulheft (z.B. durch Dynamisierung) in die Modulmodelle.

- Der Modulbaukasten besitzt einen gesonderten Bereich, in dem die generischen Intermodulobjekte bei der Erstellung der Modulmodelle (Anwendungsfälle 5.1 und 5.2) für eine spätere Integration (Anwendungsfall 5.4) abgelegt werden.

6.2.2 Merkmalsmodell

Im Anwendungsfall 5.3 wird die Konfiguration von E/E-Architekturmodellen mit Modulmodellen beschrieben. Dafür wird das Prinzip der Merkmalsmodellierung (siehe Kapitel 4.2.3) in die E/E-Architekturmodellierung eingeführt und durch ein Merkmalsmodell umgesetzt (Anforderung 5.3). Das Merkmalsmodell bildet dabei einen modellübergreifenden Bereich zur Konfiguration mit den folgenden Fähigkeiten:

- Merkmale darstellen und auswählen.

- Abhängigkeiten zwischen Merkmalen darstellen und modelltechnisch auswerten.

- Dokumentation der Konfiguration und der Variabilität.

Wie schon in Kapitel 6.2.1 schon erwähnt, ist das Merkmalsmodell vom Modulbaukasten abhängig, da das Merkmalsmodell explizit für die Konfiguration der Modulmodelle eingeführt wird. Das Merkmalsmodell hat zu den Modulmodellen eine [N]-Assoziation (siehe Abbildung 34), welche in Kapitel 6.5.1 als Konfigurationslink genutzt wird. Eine weitere Beziehung besteht zum Kommunikationsmodell, welche in Kapitel 6.5.1 als [N]-Assoziation auf die enthaltenen

E/E-Systemmodelle verweist. Beide Beziehungen zum Modulbaukasten und zum Kommunikationsmodell sind auch für die Umsetzung der späteren Integration in Kapitel 6.6.1 notwendig, um die jeweiligen Modellobjekte der ausgewählten Modulmodelle beziehungsweise E/E-Systemmodelle modelltechnisch zu erfassen.

6.2.3 Innovationsbereich

Im Anwendungsfall 5.6 werden die Innovationsmodellierung und Änderung von Modulmodellen bei deren Dynamisierung vorgestellt. Bisher wurde die Modellierung von Innovationen direkt in den E/E-Architekturmodellen durchgeführt, da weder ein separater Modellierungsraum noch ein getrennter Modellierungsprozess in der E/E-Architekturmodellierung existent war. Mit dem modulorientierten Produktlinien Engineering wird ein abstrakter Innovationsbereich in die E/E-Architekturmodellierung eingeführt (Anforderung 5.2), welcher ein modellübergreifender Bereich zur Erstellung und Absicherung von Innovationsmodellen und zur Änderung von Modulmodellen darstellt. In Abbildung 34 ist die Beziehung zu den Modulmodellen beziehungsweise zum Modulbaukasten dargestellt. Die Innovationsmodelle sollen aus den Modulmodellen erstellt werden (Anforderung 5.15), und dabei der gleichen Modellstruktur folgen. Um dies zu ermöglichen, wird der Innovationsbereich aus dem Modulbaukasten abgeleitet (als Vererbung in Abbildung 34), und um die Fähigkeit einer funktionalen Modellierung der FN-Ebene erweitert (als ebenenspezifische Übernahme in Kapitel 6.8.1). Somit besteht für die enthaltenen Innovationsmodelle eine bidirektionale Beziehung zu den E/E-Systemmodellen im Kommunikationsmodell.

Der getrennte Innovationsbereich setzt im modulorientierten Produktlinien Engineering die folgenden Vorteile um:

- Im Innovationsbereich werden Modulmodelle aus dem Modulbaukasten übernommen, jedoch ist die Modellierung vom Modulbaukasten oder den E/E-Architekturmodellen getrennt, d.h. die Innovationsmodellierung wirkt sich nicht auf die anderen Modelle aus.

- Die Innovationsmodelle können unabhängig bis zur Konzepttauglichkeit in verschiedenen Umsetzungskonzepten repräsentiert, untersucht und abgesichert werden. Damit besitzt das Innovationsmodell einen definierten Reifegrad vor der Freigabe und Nutzung in den E/E-Architekturmodellen.

- Die Innovationsmodelle können als Modulmodelle direkt übernommen werden, und besitzen dabei ein Mindestmaß an Qualität aufgrund des gleichen einheitlichen Aufbaus und denselben Konsistenzprüfungen der Modulmodelle.

6.3 Erstellung von Modulmodellen

Die Erstellung von Modulmodellen ist aus verschiedenen Modellen möglich:

- Anwendungsfall 5.1 aus dem E/E-Architekturmodell:
  Erstellen eines Modulmodells aus einem Leitungssatzmodell.

- Anwendungsfall 5.1 bei der Dynamisierung und bei der Innovationsmodellierung:
  Erstellen eines Modulmodells aus dem Innovationsbereich.

Für beide Quellen wird nachfolgend das gleiche Erstellungskonzept genutzt.

6.3.1 Effiziente Erstellung

In Anforderung 5.4 wird ein eindeutiges Bezugsobjekt im Leitungssatzmodell (beziehungsweise im Innovationsmodell) für die Modulmodellerstellung im Anwendungsfall 5.1) gefordert. Dieses Bezugsobjekt muss dabei für alle Modelle von einem einheitlichen Modellobjekttyp sein, und muss alle logisch aggregierten Modellobjekte assoziieren, damit auf diese modelltechnisch zugegriffen werden kann. Als geeignetes Bezugsobjekt wird das *Netzwerkdiagramm*[4] auf der NET-Ebene identifiziert, welches zur grafischen Darstellung und Dokumentation der Modellobjekte in den Leitungssatzmodellen bereits modelliert ist. Dieses Netzwerkdiagramm ist ein zentraler Bestandteil sämtlicher Modellierungen (die NET-Ebene ist als zentrale E/E-Architekturebene in jedem E/E-Architekturmodell enthalten) und wird dabei hauptsächlich zum Verständnis der logischen Vernetzung eines Steuergeräts angelegt.

Aus dieser Verwendung heraus kann das Netzwerkdiagramm als Bezugsobjekt für die Erstellung der Modulmodelle genutzt werden, da es das notwendige Modellobjekt der Modulmodelle (d.h. das Steuergerät, siehe Kapitel 5.4.1) enthält.

Das Netzwerkdiagramm ist somit ein zentraler Modellobjekttyp und erfüllt hierbei zwei Aufgaben (für alle Anwendungsfälle):

- Bezugsobjekt des Modulmodells: Die Erstellung von Modulmodellen benötigt ein Netzwerkdiagramm (unabhängig von Leitungssatz- oder Innovationsmodell).

- Dokumentation des Modulmodells: In jedem Modulmodell wird automatisch ein Netzwerkdiagramm zur Darstellung und zum Modulverständnis erstellt. Zusätzlich können aus dem Netzwerkdiagramm weitere

---

4 Das Netzwerkdiagramm ist eine grafische Darstellung der NET- und LV-Ebene und wird z.B. für die Abstimmung von Komponentenschnittstellen in Architektur Design Reviews (siehe Abbildung 22) genutzt.

Diagrammtypen (Schaltplan- und Leitungssatzdiagramme) automatisiert abgeleitet werden.

6.3.2 Modulspezifische Erstellung

In Kapitel 6.3.1 wird das Netzwerkdiagramm als geeignetes Bezugsobjekt identifiziert. Aus diesem Netzwerkdiagramm soll für die Erstellung des Modulmodells ein Steuergerät ausgewählt, und dieses mit dessen peripheren Sensoren und Aktoren sowie dessen logischen und LV-Verbindungen als Intramodulobjekte entnommen werden. Dabei ergibt allerdings die Untersuchung der Netzwerkdiagramme in existierenden E/E-Architekturmodellen, dass diese nicht modulspezifisch aufgebaut sind (Modulstrategien waren bis jetzt nicht in der E/E-Architekturmodellierung berücksichtigt, siehe Kapitel 5.1.3). Aus diesem Grund wird ein mehrstufiges Vorgehen für Anforderung 5.5 gewählt:

EXTRAHIEREN DER INTRAMODULOBJEKTE Nach der Auswahl eines Steuergeräts (auch mehrere Steuergeräte sind zulässig) im Bezugsobjekt Netzwerkdiagramm werden alle assoziierte Sensoren und Aktoren des Steuergeräts automatisch als Intramodulobjekte ausgewählt (wegen des steuergerätezentrierten Aufbaus der Modulmodelle) und extrahiert. Aus demselben Netzwerkdiagramm dürfen jedoch keine Intramodulobjekte von nicht ausgewählten Steuergeräten sowie die Intermodulobjekte zusätzlich extrahiert werden.

SCHNITTSTELLEN DER INTRAMODULOBJEKTE Die Intramodulschnittstellen sind durch das Extrahieren automatisch mit den logischen Anbindungen und Verbindungen als Intramodulobjekte belegt. Da die logischen Verbindungen als Intermodulobjekte nicht für das Modulmodell extrahiert werden, bleiben die Intermodulschnittstellen offen, jedoch wird dieser Anbindung der Verbindungstyp des im Netzwerkdiagramm assoziierten Intermodulobjekts zugewiesen. Dies ist für eine effiziente Integration im Anwendungsfall 5.4 notwendig, damit den Intramodulobjekt (Anbindungen) das richtige Intermodulobjekt (Verbindung) mit dem jeweiligen Typ (Bustechnologie) zugewiesen wird.

ZUSÄTZLICHE INTRA- UND INTERMODULOBJEKTE Das Netzwerkdiagramm liefert die Intramodulobjekte der NET- und LV-Ebene, jedoch werden zur Vollständigkeit (Kriterium 5.1) noch zusätzliche Intramodulobjekte aus weiteren relevanten E/E-Architekturebenen benötigt:

- **FN-EBENE** Die Modellobjekte der FN-Ebene werden im Modulheft nicht spezifiziert und somit nicht übernommen (siehe Kapitel 5.4.3). Jedoch wird für eine systemorientierte Integration (siehe Kapitel 5.4.5) das Partitionierungswissen (Modellobjekttyp: SW-NET:Mapping) des Steuergeräts aus dem Leitungssatzmodell auf ein E/E-Systemmodell (oder mehrere) des Kommunikationsmodells übernommen, um dieses bei der Integration auszuwerten und eine automatische Übernahme der Funktionsbeiträge (Modellobjekttyp: Softwarekomponenten) zu ermöglichen.

- LV-Ebene Nur die LV- und Masseanbindungen inklusive deren Klemmentyp werden als Intramodulobjekte in die Modulmodelle übernommen. Damit bei der Integration die Bereitstellung von Modellobjekten ins E/E-Architekturmodell maximiert ist, wird hier als Lösung ein generisches Bordnetz sowie ein generisches Massenetz als Intermodulobjekte des Modulbaukastens erstellt. D.h. alle Modulmodelle sind an generische LV-Verbindungen mit dem richtigen Klemmentyp an einem modulübergreifenden Bordnetz des Modulbaukastens angebunden (gleiches gilt für die Masse), und somit sind die relevanten Intramodulobjekte (LV- und Masseanbindung) typisiert.

- CIR- und WH-Ebene Es werden die Intramodulobjekte der elektrischen Vernetzung und des Leitungssatzes aus den logischen Anbindungen und Verbindungen nach der Extrahierung aus dem Netzwerkdiagramm abgeleitet. Diese Intramodulobjekte werden dabei mit den originalen Typen und Durchmessern des Leitungssatzmodells beaufschlagt[5] und erhalten bei Mehrfachanbindung (z.B. einer Massestelle) den größten Durchmesser zugewiesen, um bei der Integration einen initialen Leitungssatz erstellen zu können. Die assoziierten Intermodulobjekte (z.B. Trennstellen) werden nicht in die WH-Ebene der Modulmodelle übernommen.

6.3.3 Automatisierte Erstellung

Nach der Identifikation der relevanten Intramodulobjekte im Netzwerkdiagramm (siehe Kapitel 6.3.1) und der Erstellung der zusätzlichen generischen Intermodulobjekte (siehe Kapitel 6.3.2) werden die extrahierten Intramodulobjekte in ein neues Modulmodell des Modulbaukastens kopiert (tiefe Kopie, siehe [Rup11]) und die generischen Intermodulobjekte hinzugefügt. Die extrahierten Intramodulobjekte werden dabei inklusive derer relevanten Eigenschaften kopiert, da eine Verschiebung (die Leitungssatzmodelle dürfen nicht verändert werden) oder eine Verknüpfung (Unabhängigkeit der Modulmodelle muss gewährleistet sein) nicht zulässig sind. Diese Erstellung des Modulmodells erfolgt dabei ebenenspezifisch, d.h. die extrahierten und erstellten Intramodulobjekte werden den spezifischen E/E-Architekturebenen (siehe Kapitel 5.4.3) NET-, LV-, CIR- und WH-Ebene zugeordnet (siehe Anforderung 5.11).

---

5 Der Leitungssatz wird erst in den E/E-Architekturmodellen variantenspezifisch erstellt, jedoch wird durch die Übernahme von den generischen Leitungstypen, der Modellierungsaufwand für die Intermodulobjekte in den E/E-Architekturmodellen nach der Integration reduziert.

Abschließend wird nach der Erstellung und vor der Freigabe des Modulmodells die Konsistenzprüfung (Kriterium 5.3) durchgeführt. Zum einen reduziert dies die Wahrscheinlichkeit, dass eine fehlerhafte Modellierung oder ein schlechter Entwurf im Leitungssatzmodell bei der Erstellung der Module übernommen wird und gegebenenfalls in den E/E-Architekturmodellen wiederverwendet wird, und zum anderen werden die vollständige Modellierung der Intramodulschnittstellen und die bereitgestellten Anbindungen für die Intermodulschnittstellen überprüft. Dabei wird die Konsistenzprüfung der Schnittstellen gemäß der Abbildung 35 automatisiert durchgeführt.

Modellobjekttypen der Schnittstellen		Intramodulschnittstellen	Intermodulschnittstellen
NET	Anbindung	richtiger Anbindungstyp zugewiesene Verbindung	richtiger Anbindungstyp offene Verbindung
	Verbindung	richtiger Verbindungstyp	n/a
LV	LV-Anbindung	n/a	richtiger Klemmentyp
	Masse-Anbindung	n/a	richtiger Massetyp
	LV-Verbindung	n/a	generische Verbindung
	Masse-Verbindung	n/a	generische Verbindung

Abbildung 35: Prüfziele der Konsistenzprüfung von Intra- und Intermodulschnittstellen der Modulmodelle

6.3.4 Vorgehensbeschreibung

Für den Anwendungsfall 5.1 werden in der Abbildung 36 die notwendigen Schritte zur Erstellung eines Modulmodells dargestellt.

6.3.5 Zusammenfassung

Im Anwendungsfall 5.1 sollen die Modulmodelle effizient, modulspezifisch und automatisiert erstellt werden. Dabei ermöglicht das Netzwerkdiagramm eine effiziente Erstellung mit nur einem Bezugspunkt für die Erstellung des Modulmodells. Durch die Zuordnung als Intra- und Intermodulobjekt gemäß Kapitel 5.4.1 ist eine modulspezifische Extrahierung nach Modellobjekttypen möglich, und nach der Auswahl des Steuergeräts im Netzwerkdiagramm somit die automatisierte Erstellung durchführbar. Um bei einer Integration (Anwendungsfall 5.4) eine große Menge von Modellobjekten zu erhalten und die Architekturarbeit in den jeweiligen E/E-Architekturmodellen zu minimieren, wird als Modellierungsparadigma die Erhöhung von Intramodulobjekten und die Minimierung der Intermodulobjekte festgelegt.

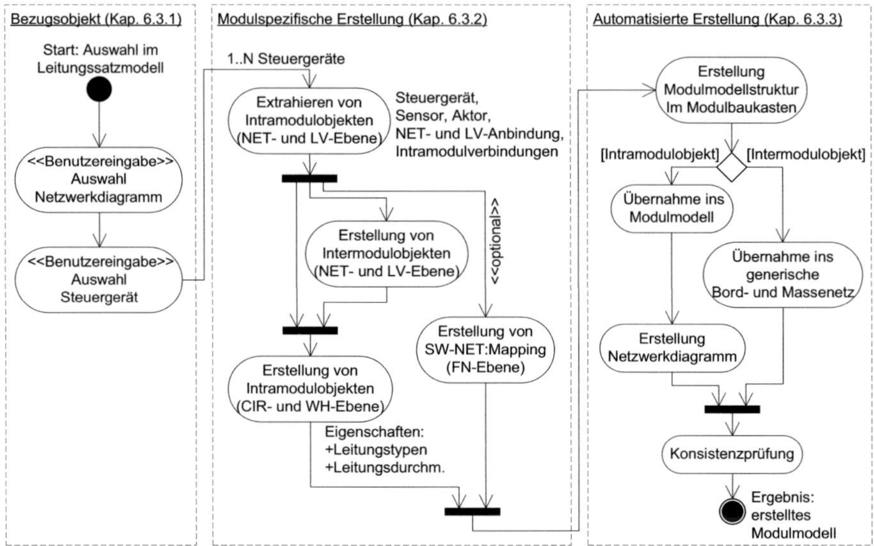

Abbildung 36: Aktivitätsdiagramm für den Anwendungsfall 5.1: Erstellung von Modulmodellen

Die in diesem Kapitel 6.3 aufgezeigte Methode wendet dabei die Prinzipien der Zerlegung der E/E-Architekturmodellierung in Modulmodelle und der Abstraktion durch die automatisierte Erstellung der Modulmodelle aus den einzelnen Modellobjekten an (gemäß Kapitel 6.1). Zusätzlich wird der einheitliche Entwurf (siehe Kapitel 6.1) durch die automatische Erstellung der Modulmodelle angewendet, welche für alle Modulmodelle nach derselben Modellstruktur und den gleichen Kriterien aus Kapitel 5.4.2 erfolgen.

6.4 Benutzergeführter Import von Modulmodellen

Im Anwendungsfall 5.2 wird ein benutzergeführter, manueller Import inklusive der Erstellung des Modulmodells (siehe Kapitel 6.3) beschrieben. Dabei sollen durch schrittweise Abfragen (werkzeugunterstützt) die E/E-relevanten Daten importiert werden. Diese Abfragen werden dabei auf Basis von zwei Quellen durchgeführt:

- Modulheft: Durch die Kapitelstruktur des Modulhefts sind die spezifizierten Daten zu identifizieren und direkt manuell zu übernehmen.

- Begleitende Dokumentation: Die benötigten E/E-relevanten Daten müssen aus verschiedenen Formaten (.xls, .ppt, etc.) interpretiert und übernommen werden.

6.4.1 Benutzergeführter Import

Der benutzergeführte manuelle Import setzt sich aus den folgenden drei Schritten zusammen:

DATENAUFNAHME Die Informationen zur Erstellung der Modellobjekte sind als Dokumenteninhalte zurzeit nicht datentechnisch zu verarbeiten (siehe Kapitel 5.5.2.2). Dadurch wird durch eine Benutzerführung des manuellen Imports (d.h. in aufeinander aufbauenden Schritten werden die E/E-relevanten Daten durch Eingabe in einem *Importdialog* erfasst) eine logische Reihenfolge bei der Erfassung der Daten gewährleistet. Durch diese Benutzerführung wird dabei zusätzlich die Vollständigkeit (Kriterium 5.1) der Daten für die Erstellung eines Modulmodells erreicht, da sich durch die Abfrage aller relevanter Daten die Notwendigkeit einer zusätzlichen Informationsbeschaffung ergibt (gegebenenfalls auch kombiniert aus mehreren Quellen).

DATENAUFBEREITUNG Eine effiziente Datenaufnahme soll durch die Minimierung an Abfrageschritten und manuell einzugebenden Datenmenge erzielt werden. Dabei wird die standardisierbare Erstellung von Modellobjekten (z.B. ein Schaltplanpin besteht immer aus zwei Leitungssatzpins) nicht abgefragt und zusätzlich benötigte Modellobjekte zur Erstellung eines konsistenten Modulmodells automatisch hinzugefügt. Beispielsweise beschreibt ein Modulheft nicht explizit die Recheneinheit (CPU, engl. central processing unit), welche jedoch in der Modellierung für das SW-NET:Mapping der Softwarekomponenten benötigt wird. Dabei führt die automatisierte Vernetzung der Intramodulverbindungen auf Basis der abgefragten Daten zu weniger Benutzereingaben und Einhaltung von Modellierungsstandards.

MODULMODELLERSTELLUNG Aus den eingegebenen Daten erfolgt die automatisierte Erstellung der Intramodulobjekte für das Modulmodell inklusive der generischen Intermodulobjekte, sowie die Ablage des Modulmodells im Modulbaukasten. Dabei wird gemäß Kapitel 6.3 vorgegangen.

6.4.2 Vorgehensbeschreibung

Für den Anwendungsfall 5.2 werden in der Abbildung 37 die notwendigen Schritte für den Import der Daten zur Erstellung eines Modulmodells dargestellt.

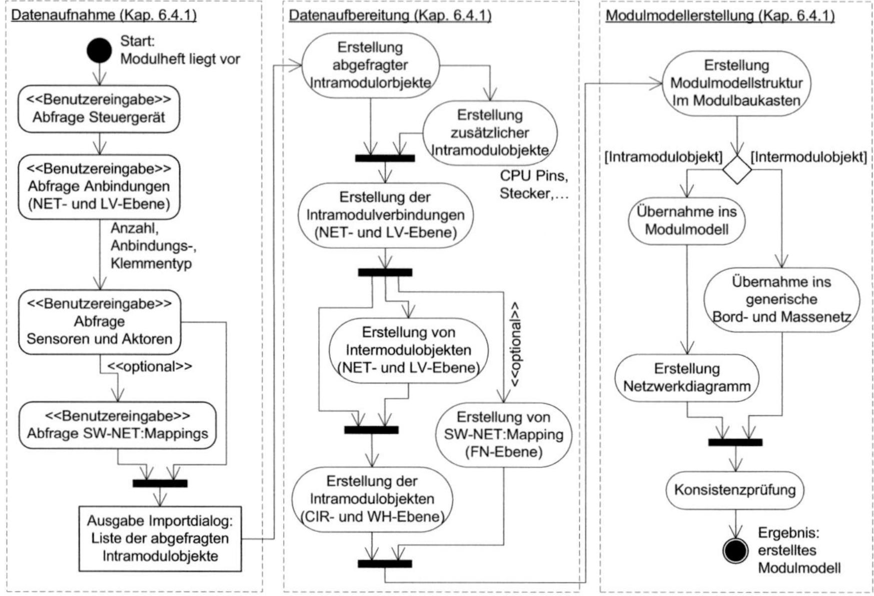

Abbildung 37: Aktivitätsdiagramm für den Anwendungsfall 5.2: Benutzergeführter Import von Modulmodellen

6.4.3 Zusammenfassung

Im Anwendungsfall 5.2 sollen die Modulmodelle über einen benutzergeführten Import erstellt werden. Über die Datenaufnahme und -bereitstellung wird sichergestellt, dass die automatisierte Erstellung mit gleichem Modellierungsparadigma wie in Kapitel 6.3.3 erfolgen kann. Das Konzept in diesem Kapitel 6.4 folgt denselben Prinzipen der Zerlegung und des einheitlichen Entwurfs (siehe Kapitel 6.1).

6.5 Konfiguration mit Modulmodellen

Im Anwendungsfall 5.3 wird die einfache Konfigurierbarkeit von E/E-Architekturmodellen durch die Abstraktion auf Merkmale gefordert. In Kapitel 4.2.3 wird dazu die Möglichkeit der Konfiguration mit einem Merkmalsmodell dargestellt. Da die Merkmale die Variabilität abstrahieren (siehe Kapitel 2.4.1), können durch die Auswahl von Merkmalen deren Variationspunkte gebunden und somit eine Konfiguration erstellt werden (siehe Kapitel 4.2.1). Diese Eigenschaft des Merkmalsmodells führt zu einer Komplexitätsreduzierung und wird für Anwendungsfall 5.3 zur Konfiguration eines E/E-Architekturmodells und zur Dokumentation genutzt[6]. Hierfür wird mit der Anforderung 5.3 das Merkmalsmodell (siehe Kapitel 6.2.2) in die E/E-Architekturmodellierung eingeführt. Dabei ergeben sich für die Konfiguration die folgenden Vorteile:

GRUPPIERUNG DURCH STRUKTUR Die Merkmalsmodelle bestehen aus einem Merkmalsbaum und den Abhängigkeiten. Aus dieser Baumstruktur ergeben sich gegenüber einer Liste beziehungsweise einer Matrix die Vorteile, dass an den Knoten logische Gruppierungen (z.B. nach Ausstattungspaketen oder Gruppe von Fahrwerkssystemen) mit den entsprechenden Merkmalstypen dargestellt werden, sowie deren Teilbäume voneinander unabhängig sind und einzeln konfiguriert (die Abhängigkeiten stellen gegebenenfalls Verbindung zwischen den Teilbäumen her) werden. In der Umsetzung kann dabei eine Baumstruktur einfach im E/E-Architekturmodellierungswerkzeug auf die Modellbaumstruktur abgebildet werden (die Abhängigkeiten werden dabei durch andere Modellobjekttypen umgesetzt).

EBENENGERECHTE DEKOMPOSITION Der Merkmalsbaum kann verschiedene Abstraktionsebenen beschreiben. Für die E/E-Architekturmodellierung soll dabei gemäß Anforderung 5.3 das Merkmalsmodell für eine modellübergreifende und technische Abstraktion der Modellobjekte eingeführt werden. Eine Erweiterung um die generellen Ausstattungs- und Designmerkmale zu einem monolithischen Merkmalsmodell für die komplette Fahrzeugentwicklung oder eine Detaillierung auf die Ebene der technischen Merkmale (z.B. verschiedene Busanbindungstechnologien oder auch Versorgung durch unterschiedliche Klemmentypen) ist möglich, jedoch ist ein solches Merkmalsmodell sehr umfangreich (für die Umschreibung der notwendigen und optionalen Funktionalitäten einer Baureihe werden weit über tausend technische Merkmale benötigt [RW06]).

Im nachfolgenden Kapitel 6.5.1 wird ein Merkmalsmodell mit einer der E/E-Architekturmodellierung angepassten Abstraktion und Gruppierung für das modulorientierte Produktlinien Engineering entworfen.

6.5.1 Merkmalsorientierte Konfiguration

In Anforderung 5.8 ist gefordert, dass die E/E-Architekturmodelle durch die E/E-Systemmodelle und Modulmodelle konfiguriert werden. Beim Entwurf des Merkmalsmodells müssen die Eigenschaften des Merkmals aus Kapitel 2.4.1 beachtet werden. Der nahe liegende Ansatz ist es, ein Merkmalsmodell mit allen Merkmalen der E/E-Systemmodelle und Modulmodelle umzusetzen, welches

---

6   Anmerkung: das Konfigurationsmanagement der verschiedenen Varianten und Versionen ist nicht Bestandteil dieser Betrachtung, da es in der verwendeten Version 3.1.5 des E/E-Architekturmodellierungswerkzeugs PREEvision nicht unterstützt wird.

exemplarisch in Abbildung 38 dargestellt ist, jedoch ergeben sich daraus die folgenden Nachteile in der Darstellung und Konfigurierbarkeit:

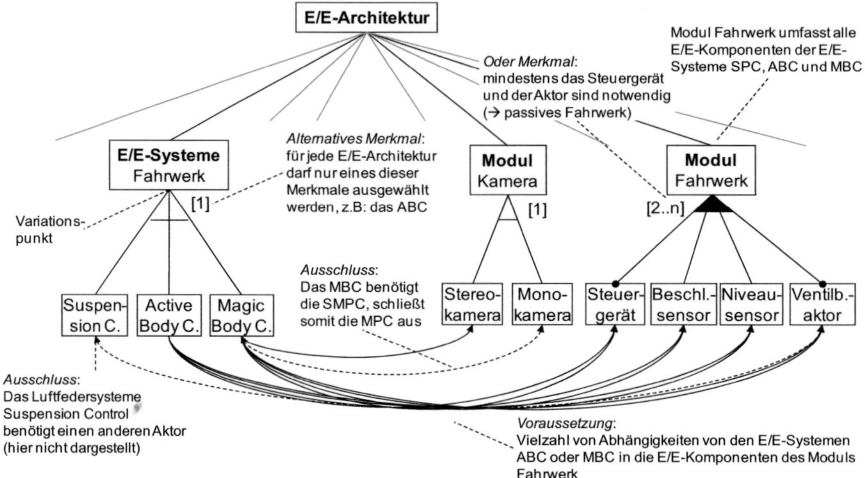

Abbildung 38: Darstellung eines Merkmalsmodells einer E/E-Architektur (auszugsweise) mit den Merkmalen beider E/E-Systeme ABC und MBC aus Kapitel A inklusive der Abhängigkeiten zu den E/E-Komponenten des Moduls Fahrwerk

- Das Merkmalsmodell gemäß Abbildung 38 trennt nicht in der Abbildung des kompletten Fahrzeugumfangs zwischen den funktionalen (Softwarekomponenten der E/E-Systeme) und den technischen (E/E-Komponenten der Module) Aspekten. Dies führt zu einem erschwerten Verständnis der Funktionalität sowie zum Konflikt zwischen funktionaler oder technischer Konfiguration (Top-Down-Entwurf oder Bottom-Up-Entwurf, siehe Kapitel 3.2.1).

- Im Merkmalsmodell muss eine Vielzahl von Merkmalstypen und Abhängigkeiten erstellt werden, damit durch die Auswahl von E/E-Systemmodellen die technische Umsetzung durch die benötigten Modulmodelle gewährleistet wird. Dieses resultierende komplexe und unübersichtliche Merkmalsmodell[7] unterliegt der zeitlichen Variabilität (siehe Anforderung 5.10), wobei die Änderungen und Erweiterungen (d.h. das Hinzufügen, das Entfernen oder die Aktualisierung von Merkmalen oder Abhängigkeiten) aufwändig ist und zu einem inkonsistenten Merkmalsmodell führen können [GBRW10].

- Das Merkmalsmodell soll gemäß Anforderung 5.8 zum Konfigurieren eines durchgängigen E/E-Architekturmodells eingesetzt werden. Dafür

---

7 Beispielsweise besteht das Merkmalsmodell der Evaluierung in Kapitel 8 aus 44 E/E-Systemmodellen, 41 Modulmodellen und 124 Assoziationen.

müssen im Merkmalsmodell aus beiden Gruppen von Merkmalen die benötigten E/E-Systeme (FN-Ebene) und Module (NET-, LV- und WH-Ebene) ausgewählt werden. Dabei kann die Auswahl über zwei Wege erfolgen:

1. *Explizite Auswahl*: Die Merkmale werden manuell sowie von den E/E-Systemen und Modulen unabhängig zueinander ausgewählt, was in den umfangreichen Merkmalsmodellen aufwändig ist und zu fehlerhafter Konfiguration führen kann.

2. *Implizite Auswahl*: Zwischen den Merkmalen der E/E-Systeme und Module sind die notwendigen Abhängigkeiten im Merkmalsmodell erstellt. Dies ermöglicht, dass die Merkmale der E/E-Systeme manuell selektiert und durch Abhängigkeiten die Merkmale der Module implizit ausgewählt werden. Hierzu müssen jedoch zwischen den Merkmalen alle Abhängigkeiten im Merkmalsmodell erstellt werden, was aufgrund der hohen Anzahl von Abhängigkeiten zu einem komplexen Merkmalsmodell führt (siehe vorheriger Punkt).

Aus diesen Gründen wird für das modulorientierte Produktlinien Engineering das Merkmalsmodell aus Abbildung 38 in ein *E/E-Systemmerkmalsmodell* und ein *Modulmerkmalsmodell* aufgebrochen (siehe Abbildung 39). Diese Trennung der Teilbäume in zwei separate Merkmalsmodelle ist nach [RW06] zulässig und hat folgende Vorteile:

- Diese Trennung folgt dem Prinzip Separation of Concerns (Kapitel 6.1) zur Komplexitätsreduzierung, womit in dem jeweiligen Merkmalsmodell mögliche Fehler und Änderungen leichter und schneller identifiziert werden.

- Unterschiedliche Konfigurationen von E/E-Architekturen werden hierbei ermöglicht, um der Anforderung 5.11 nach einer ebenenspezifischen Integration der Modulmodelle in die E/E-Architekturmodelle nachzukommen. Dadurch können die beiden hauptsächlichen Abstraktionssichten der heutigen praktischen E/E-Architekturmodellierung aus Kapitel 5.5.2.4 bedient werden:

  - Funktionale E/E-Architekturmodellierung: Die Auswahl erfolgt über das E/E-Systemmerkmalsmodell, und die Konfiguration der E/E-Systemmodelle wird um die notwendigen Modulmodelle gemäß Kapitel 5.4.5 erweitert.

  - Leitungssatzorientierte E/E-Architekturmodellierung: Die Auswahl erfolgt im Modulmerkmalsmodell ohne das funktionale E/E-System-merkmalsmodell.

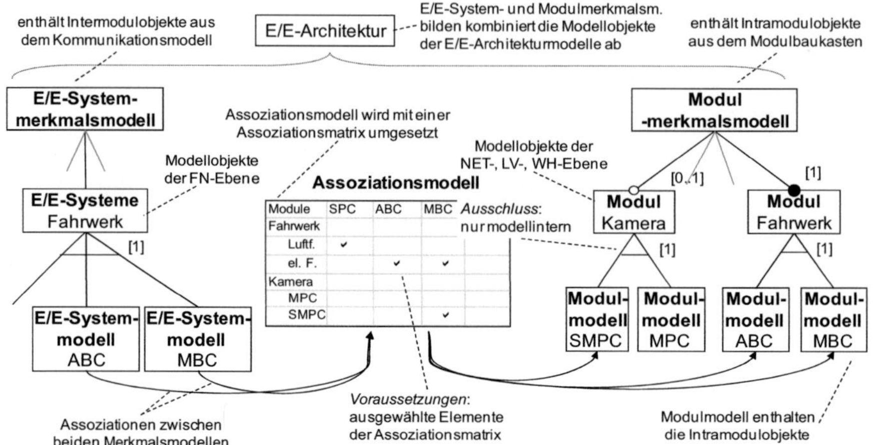

Abbildung 39: Schematische Darstellung des Aufbruchs des allgemeinen Merkmalsmodells aus der Abbildung 38: E/E-Systemmerkmalsmodell mit den Merkmalen der E/E-Systemmodelle aus dem Kommunikationsmodell, Modulmerkmalsmodell mit den Merkmalen der Modulmodelle aus dem Modulbaukasten und Assoziationsmodell mit den Assoziationen zwischen beiden Merkmalsmodellen

Entwurf eines E/E-Systemmerkmalsmodells

Das E/E-Systemmerkmalsmodell wird zur funktionalen Darstellung und Konfiguration der E/E-Systeme verwendet:

- Merkmale: {E/E-System}

- Merkmalstypen für Merkmal E/E-System: {notwendig | optional | alternativ} für die Serien-, Sonderausstattung oder sich gegenseitig ausschließende Ausstattung.

- Abhängigkeiten für Merkmal E/E-System: {Voraussetzung[8] | Ausschluss[9]}

Die Abbildung der E/E-Systemmodelle im E/E-Systemmerkmalsmodell sowie die spätere Integration dieser E/E-Systemmodelle gemäß einer E/E-Systemkonfiguration ist nur durch eine modelltechnische Beziehung möglich, welche durch Konfigurationslinks zwischen den Merkmalen E/E-System und den E/E-Systemmodellen im Kommunikationsmodell in Abbildung 40 umgesetzt werden.

---

8 Die E/E-Systemmodelle sind oft funktional adaptiv aufgebaut und umfassen nur die Funktionserweiterung, d.h. das Basissystem ist für deren Funktionalität eine Voraussetzung.
9 Beispiel (Kapitel A): Die E/E-Systeme ABC und MBC schließen sich gegenseitig aus, da jedes Fahrzeug nur ein Fahrwerk besitzen kann.

Entwurf eines Modulmerkmalsmodells

Das Modulmerkmalsmodell wird zur modulorientierten Darstellung und Konfiguration verwendet:

- Merkmale: {Modul}

- Merkmalstypen für Merkmal Modul: {notwendig | optional | oder | alternativ} für die Serien-, Sonderausstattung, technische Grundausstattung oder sich gegenseitig ausschließende Ausstattung.

- Abhängigkeiten für Merkmal Modul: {Voraussetzung[10] | Ausschluss[11]}

Die Konfiguration kann dabei automatisch durch die Konfiguration im E/E-Systemmerkmalsmodell und Ableitung über das Assoziationsmodell, sowie durch eine manuelle Konfiguration direkt im Modulmerkmalsmodell erfolgen. Zur Bereitstellung der Modulmodelle zur Integration in die E/E-Architekturmodelle ist hierbei eine modelltechnische Beziehung von den Merkmalen zu diesen Modulmodellen im Modulbaukasten notwendig, welche durch die in Abbildung 40 dargestellten Konfigurationslinks (siehe Kapitel 4.2.3) umgesetzt werden.

Entwurf eines Assoziationsmodells

Die Assoziationen zwischen den Merkmalen des E/E-Systemmerkmalsmodells und des Modulmerkmalsmodells werden in einem abstrakten Assoziationsmodell verbunden (siehe im Metamodell in Abbildung 40). Das Assoziationsmodell repräsentiert somit das zentrale Bindeglied zwischen der E/E-System- und Modulsicht sowie deren Abhängigkeiten (über das E/E-Systemmerkmals- beziehungsweise Modulmerkmalsmodell). Diese Konfigurationsabbildung von ausgewählten E/E-Systemmodellen auf die benötigten Modulmodelle wird durch die Assoziationsmatrix umgesetzt, welche eine übersichtlichere Verwaltung der verteilten E/E-Systemmodelle auf die jeweiligen Modulmodelle ermöglicht, als dies durch Abhängigkeiten in einem Merkmalsmodell darstellbar ist (vergleiche dazu die Abbildung 38).

Metamodell der Merkmalsmodelle zur Abbildung im modulorientierten Produktlinien Engineering

In Abbildung 40 ist das Metamodell zur Darstellung der entworfenen Merkmalsmodelle aufgezeigt. Dabei leiten sich von einem abstrakten Merkmalsmodell das E/E-Systemmerkmalsmodell und Modulmerkmalsmodell als unabhängige Objekte ab, da die implizite Auswahl nur für das Modulmerkmalsmodell umgesetzt wird. Der Grund hierfür ist, dass eine Ableitung von E/E-Systemmodellen

---

10 Verblockung zwischen Baureihen gemäß Modulzyklusplan der jeweiligen Modulstrategie.
11 Beispielsweise schließen sich im Modul Kamera beide Lösungen aufgrund desselben Bauraums gegenseitig aus.

aus einer Modulmodellkonfiguration weder einer systemorientierten Vorgehensweise (Auswahl nach Funktionen) entspricht noch für die praktische E/E-Architekturmodellierung relevant ist (kein reiner Bottom-Up-Entwurf, siehe Kapitel 3.2.1). Aus diesem Grund sind auch die Merkmale für das E/E-System beziehungsweise Modulmerkmalsmodell spezifische Objekte und deren Assoziation über die Assoziationsmatrix in Abbildung 40 als gerichtete Assoziation enthalten. Die Merkmale E/E-System und Modul erben zusätzlich vom abstrakten Merkmal in Abbildung 40 den Merkmalstyp und die Abhängigkeit gemäß Kapitel 4.2.2, wobei für die Merkmale ein Merkmalstyp gewählt werden muss und die Zuweisung einer Abhängigkeit optional ist.

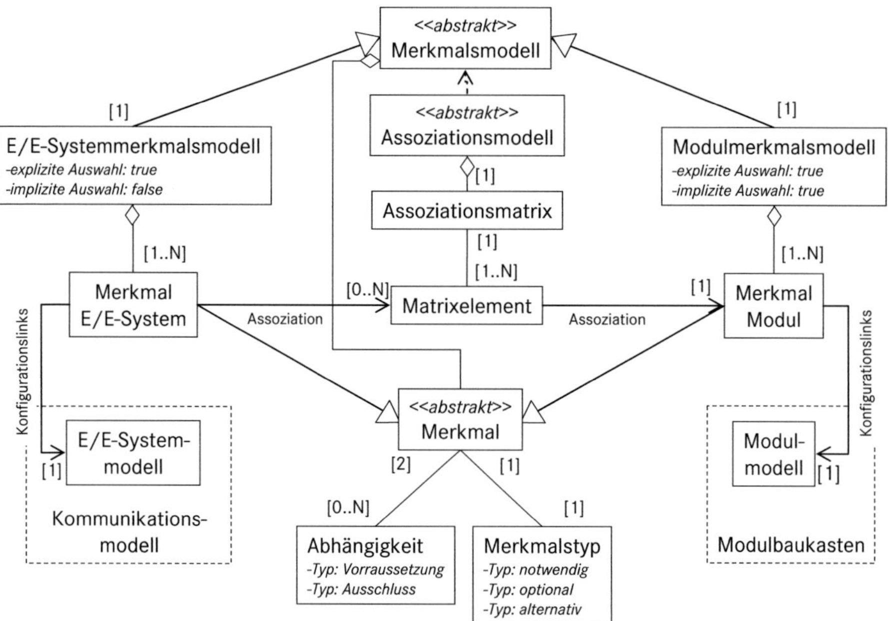

Abbildung 40: Metamodell des abstrakten Merkmalsmodells inklusive der Merkmale und deren Merkmalstypen sowie Abhängigkeiten für die instanziierten E/E-System- und Modulmerkmalsmodell

6.5.2 Verifikation der Konfiguration

In Anforderung 5.9 wird die Verifikation der Merkmalsmodelle auf Verblockung, Ausschluss und Korrektheit gefordert, damit nur gültige Konfigurationen erstellt und der Integration (Anwendungsfall 5.4) übergeben werden können. Diese Verifikation ist im Merkmalsmodell möglich, da die Abhängigkeiten gemäß Kapitel 6.2.2 modelltechnisch auswertbar sind. Dabei wird als Verifikationsmethode der Vergleich auf Erfüllung der Abhängigkeiten {Voraussetzung | Ausschluss} durchgeführt. Es gelten die folgenden Verifikationsregeln:

- Zwei Merkmale habe eine Abhängigkeit als Ausschluss zueinander (exclude): In diesem Fall muss eine manuelle Auswahl zwischen beiden Merkmalen getroffen werden, da diese bidirektionale Beziehung kein Merkmal priorisiert (Merkmalsmodelle stellen nur die Variabilität dar, aber geben keine Hilfen zur Variabilitätsentscheidung, siehe Kapitel 4.2.2).

- Zwei Merkmale habe eine bidirektionale Voraussetzung zueinander (require): In diesem Fall muss bei der Auswahl eines Merkmals das andere Merkmal ebenso zur Konfiguration hinzugefügt werden.

- Zwei Merkmale habe eine unidirektionale Voraussetzung zueinander (require): In diesem Fall muss bei der Auswahl des ausgehenden Merkmals das benötigte Merkmal hinzugefügt werden, aber nicht andersherum.

Anhand dieser Verifikationsregeln der Abhängigkeiten können die Merkmalsmodelle nach der Konfiguration einzeln verifiziert werden:

- E/E-Systemmerkmalsmodell: Für die E/E-Systemmodelle können sich Abhängigkeiten zu notwendigen oder grundlegenden E/E-Systemmodellen durch deren teilweisen adaptiven Aufbau ergeben. Diese notwendigen E/E-Systemmodelle werden nach der Verifikation für eine korrekte Konfiguration hinzugefügt.

- Assoziationsmodell: Die Assoziationen vom E/E-Systemmerkmalsmodell auf das Modulmerkmalsmodell sind keine Abhängigkeiten der Merkmalsmodellierung und werden bei der Modellierung in der Assoziationsmatrix manuell überprüft. Mit diesen wird jedoch die Abbildung der Konfiguration des E/E-Systemmerkmalsmodell auf das Modulmerkmalsmodelle durchgeführt, und somit die Prüfung dessen Umsetzbarkeit durch die Modulmodelle ermöglicht.

- Modulmerkmalsmodell: Für die Modulmodelle werden die Abhängigkeiten nach der Verblockung und dem Ausschluss gemäß der Modulzykluspläne der Modulstrategien (z.B. beide Kameras nutzen den gleichen Bauraum, oder die Zuordnung von Modulversionen zu bestimmten Baureihen) angelegt. Anhand dieser Abhängigkeiten wird durch die Verifikationsregeln die korrekte Abbildung in den jeweiligen E/E-Architekturmodellen gemäß den Modulstrategien ermöglicht.

Durch die Verifikation aller drei Modelle ist die Korrektheit (gefordert in Anforderung 5.9) bewiesen.

6.5.3 Erweiterbarkeit der Konfiguration

Die Anforderung 5.10 fordert eine Veränderbarkeit und Erweiterbarkeit der Merkmalsmodelle durch die zeitliche Variabilität. Die Anpassung (Hinzufügen, Löschen oder Ändern) der Merkmale oder auch Änderung der Zuweisung der Merkmale zu einem Variationspunkt ist dabei in folgenden Fällen gefordert:

- E/E-Systemmerkmalsmodell: Aufgrund neuer Innovationen (z.B. Weiterentwicklung von E/E-Systemen durch neue Sensorkonfiguration beziehungsweise Sensordatenfusion) werden sowohl neue Merkmale hinzugefügt aber auch vorhandene und somit nicht mehr verwendete Merkmale entfernt.

- Modulmerkmalsmodell: Aufgrund der Dynamisierung der Modulmodelle und dem Hinzufügen von neuen Modulmodellen werden neue Merkmale hinzugefügt aber auch vorhandene und somit nicht mehr verwendete Merkmale entfernt.

- Assoziationsmodell: Die Assoziationen werden in der Assoziationsmatrix beim Hinzufügen oder Löschen von Merkmalen im E/E-Systemmerkmalsmodell sowie im Modulmerkmalsmodell (zeilen- und spaltenweise) verwaltet.

- Abhängigkeiten: Im E/E-System- und Modulmerkmalsmodell werden in Folge neuer Innovationen oder Dynamisierung die vorhandenen Abhängigkeiten angepasst oder aber auch neue Abhängigkeiten erstellt.

Die Erweiterbarkeit wird durch die Merkmalsbäume modelltechnisch zugelassen, jedoch sind die Zuweisungen der Abhängigkeiten sowie die Partitionierung im Assoziationsmodell nur manuell durchführbar. Der Grund dafür ist, dass dieses Abbildungswissen aus den dokumentenbasierten Modulheften nicht automatisiert erstellbar ist.

6.5.4 Vorgehensbeschreibung

Für den Anwendungsfall 5.3 werden in der Abbildung 41 die notwendigen Schritte für die Konfiguration eines E/E-Architekturmodells dargestellt.

6.5.5 Zusammenfassung

Im modulorientierten Produktlinien Engineering wird das Merkmalsmodell als Instrument zur Konfiguration von E/E-Architekturmodellen verwendet, um gemäß Anwendungsfall 5.3 eine merkmalsbasierte und verifizierte Konfiguration zur Integration zu erstellen. Dabei wird für eine systemorientierte

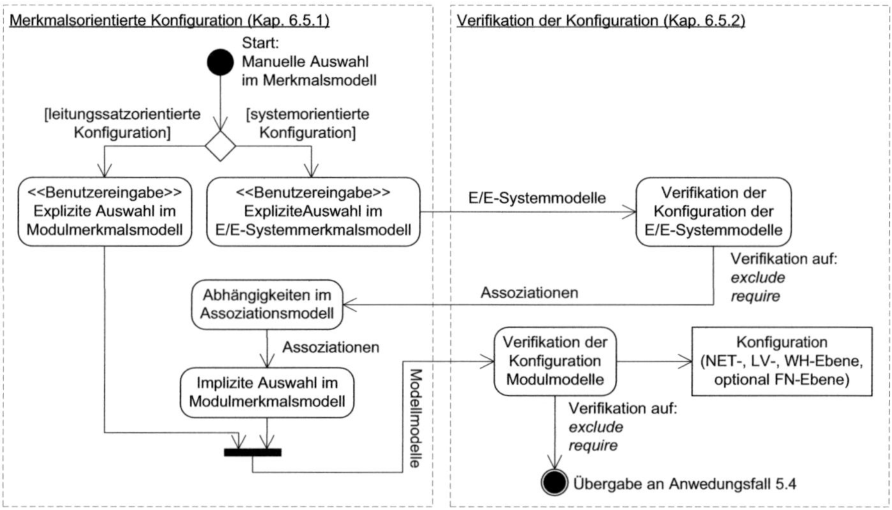

Abbildung 41: Aktivitätsdiagramm für den Anwendungsfall 5.3: Erstellung von Modulmodellen

Konfiguration der E/E-Architekturmodelle bei gleichzeitiger Verwendung der montageorientierten Modulmodelle eine Trennung zwischen der E/E-System- und Realisierungsebene (d.h. den Modulmodellen) durchgeführt. Dies wird durch zwei getrennte aber in Verbindung stehende Merkmalsmodelle (E/E-Systemmerkmals- und Modulmerkmalsmodell) umgesetzt. Durch diese Auftrennung wird ebenso eine ebenenspezifische Integration (siehe Kapitel 6.6.1) ermöglicht. In beiden Merkmalsmodellen wird eine Verifikation durch die modelltechnisch auswertbaren Abhängigkeiten durchgeführt, und somit eine valide Konfiguration gemäß des Modulzyklusplans erstellt.

Das in diesem Kapitel 6.5 beschriebene Konzept wendet für eine übersichtliche und einfache Konfiguration die Prinzipien der Trennung von Aspekten und der Abhängigkeiten zur Variabilitätsreduzierung an (siehe Kapitel 6.1). Durch die Trennung des E/E-System- beziehungsweise Modulmerkmalsmodells von den Intramodulobjekten der Modulmodelle (Trennung von Abstraktions- und Realisierungsebene) wird eine übersichtliche Konfiguration möglich und durch die Abhängigkeiten im E/E-System- beziehungsweise Modulmerkmalsmodell eingegrenzt.

6.6 Integration von Modulmodellen

Im Anwendungsfall 5.4 werden die unabhängigen Modulmodelle zur Integration zu einem E/E-Architekturmodell miteinander vernetzt. Hierbei wird die

Bereitstellung der Modulmodelle in der Vollständigkeit und Modellqualität nach Kapitel 6.3 für die relevanten E/E-Architekturebenen vorausgesetzt. Die Integration teilt sich in zwei Integrationsschritte auf:

1. Modulmodelle wiederverwenden: Die Modulmodelle werden über Anwendungsfall 5.3 konfiguriert und deren Intramodulobjekte in ein E/E-Architekturmodell kopiert (Begründung für Kopie siehe Kapitel 6.3.3).

2. Modulmodelle verbinden: Die Modulmodelle werden durch zusätzlich erstellte Intermodulobjekte in den unterschiedlichen E/E-Architekturebenen verbunden.

6.6.1 Ebenenspezifische Integration

Für die Integration der Modulmodelle muss zur Umsetzung der Anforderung 5.11 in den jeweiligen E/E-Architekturebenen eine spezifische Schnittstellenlösung gefunden werden. Dabei werden nachfolgend nur die im Modulmodell enthaltenen E/E-Architekturebenen gemäß Kapitel 5.4.3 sowie zusätzlich eine Lösung für die FN-Ebene konzipiert. Für die leitungssatzorientierte E/E-Architekturmodellierung sowie für die Entwurfsdokumentation (siehe Kapitel 5.5.2.4) können die Modulmodelle ohne zusätzliche E/E-Architekturebenen zu einem E/E-Architekturmodell integriert werden.

Konzept der Integration von Modulmodellen

Bei der Integration zu einem E/E-Architekturmodell werden die Intramodulobjekte unverändert automatisiert übernommen. Für die Schnittstellenintegration wird das Schnittstellenkonzept aus Kapitel 6.3.2 so eingesetzt, dass die Intermodulschnittstellen im Modulmodell schon typisiert (d.h. den Anbindungen sind generelle Anbindungstypen zugewiesen), und bei der Integration zugewiesen (d.h. diese werden an konkreten Bussystemen angebunden) werden. Dabei werden zur initialen Erstellung des E/E-Architekturmodells die Intermodulobjekte automatisiert erstellt und die Intramodulobjekte in den unterschiedlichen E/E-Architekturebenen vernetzt:

- NET-EBENE Als die zentrale E/E-Architekturebene wird zuerst die logische Vernetzung durchgeführt. Dabei werden den logischen Anbindungen mit deren assoziiertem Verbindungstypen die logischen Verbindungen (Bussysteme) benutzerbestimmt zugewiesen. Das Kommunikationsmodell stellt diese Bussysteme modellübergreifend zur Verfügung, und ermöglicht die Wiederverwendung von Bussystemen.

- KONZEPT DER VERNETZUNG AUF DER NET-EBENE Bei der Erzeugung der logischen Vernetzung (Intermodulobjekte) sind für die Bussysteme deren Vernetzungstopologie noch nicht bekannt und damit die Reihenfolge der

Steuergeräte dem jeweiligen Bussystem nicht zugeordnet. Somit wird eine generische Stern[12]-Vernetzungtopologie mit einem zentralen Knoten (aktiver Sternverteiler bei FlexRay, passiver Sternverteiler bei CAN) und den logischen Verbindungen automatisch erstellt. Daran werden die relevanten Intermodulschnittstellen (d.h. meistens die Steuergeräte) über deren typisierte Busanbindung angebunden. Der zentrale Knoten kann später als ein Gateway integriert oder die schon erstellten logischen Verbindungen modelltechnisch schnell in die variantenspezifische Vernetzung geändert werden.

- FN-EBENE Die Partitionierung durch das Modellobjekt SW-NET:Mapping vom Steuergerät in der NET-Ebene auf die Softwarekomponente der FN-Ebene ist modelltechnisch auswertbar. Damit können die identifizierten Softwarekomponenten über deren funktionalen Schnittstellen (funktionale Anbindungen) miteinander über funktionale Verbindungen vernetzt werden, wodurch der Austausch der Signale zwischen Softwarekomponenten möglich ist und somit die Interaktion im E/E-Systemmodell erfolgt.

- KONZEPT DER KOMMUNIKATION AUF DER NET-EBENE Nachdem die logische Vernetzung durchgeführt wurde, wird die Kommunikation (Botschaften und Signale) durch das Kommunikationsmapping mit der Zuweisung von Busschedules auf das jeweilige Bussystem und von *Gatewayschedules*[13] auf das jeweilige Gateway im erstellten E/E-Architekturmodell integriert. Es erfolgt keine automatische Zuweisung der Kommunikation auf das Bussystem, um den Freiheitsgrad der Belegung mit anderen Busteilnehmern (d.h. Steuergeräte) durch gemappte Botschaftsübertragungen für neue E/E-Architekturkonzepte nicht einzugrenzen.

- LV-EBENE Es wird ein generisches Bordnetz und ein generischer Massepunkt automatisch erstellt, an denen die LV- und Masseanbindungen durch deren assoziierte Klemmentypen an die klemmenrichtigen LV- und Masseverbindungen angeschlossen werden, welche als Intermodulobjekte während der Integration für die benötigten Typisierungen (ohne durchgeführte Optimierung) initial erstellt werden (siehe Abbildung 42).

- WH-EBENE Die Intermodulobjekte der erstellten Vernetzung der NET- und LV-Ebene werden abgeleitet und in der WH-Ebene mit generischen Verbindungstypen erstellt. Eine variantenspezifische Anpassung erfolgt später durch die Leitungssatzoptimierung.

Eine Zusammenfassung der Integrationstätigkeiten ist in Abbildung 43 gegeben. Durch dieses Konzept wird den Modulmodellen in unterschiedlichen E/E-Architekturebenen eine automatisierte Integration soweit ermöglicht, dass diese

---

12 Die Stern-Topologie hat einen zentralen Sternverteiler und jeder Teilnehmer des Bussystems ist über eine Punkt-zu-Punkt-Verbindung mit dem Sternverteiler verbunden [Rei09].

13 Den Steuergeräten mit mehr als einer Busanbindung werden Routingtabellen zugeordnet, damit diese das Botschafts- oder Signalrouting zwischen zwei Bussystemen durchführen.

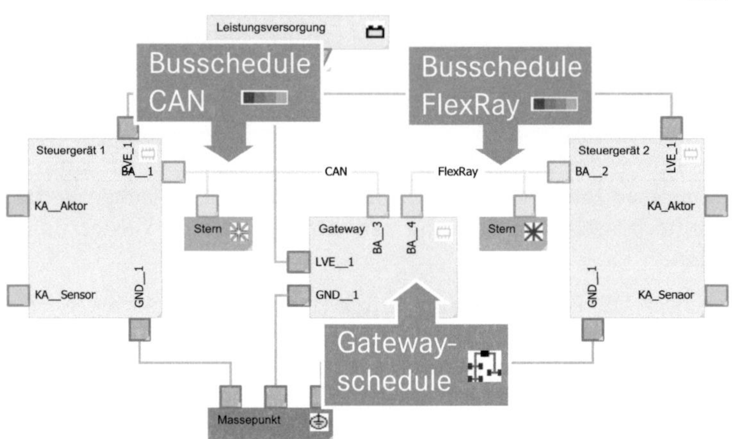

Abbildung 42: Zuweisung der Kommunikation durch die Busschedules auf die unterschiedlichen Bussysteme (in dieser Abbildung CAN und FlexRay) und durch ein Gatewayschedule auf ein Steuergerät mit mehr als einer Busanbindung (Abbildung des Netzwerkdiagramms der NET-Ebene inklusive dem generischen Bordnetz (Leistungsversorgung) und generischen Massepunkt)

durch deren Typisierung der Intermodulanbindungen an unterschiedlichen Bussystemen der gleichen Bustechnologie angebunden werden können. Zusätzlich ermöglicht das SW-NET:Mapping, die partitionierten Softwarekomponenten aus den E/E-Systemmodellen in die Integration einzuschließen. Damit bei der Integration der Modulmodelle in die E/E-Architekturmodelle eine vereinheitliche Modellierungsabdeckung in Umfang und Detaillierung der Modellobjekte gewährleistet wird, werden hierbei dieselben Konsistenzprüfungen wie in Kapitel 6.3.3 angewandt. Die Ergebnisse der Konsistenzprüfung werden als Fehlerprotokoll sowie Aufgabenliste (LOP-Liste, engl. List of Open Points) zur Dokumentation und zum Aufzeigen der notwendigen Architekturarbeiten zum Abschließen der Integration (z.B. noch offene und damit anzubindende Schnittstellen) verwendet.

Vorteile der Integration von Modulmodellen

Bei der Integration wird die Vernetzung im E/E-Architekturmodell initial und unoptimiert erstellt. Jedoch hat die initiale Erstellung der LV- und Massevernetzung sowie des Leitungssatzes gegenüber einer manuellen Modellierung der Vernetzung direkt im E/E-Architekturmodell folgende Vorteile:

- Der Aufwand der manuellen Erstellung im E/E-Architekturmodell wird eingespart und die Architekturarbeit kann gleich mit der Optimierung beginnen.

- Alle Masseverbindungen werden zu einem generischen Massepunkt verbunden, von dem aus eine Massepunktoptimierung direkt ausgeführt wird.

- Die LV-Verbindung wird über deren Typisierung an die richtige Klemme der Leistungsversorgung angeschlossen, womit eine erste initiale Abschätzung der Bordnetzauslegung (in der CIR- und LV-Ebene) getroffen werden kann.

- Zusätzliche Aufwandsreduzierung wird durch die Nutzung der Konsistenzprüfung gemäß Kapitel 6.3.3 erreicht, da hierbei keine weiteren modulinternen (nur eventuell modellspezifische) Konsistenzprüfungen notwendig werden.

6.6.2 Benutzergeführte Integration

In Kapitel 6.6.1 wird das Schnittstellenkonzept zur Integration der Modulmodelle zu einem E/E-Architekturmodell beschrieben. Dabei sind die in Anforderung 5.12 geforderten Benutzereingaben (Auswahl der Bustypen, Zuweisung der jeweiligen Busteilnehmer und Busschedules, etc.) zur Erstellung der Intermodulobjekte über einen *Schnittstellendialog* notwendig. Im Schnittstellendialog müssen auch die zu verwendenden E/E-Architekturebenen der Integration aufgrund der Anforderung 5.11 prior abgefragt werden (siehe Kapitel 5.5.2.4). Dabei ist die NET-Ebene notwendig, die FN-Ebene (Kommunikation) und WH-Ebene (Leitungstypen für Bussysteme) optional nach E/E-Architekturfragestellung wählbar. Für den Schnittstellendialog sind folgende Informationen notwendig:

- Steuergeräte und Busanbindungen aus den Modulmodellen verfügbar

- Bustypen und -schedules aus dem Kommunikationsmodell verfügbar

- Leitungs- und Kabeltypen aus dem Leitungssatzmodell verfügbar

Das Vorgehen der Integration und die Reihenfolge des Schnittstellendialogs werden in Kapitel 6.6.3 beschrieben.

Methodik der benutzergeführten Integration von Modulmodellen

Die Integration von Modulmodellen in die E/E-Architekturmodelle folgt diesen Schritten (unter Verwendung der werkzeugseitigen Regeln, siehe Kapitel 7.1.2):

VOR DER INTEGRATION Nach Abschluss der Modellierung eines Modulmodells (Modellierung, Erstellung oder Import) wird eine Konsistenzprüfung durchgeführt (z.B. offene Anbindungen, Busanbindungen sind typisiert, etc.). Diese Konsistenzprüfung vor der Integration ist eine vorbereitende Maßnahme, ob die Schnittstellen die notwendige Kompatibilität für die

EEA-Ebene	Modellobjekte		automatisierte Schnittstellenintegration mit Awendungsfall 5.4 (Integration)
	Intramodulobjekte aus Modulmodell	Erstellung von Intermodulobjekte	
FN	SW-NET:Mapping	n/a	Fall E/E-Systemkonfiguration: 1. Übernahme der E/E-Systemmodelle aus dem Kommunikationsmodell 2. funktionale Vernetzung Fall Modulmodellkonfiguration: 1. SW-NET:Mapping identifiziert die SW-Komponenten im Kommunikationsmodell 2. Übernahme der Softwarekomponenten aus den E/E-Systemmodellen 3. funktionale Vernetzung
NET	E/E-Komponente logische Anbindung logische Verbindung (*Intramodulverb*.)	logische Verbindung (*Intermodulverb*.)	1. Schnittstellendialog: a) Zuweisung der Busanbindungen b) Zuweisung der Busschedules c) Zuweisung der Gatewayschedules 2. logische Vernetzung 3. Kommunikationsmapping
LV	LV-Anbindung Masseanbindung	LV-Verbindung Masseverbindung	1. Erstellung eines initialen Bordnetzes mit Klemmentypen und LV-Verbindungen 2. LV-Vernetzung (LV-Verbindungen zu LV-Anbindungen nach Klemmentyp) 3. Erstellung eines zentralen Massepunkts und der Masseverbindungen 4. Massevernetzung (Masseverbindungen zu Masseanbindungen)
CIR	Schaltplanpin elektrische Verbindung	elektrische Verbindung	1. elektrische Venetzung (Ableitung der elektrischen Verbindungen den logischen, LV- und Masseverbindungen)
WH	Komponentenpin Stecker physikalische Verbindung	Leitungspin Sternverteiler physikalische Verbindung	1. Schnittstellendialog: a) Zuweisung Leitungstyp und -größe b) Zuweisung Kabeltyp und -größe 2. Ableiten der physikalischen Verbindungen aus den elektrischen Verbindungen 3. physikalische Vernetzung (Leitungspins zu Komponentenpins)
TOP	n/a	n/a	n/a

Abbildung 43: Ebenenspezifische Zusammenfassung der Tätigkeiten der Schnittstellenintegration in die einzelnen E/E-Architekturebenen inklusive der Bereitstellung von Intramodulobjekten aus den Modulmodellen und der Erstellung von Intermodulobjekten zur initialen Vernetzung des E/E-Architekturmodells

Schnittstellenintegration haben (z.B. zulässige Bussystemtypen, Klemmentypen, etc.) und somit das Modulmodell zur Integration valide ist. Damit werden inkonsistente Intramodulobjekte und eine nachfolgend fehler- oder lückenhafte Integration in den E/E-Architekturmodellen (und somit gegebenenfalls eine zeitaufwändige Fehlersuche im E/E-Architekturmodell) vermieden.

WÄHREND DER INTEGRATION Die einzelnen Schritte der Integration werden durch den Schnittstellendialog in der richtigen Reihenfolge ausgeführt. Dabei prüfen die Konsistenzregeln vor der Integration die Schnittstellen auf deren Kompatibilität (Plausibilitätsprüfung), damit z.B. die Anbindung einer E/E-Komponente an einer bestimmten Bustechnologie (gleiche Typen von Anbindung und Verbindung notwendig) aus modelltechnischen Gründen zulässig ist. Die im Schnittstellendialog abgefragten Schnittstellenzuordnungen und die automatisierte Übernahme unterstützen diese halbautomatische Schnittstellenintegration (die eigentliche Schnittstellenintegration erfolgt nach erfolgreicher Konsistenzprüfung automatisiert, jedoch werden vorweg benutzergeführt die Anbindungen den gewünschten Verbindungen zugeordnet). Durch die Benutzerführung werden überflüssige Fehler wie eine falsche Reihenfolge in der Integration oder das Auslassen von E/E-Architekturebenen minimiert.

NACH DER INTEGRATION Nach Abschluss der Integration wird vor der Bewertung des E/E-Architekturmodells eine Konsistenzprüfung durchgeführt, damit auch gültige Ergebnisse erreicht werden. Ebenso gibt die Konsistenzprüfung eine Liste der Inkonsistenzen des E/E-Architekturmodells zurück (z.B. offene Verbindungen oder falsche Anbindungstypen), welche eine LOP-Liste für eine manuelle Vervollständigung der Integration vor der Bewertung des E/E-Architekturmodells und dessen Freigabe dokumentiert. Die hierbei verwendeten Konsistenzprüfungen sind allgemein gültig für alle Modulmodelle und werden nicht modulspezifisch verwendet, damit zur effizienten Integration für alle Modulmodelle der gleiche Konsistenzgrad betreffend der Kriterien 5.1 - 5.3 erfüllt wird.

6.6.3 Vorgehensbeschreibung

Für den Anwendungsfall 5.4 werden in der Abbildung 44 die notwendigen Schritte für die Integration von Modulmodellen zu einem E/E-Architekturmodell dargestellt.

6.6.4 Zusammenfassung

Im Anwendungsfall 5.4 soll durch eine ebenenspezifische und automatisierte Integration von Modulmodellen ein initiales E/E-Architekturmodell erstellt werden. Dabei wird durch das Modellierungsparadigma aus Kapitel 6.3 (d.h. die maximale Bereitstellung von Intramodulobjekt und generischen Intermodulobjekten) keine Modellierung von zusätzlichen Intramodulobjekten nach der Integration in die E/E-Architekturmodelle notwendig. Ebenso wird durch das Konzept in Kapitel 6.6.1 für jede betrachtete E/E-Architekturebene eine ebenenspezifische und automatisierte Schnittstellenintegration durchgeführt, so dass nach der Integration keine Vernetzung und Modellierung von Intermodulobjekten durchgeführt werden muss, sondern nur die Vernetzung variantenspezifisch angepasst und optimiert, sowie die Intermodulobjekte variantenspezifisch typisiert werden müssen. Durch die Einheitlichkeit der Modulmodelle (Kriterium 5.2) wird auch das Prinzip des einheitlichen Entwurfs aus Kapitel 6.1 nutzbar, und somit die Komplexität der E/E-Architekturmodelle bei deren Integration beherrschbar.

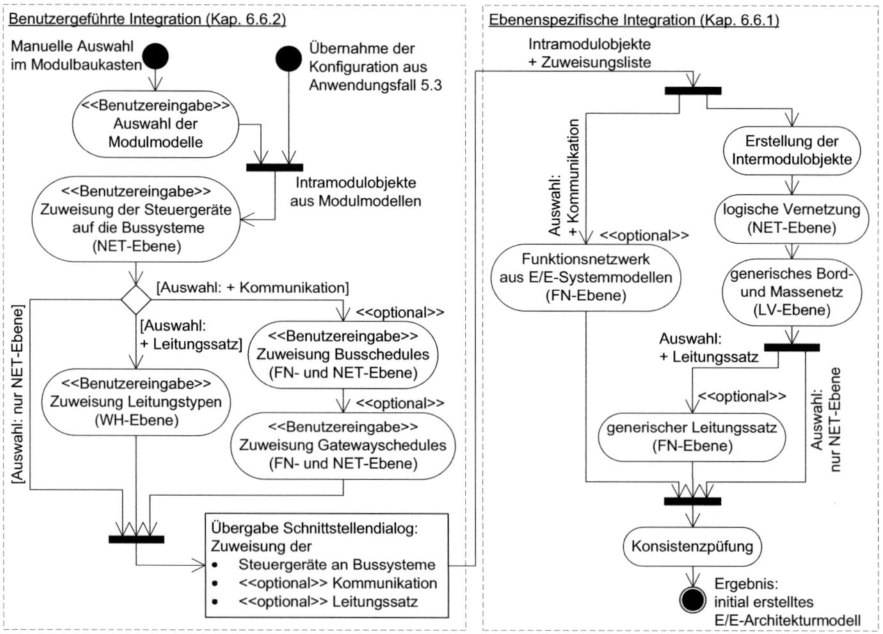

Abbildung 44: Aktivitätsdiagramm für den Anwendungsfall 5.4: Integration von Modulmodellen

Für dieses Konzept der Integration von Modulmodellen zu E/E-Architekturmodellen ist nachfolgend die automatisierte, sowie die nach der Integration noch notwendige Modellierung auf der NET-Ebene (1.) und der WH-Ebene (2.) zusammenfassend dargestellt.

1. • Automatische Erstellung: Alle LV-Verbindungen werden mit einer generischen Versorgung mit den jeweils richtigen Klemmentypen verbunden, sowie alle Masseverbindungen auf einen generischen Massepunkt gelegt.

   • Manuelle Modellierung: Es müssen die variantenspezifische LV-Versorgung und das variantenspezifische Massekonzept inklusive der relevanten E/E-Komponenten (Batterie, Leistungsverteiler, spezifische Massepunkte, etc.) modelliert werden.

2. • Automatisch Erstellung: Alle logischen, LV- und Masseverbindungen werden mit generischen Leitungen erstellt.

   • Manuelle Modellierung: Leitungssatzoptimierung und -routing inklusive der Erstellung von Ausbindungen und Trennstellen muss durchgeführt werden.

Damit wird im Anwendungsfall 5.4 ein initiales und konsistentes E/E-Architekturmodell erstellt, welches in manueller Modellierung zu der jeweiligen E/E-Architekturvariante[14] baureihen- oder derivatspezifisch angepasst wird. Ebenso wird durch die automatisierte Übernahme der Intramodulobjekte und automatisierte Erstellung der Intermodulobjekte erreicht, dass der Aufwand zur Erstellung eines neuen E/E-Architekturmodells deutlich reduziert und die Qualität erhöht wird (siehe Kapitel 8). Allerdings wird kein Signal- und Leitungssatzrouting sowie keine Optimierung durchgeführt, d.h. es wird keine automatische E/E-Architekturgenerierung durchgeführt (ist aufgrund der unterschiedlichen E/E-Architekturvarianten zurzeit nicht umsetzbar).

6.7 Austausch von Modulmodellen

Im Anwendungsfall 5.5 soll der Austausch der integrierten Modulmodelle nach der Dynamisierung des Moduls in den E/E-Architekturmodellen ermöglicht werden. Dabei wird vorausgesetzt, dass der Anwendungsfall 5.6 die Änderungen am Modulmodell im Innovationsbereich durchgeführt hat und anschließend ein neues Modulmodell im Modulbaukasten erstellt wurde. Als Einschränkung werden in diesem Anwendungsfall nur E/E-relevante Änderungen durch die Dynamisierung, d.h. Änderungen die ein Hinzufügen, Ändern oder Löschen von Intramodulobjekten (z.B. E/E-Komponenten, Anbindungstypen, Mapping zum Funktionsbeitrag) zur Folge haben, betrachtet. Andere typische, aber nicht E/E-relevante Änderungen der Dynamisierung, wie die Optimierung von Einbaumaßen oder Gewicht (Optimierungsziel gemäß Modulstrategie, siehe Definition 2.12), werden nicht betrachtet. Für die E/E-relevanten Änderungen

---

14 Die E/E-Architekturvarianten werden in den E/E-Architekturmodellen getrennt, damit die jeweilige Konfiguration separat optimiert und bewertet bzw. abgesichert werden kann.

muss dabei geklärt werden, wie die betroffenen Modulmodelle lokalisiert (Kapitel 6.7.1), wie die Änderungen identifiziert (Kapitel 6.7.2), und wie diese in den E/E-Architekturmodellen umgesetzt (Kapitel 6.7.3) werden.

6.7.1 Rückverfolgbare Integration

Die Modulstrategien geben in der Dynamisierung die Änderungen der Module vor, welche dann in den Modulmodellen durch Anwendungsfall 5.6 vorgenommen werden. Zum Austausch des geänderten Modulmodells muss das betroffene integrierte Modulmodell in den E/E-Architekturmodellen als erstes identifiziert werden (Anforderung 5.13). Dies soll durch die Verfolgbarkeit (Kriterium 5.5), d.h. dem Abbildungswissen der Modulmodelle in die jeweiligen E/E-Architekturmodelle, umgesetzt werden. Dabei muss die Verfolgbarkeit modelltechnisch auswertbar und bidirektional ausgeführt werden:

- Modulmodell zum E/E-Architekturmodell: Für das Modulmodell muss bekannt sein, wie oft und in welchen E/E-Architekturmodellen dieses integriert ist. Nur auf diese E/E-Architekturmodelle ist der Austausch anwendbar.

- E/E-Architekturmodell zum Modulmodell: Die Rückverfolgung der integrierten Modulmodelle aus den E/E-Architekturmodellen in den Modulbaukasten kann Analysen unterstützen, um Auswirkungen auf die Modulmodelle bei Änderungen in den E/E-Architekturmodellen abzuschätzen und gegebenenfalls für die nächste Dynamisierung abzusichern.

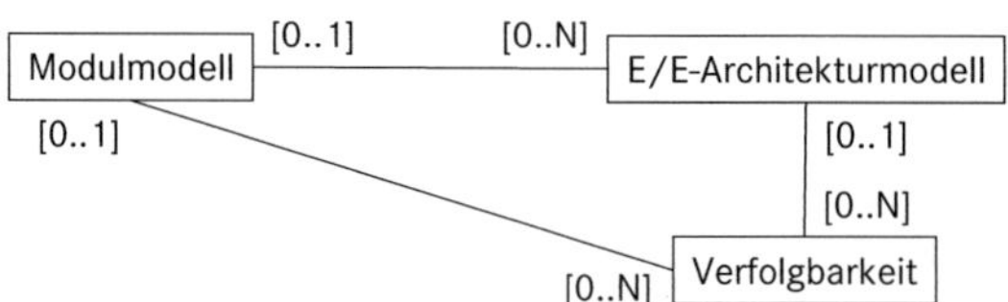

Abbildung 45: Notwendige Beziehungen der Verfolgbarkeit

6.7.2 Identifikation von Änderungen

Nach Anforderung 5.14 soll vor dem eigentlichen Austausch des integrierten Modulmodells die Integrierbarkeit und der Integrationsaufwand abgeschätzt werden. Diese Abschätzungen sind zur Entscheidungsunterstützung des Austausches in den E/E-Architekturmodellen notwendig, da die E/E-Integrierbarkeit in der Dynamisierung bis jetzt nicht ausreichend berücksichtigt wird (siehe Kapitel 5.5.2.5). Deswegen wird für den Anwendungsfall 5.5 ein

Modulmodellvergleich und eine *Plausibilitätsprüfung* eingeführt, und deren Ergebnisse werden über einen benutzergeführten *Austauschdialog* dem Benutzer ausgegeben.

Modulmodellvergleich

Der *Modulmodellvergleich* zeigt die Unterschiede durch die Änderungen im Austauschdialog auf, ob die Integrierbarkeit der Änderungen im existierenden E/E-Architekturmodell generell, beziehungsweise mit welchem Aufwand diese durchführbar sind. Dieser Modulmodellvergleich ist nur durch die Verfolgbarkeit (siehe Kapitel 6.7.1) zwischen den Intramodulobjekten des integrierten und des geänderten Modulmodells und einer Analyse der Unterschiede (*Deltaanalyse*: automatisierter Vergleich der Intramodulobjekte und deren Eigenschaften zwischen den Modulmodellversionen) durchführbar. Der Modulmodellvergleich ist hier schneller und vollständiger als ein manueller Vergleich.

Der Rückgabewert des Modulmodellvergleichs muss für die Plausibilitätsprüfung und den Austausch (in Kapitel 6.7.3) datentechnisch nutzbar sein, indem dieser die folgenden Änderungskategorien zurückliefert:

- Neu (Intramodulobjekte sind neu erstellt worden)

- Gelöscht (Intramodulobjekte sind entfernt worden)

- Geändert (Intramodulobjekte sind angepasst worden)

Plausibilitätsprüfung

Vor dem Austausch im E/E-Architekturmodell wird die Schnittstellenkompatibilität (siehe Kapitel 5.4.4) des neuen Modulmodells auf Plausibilität geprüft. Hierzu werden durch die Rückgabewerte des Modulmodellvergleichs die Änderungen identifiziert und im E/E-Architekturmodell deren Kompatibilität überprüft. Dabei führt beispielsweise die Änderung oder das Hinzufügen von einer Busanbindung des Modulmodells zu einer Prüfung, ob ein Bussystem im E/E-Architekturmodell den Bustyp der geänderten, beziehungsweise neuen Busanbindung erfüllt. Die Plausibilitätsprüfung wird auf sämtlichen Schnittstellen in der Abbildung 30 ausgeführt. Ein negatives Prüfergebnis soll dabei nicht den Austausch verhindern, allerdings muss eine formale Änderung des Modulmodells mit der nächsten Dynamisierung erfolgen, oder es wird nach dem Austausch eine manuelle Anpassung (z.B. neues Bussystem) im E/E-Architekturmodell durchgeführt.

6.7.3 Automatisierter Austausch

Der Austausch gemäß Anforderung 5.14 soll die Änderungen im integrierten Modulmodell lückenlos durchführen, wobei drei Automatisierungsgrade möglich sind:

MANUELL Der manuelle Austausch durch die Modellierung von Änderungen direkt im E/E-Architekturmodell entspricht dem heutigen Vorgehen und ist aufwändig sowie fehleranfällig.

HALBAUTOMATISCH Der halbautomatische Austausch soll die Änderungen von Intramodulobjekten automatisiert ausführen (siehe nächster Punkt), allerdings wird eingangs die E/E-Integrierbarkeit des geänderten Modulmodells durch den Modulmodellvergleich und die Plausibilitätsprüfung geprüft.

AUTOMATISCH Der automatische Austausch (d.h. automatisiertes Löschen und Hinzufügen von Intramodulobjekten) im umfangreichen und vernetzten E/E-Architekturmodell kann zu ungewollten Änderungen und damit zu einem inkonsistenten E/E-Architekturmodell führen.

Der halbautomatische Austausch wird für diesen Anwendungsfall 5.5 weiterverfolgt, da dieser mit der Prüfung und expliziten Entscheidung durch den Nutzer nur durchführbare und entschiedene Änderung automatisiert. Nach Feststellung der Integrierbarkeit, kann der Austausch von Modulmodellen auf zwei Arten durchgeführt werden:

VOLLSTÄNDIGER AUSTAUSCH Es werden alle Intramodulobjekte des integrierten Modulmodells ausgetauscht. Da jedoch meistens nur eine Untermenge der Intramodulobjekte durch die Dynamisierung geändert wird, ist der Aufwand eines kompletten Austauschs (d.h. alle Intramodulobjekte), sowie die nachfolgende Integration aller Intermodulschnittstellen nicht gerechtfertigt.

SELEKTIVER AUSTAUSCH Es werden nur die geänderten Intramodulobjekte ausgetauscht, die bei der Deltaanalyse gemäß den Änderungskategorien (d.h. neue, gelöschte oder geänderte Intramodulobjekte) identifiziert werden. Dies hat zum Vorteil, dass die restlichen Intramodulobjekte eines Modulmodells im E/E-Architekturmodell integriert bleiben und somit deren durchgeführte Vernetzung und Optimierung nicht gelöscht wird. Für diese Aufwandsminimierung beim Austausch muss dabei die Verfolgbarkeit auf Modellobjektebene (nicht nur Modulmodellebene) erweitert werden, d.h. eine modellobjektselektive Verfolgbarkeit ermöglicht auch einen selektiven Austausch der Intramodulobjekte.

Der selektive Austausch der Intramodulobjekte kann dabei durch unterschiedliche Vorgehensweisen im E/E-Architekturmodell durchgeführt werden:

ANPASSEN DER MODELLOBJEKTE Die geänderten Intramodulobjekte (bekannt als Rückgabewert des Modulmodellvergleichs) können identifiziert und einzeln in den E/E-Architekturmodellen geändert werden. Eine Analyse jeder Änderung und die Anpassung des Intramodulobjekts in den E/E-Architekturmodellen ist zwar automatisiert durchführbar, jedoch sind durch die spezifischen Intramodulobjekte[15] sowie durch durchgängige Vernetzung und Beziehungen (d.h. Mappings) eine unvollständige oder falsche Anpassung im E/E-Architekturmodell wahrscheinlich. Eine manuelle Analyse und Modellierung der Änderungen wiederum ist aufgrund der Komplexität nicht durchführbar.

ERSETZEN DER MODELLOBJEKTE Die Intramodulobjekte werden durch die Verfolgbarkeit der Modulmodelle im E/E-Architekturmodell identifiziert und können dort ausgetauscht (integrierte Modellobjekte werden gelöscht und neue werden an deren Stelle platziert und verbunden) werden. Die Vernetzung der neuen Intramodulobjekte muss allerdings nachfolgend durch eine manuelle Schnittstellenintegration (nicht automatisiert wie im Anwendungsfall 5.4) auf allen E/E-Architekturebenen modelliert werden, da aufgrund eventuell durchgeführten Optimierungen und Weiterentwicklungen des E/E-Architekturmodells eine fehlerfreie automatische Integration nicht möglich ist. Der Vorteil der Ersetzung von Intramodulobjekten ist, dass deren Übernahme ohne Vorbearbeitung erfolgt und der Austausch (Löschen und Platzieren) dieser Intramodulobjekte werkzeugunterstützt durchgeführt wird, was schneller und fehlerfreier als der manuelle Austausch ist.

Im modulorientierten Produktlinien Engineering wird die automatische Ersetzung im selektiven Austausch durchgeführt, um auch für integrierte Modulmodelle die Vollständigkeit (Kriterium 5.1) und Konsistenz (Kriterium 5.3) zu gewährleisten. Somit ist zwar noch eine manuelle Modellierung von geänderten Intermodulobjekten notwendig, jedoch ist dieser Modellierungsaufwand gerechtfertig, um dadurch die Modellqualität sicher zu erreichen und eine fehlerhafte Anpassung zu vermeiden.

Nach Durchführung des selektiven Austauschs ist es notwendig, die Verfolgbarkeit auf das neu integrierte Modulmodell anzupassen (d.h. durch den selektiven Austausch wurden unveränderte Intramodulobjekte im E/E-Architekturmodell nicht ausgetauscht, jedoch hat sich deren Zugehörigkeit zum Modulmodell im Modulbaukasten geändert). Ebenso wird nach dem selektiven Austausch im integrierten Modulmodell eine Konsistenzprüfung durchgeführt, um die Widerspruchsfreiheit der durchgeführten Änderungen zu überprüfen, sowie als Hinweis eine LOP-Liste der noch notwendigen Schnittstellenintegrationen (manuell durchzuführenden Architekturarbeiten) zu erstellen.

---

15 Zum Beispiel hat ein Modellobjekt circa 80 Eigenschaften (Attribute und Assoziationen).

6.7.4 Vorgehensbeschreibung

Für den Anwendungsfall 5.5 werden in der Abbildung 46 die notwendigen Schritte für den Austausch von Modellobjekten in den integrierten Modulmodellen der E/E-Architekturmodelle dargestellt.

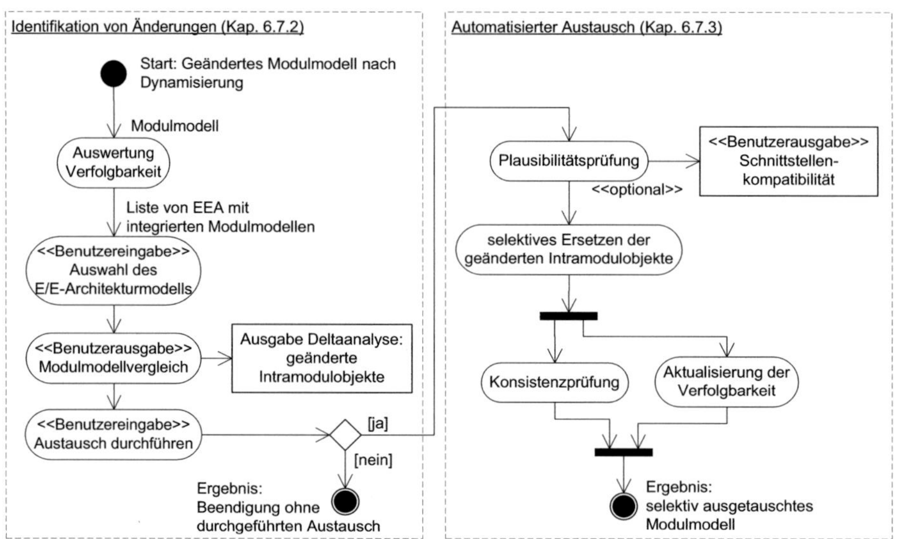

Abbildung 46: Aktivitätsdiagramm für den Anwendungsfall 5.5: Austausch von Modulmodellen

6.7.5 Zusammenfassung

Gemäß dem Anwendungsfall 5.5 besteht die Anforderung die Modulmodelle nach deren Dynamisierung automatisiert auszutauschen. Dabei ermöglicht der Modulmodellvergleich und dessen Ergebnisse im benutzergeführten Austauschdialog eine Abschätzung der Integrierbarkeit und des Integrationsaufwands. Der automatisierte Austausch der Modulmodelle wird durch das selektive Ersetzen der Intramodulobjekte (die jeweiligen Intramodulobjekte werden aus dem Modulbaukasten bereitgestellt) durchgeführt, womit der Änderungsaufwand im E/E-Architekturmodell minimiert, sowie eine fehlerhafte Änderung vermieden wird. Eine manuelle Modellierung der Vernetzung von geänderten Schnittstellen muss zwar nach dem Austausch durchgeführt werden, allerdings wird eine LOP-Liste als Hilfestellung automatisch erzeugt. Somit werden in diesem Kapitel 6.7 für das Konzept die folgenden Mechanismen eingeführt:

- Automatisierter Modulmodellvergleich als Entscheidungsunterstützung.

- Automatisierte Plausibilitätsprüfung vor dem Austausch.

- Automatisierte Konsistenzprüfung nach dem Austausch.

Für dieses Konzept werden die Prinzipien der Abstraktion und Zerlegung aus Kapitel 6.1 eingesetzt. Die Abstraktion auf Modulmodelle ermöglicht eine modulspezifische Dynamisierung zur Änderung deren Intramodulobjekte. Die Zerlegung ermöglicht die Identifikation des Modulmodells in den umfangreichen E/E-Architekturmodellen zum effizienten Austausch.

6.8 Innovationsmodellierung mit Modulmodellen

Mit Anwendungsfall 5.6 sollen für die E/E-Architekturmodellierung drei unterschiedliche Anwendungen abgedeckt werden:

1. Modellierung und Absicherung einer Innovation und Erstellung eines Modulmodells (Anforderung 3).

2. Dynamisierung eines Moduls und Erstellung eines Modulmodells (Anforderung 2).

3. Konzeptuntersuchung und -absicherung ohne Erstellung eines Modulmodells.

Diese Anwendungen werden damit alle durch die Wiederverwendung von Modulmodellen (Anforderung 1) umgesetzt. Dazu werden aus dem Modulbaukasten die Modulmodelle in den Innovationsbereich übernommen (siehe Kapitel 6.8.1), um dort getrennt von der Modulmodell- oder E/E-Architekturmodellierung (Anforderung 5.2) eine unabhängige Modellierung und Absicherung durchzuführen. Nach der Absicherung wird ein Modulmodell gebildet (siehe Kapitel 6.8.2), um dieses unter Erfüllung der Kriterien 5.1 - 5.5 für die weitere E/E-Architekturmodellierung wiederzuverwenden.

6.8.1 Erstellung aus den Modulmodellen

In Anforderung 5.15 wird die Übernahme von Modulmodellen (≥ 1 bei Innovationen; $= 1$ bei Dynamisierung) zur initialen Erstellung des Innovationsmodells gefordert. Diese Wiederverwendung der Modulmodelle wird dabei durch die Einheitlichkeit (Kriterium 5.2) ermöglicht, welche für den Innovationsbereich dieselbe Modellstruktur des Modulbaukastens festlegt (siehe Kapitel 6.2.3). Um den schnellen Aufbau eines Innovationsmodells und somit die schnelle und effiziente Absicherung von Innovationen gemäß Anforderung 3 zu ermöglichen, müssen dabei für diesen Anwendungsfall 5.6 die weiteren Anforderungen im Konzept berücksichtigt werden.

EBENENSPEZIFISCHE ÜBERNAHME Die Wiederverwendung von bestehenden Modulmodellen (teilweise auch nur von einzelnen Intramodulobjekten, siehe nächster Punkt) muss für die unterschiedlichen E/E-Architekturebenen ermöglicht werden (entspricht der Anforderung 5.11). Somit werden für die Innovationsmodellierung nur benötigte Intramodulobjekte wiederverwendet und das Innovationsmodell nicht mit ungenutzten Intramodulobjekten überladen. Ebenso muss bei Bedarf die FN-Ebene (Funktionsbeiträge aus dem Kommunikationsmodell) ins Innovationsmodell übernommen werden (ist bei Innovationen durch deren starke Systemorientierung gefordert, aber bei der Dynamisierung durch deren Hardwareorientierung nicht notwendig).

MODELLOBJEKTSPEZIFISCHE ÜBERNAHME Für den initialen Aufbau eines Innovationsmodells muss die Übernahme auch von einzelnen Intramodulobjekten (aus einem oder mehreren Modulmodellen) ermöglicht werden, um die Wiederverwendung von erstellten Modellobjekten aus dem Modulbaukasten nicht nur auf Modulmodelle zu beschränken, sondern mit der möglichen Übernahme von spezifischen Intramodulobjekten deren Wiederverwendungsgrad für die Innovationsmodellierung zu maximieren.

ITERATIVE INNOVATIONSMODELLIERUNG Die Innovationsmodellierung muss aufgrund von unvollständigen Spezifikationen sowie iterativen Entwicklungszyklen und Workshops iterativ erfolgen, damit eine schrittweise Reifegraderhöhung bis zur Konzepttauglichkeit möglich ist. Aus diesem Grund muss die Innovationsmodellierung unabhängig von anderen Modellierungsaktivitäten (auch von parallelen Innovationsentwicklungen, entspricht der Anforderung 5.2) und in unabhängigen Innovationsmodellen (entspricht Kriterium 5.4 der Modulmodelle) durchgeführt werden.

AUTOMATISCHE ERSTELLUNG EINES NETZWERKDIAGRAMMS Das Netzwerkdiagramm ergibt das zentrale Modellobjekt zur Modellierung und Dokumentation der jeweiligen Innovation, und ist das Bezugsobjekt für die spätere Modulmodellerstellung aus dem Innovationsmodell (gemäß Konzept aus Kapitel 6.3.1).

KONSISTENZPRÜFUNG DES INNOVATIONSMODELLS Konsistenzprüfungen ermöglichen in den iterativen Schritten der Innovationsmodellierung den Reifegrad vor dessen Absicherung (siehe nächster Punkt) zu erhöhen.

ABSICHERUNG DES INNOVATIONSMODELLS Das Innovationsmodell wird unabhängig von anderen Modellierungsaktivitäten im Innovationsbereich abgesichert (Begründung siehe Punkt Iterative Innovationsmodellierung), indem es teilautomatisiert auf Konsistenz geprüft und durch Metriken (siehe Kapitel 7.3.6) bewertet wird[16].

---

16 In dieser Arbeit wird die Absicherung von Innovationsmodellen nicht weiter detailliert, da die E/E-Architekturabsicherung nicht im Fokus dieser Arbeit steht (siehe Kapitel 3.3.3).

Somit muss für Anforderung 5.15 eine ebenen- und modellobjektspezifische Übernahme der Intramodulobjekte aus dem Modulbaukasten für den initialen Aufbau des Innovationsmodells sowie die unabhängige und iterative Modellierung dieses Innovationsmodells durchgeführt werden.

6.8.2 Erstellung aus dem Innovationsmodell

In Anforderung 5.16 ist nach der Absicherung des Innovationsmodells gefordert, dass daraus (komplett oder anteilig) ein Modulmodell erstellt wird. Damit wird erreicht, dass die Modellobjekte des Innovationsmodells und damit indirekt auch der geleistete Modellierungsaufwand für die Erstellung und Absicherung des Innovationsmodells im Modulbaukasten als Intramodulobjekte wiederverwendet werden. Die dadurch ermöglichte identische Verwendung in der E/E-Architekturmodellierung führt in der nachfolgenden Integration der E/E-Architekturmodelle zu Modellierungssynergien durch Wiederverwendung sowie zu einer modulspezifischen Einführung der Innovationen gemäß Kapitel 3.4.1.

Die automatisierte Übernahme in den Modulbaukasten ist nur möglich, wenn das Innovationsmodell nach den Kriterien 5.1 - 5.4 der Modulmodelle erstellt wird. Aus diesem Grund wird das Innovationsmodell auch auf Vollständigkeit (Kriterium 5.1) durch die Konsistenzprüfung geprüft sowie das Netzwerkdiagramm als Bezugsobjekt aus Kapitel 6.3.1 erstellt. Die Vorteile dieser Übernahme als Modulmodell (entsprechend der Erstellung eines Modulmodells nach Kapitel 6.3.3) sind die vereinheitlichte Struktur, Qualität und Dokumentation analog den bestehenden Modulmodellen und keiner Notwendigkeit der nachträglichen Modellierung im Modulbaukasten.

6.8.3 Vorgehensbeschreibung

Für den Anwendungsfall 5.6 werden in der Abbildung 47 die notwendigen Schritte zur Erstellung von Innovationsmodellen dargestellt.

6.8.4 Zusammenfassung

Im Anwendungsfall 5.6 sollen aus den Modulmodellen schnell und effizient initiale Innovationsmodelle erstellt werden. Hierbei gilt das gleiche Modellierungsparadigma der maximierten Übernahme von Modulmodellen beziehungsweise von deren Intramodulobjekten aus Kapitel 6.3, um den Modellierungsaufwand für das Innovationsmodell zu minimieren. Es wird dabei eine ebenen- und

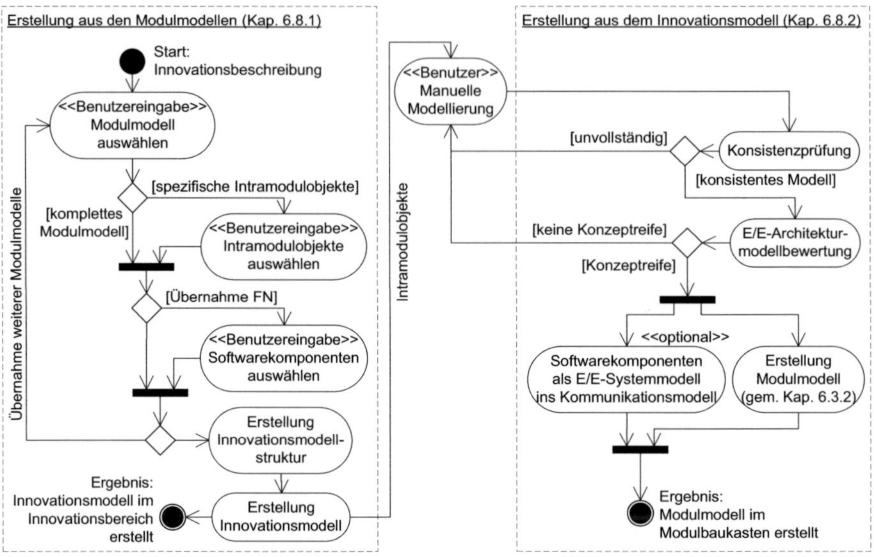

Abbildung 47: Aktivitätsdiagramm für den Anwendungsfall 5.6: Innovationsmodellierung mit Modulmodellen

modellobjektspezifische Übernahme ermöglicht, um die Innovationsmodellierung auf den wesentlichen Umfang einer Innovation zu fokussieren. Dabei wird das Innovationsmodell nach denselben Kriterien aus Kapitel 5.4.2 erstellt, um eine Übernahme der Modulmodelle ohne notwendige Transformation oder manueller Modellierung, sowie die einfache Erstellung eines Modulmodells aus dem Innovationsmodell, zu ermöglichen. Durch diese Vereinheitlichung beider Modelle wird durch die Wiederverwendung in beide Richtungen eine Aufwandsreduzierung und ein abgesicherter Modellreifegrad gewährleistet. Dabei führt die getrennte Modellierung der Innovationsmodelle zu einer Reifegradabsicherung vor der Integration in die E/E-Architekturmodelle.

Zusätzlich kann das Innovationsmodell durch deren Übernahme als Modulmodell sofort und entkoppelt von der eigentlichen Fahrzeugentwicklung (siehe Kapitel 3.4.1) modellübergreifend wiederverwendet werden. Das in diesem Kapitel 6.8 aufgezeigte Konzept wendet dabei dieselben Prinzipien wie in Kapitel 6.3 an.

7 | UMSETZUNG IM E/E-ARCHITEKTURMODELLIERUNGSWERKZEUG

In diesem Kapitel werden die Konzepte des modulorientierten Produktlinien Engineerings aus Kapitel 6 umgesetzt. Dazu wird das E/E-Architekturmodellierungswerkzeug in Kapitel 7.2 um die neu eingeführten Modelle (aus Kapitel 6.2) und in Kapitel 7.3 um die Umsetzung der Anwendungsfälle (aus Kapitel 6.3 - 6.8) erweitert.

7.1 Werkzeugbasierte Umsetzung

Heutzutage wird das E/E-Architekturmodellierungswerkzeug PREEvision (siehe Kapitel 3.3.2) in der Modellierung und Absicherung von E/E-Architekturkonzepten bei der Daimler AG produktiv eingesetzt. Dabei hat dieses E/E-Architekturmodellierungswerkzeug die folgenden hilfreichen Eigenschaften, um die Konzepte des modulorientierten Produktlinien Engineerings umzusetzen:

- Die E/E-Architekturebenen gemäß Kapitel 3.3.1 werden in unterschiedlichen Ansichten abgebildet und sind modelltechnisch miteinander verknüpft.

- PREEvision bietet eine Vielzahl von Features[1] und Regeln zur Modellierung und Absicherung, welche für dieses Konzept unverändert genutzt werden.

- Durch die produktive Nutzung ist eine Evaluierung anhand eines realen Beispiels mit existierenden Modellobjekten möglich (siehe Kapitel 8).

Bevor die Umsetzung im E/E-Architekturmodellierungswerkzeug konkretisiert wird, sind nachfolgend die Erweiterungen (siehe Kapitel 7.1.1) sowie die möglichen Unterstützungen zur Umsetzung (siehe Kapitel 7.1.2) aufgeführt.

7.1.1 Erweiterungen des E/E-Architekturmodellierungswerkzeugs

Die Umsetzung des modulorientierten Produktlinien Engineerings führt zu den notwendigen Erweiterungen im E/E-Architekturmodellierungswerkzeug:

1. Erweiterung um die in Kapitel 6.2 eingeführten Modelle (siehe Kapitel 7.2).

---

1   In diesem Kapitel wird das Feature nicht als Merkmal gemäß Definition 2.17 verstanden, sondern als eine Funktionalität oder Modelloperation im PREEvision.

2. Erweiterung um die Umsetzungen der Anwendungsfälle 5.1 - 5.6 (siehe Kapitel 7.3).

Bei der Umsetzung der Anwendungsfälle werden die vorhandenen Features des E/E-Architekturmodellierungswerkzeugs soweit wie möglich genutzt und um zusätzliche notwendige Features durch *Plug-Ins*[2] erweitert. Dazu wird im E/E-Architekturmodellierungswerkzeug PREEvision über dessen Application Programming Interface (API)[3] auf die benötigten *Methoden* zugegriffen und für die Umsetzung durch die Plug-Ins genutzt. Diese Plug-Ins müssen die nachfolgenden Anforderungen erfüllen:

- Kapselung der Plug-Ins: Die Anwendungsfälle werden unabhängig voneinander umgesetzt und weiterentwickelt. Dabei sollen die Änderungen in einem Plug-In (eines Anwendungsfalles) keine, beziehungsweise nur minimale Auswirkung auf andere Plug-Ins (der anderen Anwendungsfälle) haben.

- Wiederverwendung von Methoden der Plug-Ins: Einmalig entwickelte Methoden in den Plug-Ins sollen in den anderen Plug-Ins als abgeschlossene Features wiederverwendet werden. Beispielsweise wird im Anwendungsfall 5.6 nach Abschluss der Innovationsmodellierung ein Modulmodell nach den gleichen Kriterien wie im Anwendungsfall 5.1 erstellt, womit sich eine Wiederverwendung dieser ausführenden Methode aus Anwendungsfall 5.1 anbietet. Dadurch wird der eventuelle Änderungsaufwand für ein Plug-In reduziert.

- Die Erweiterungen dürfen die herkömmliche Modellierung im E/E-Architekturmodellierungswerkzeug nicht einschränken sondern sollen diese unterstützen.

Die Erweiterungen durch die Plug-Ins zur Umsetzung der Anwendungsfälle werden auf der Version PREEvision 3.1.5 (Release am 18.08.2011) durchgeführt.

7.1.2 Unterstützung des E/E-Architekturmodellierungswerkzeugs

In Kapitel 6 wird die Erstellung und Integration von Modulmodellen durch die automatisierte Übernahme und die Konsistenzprüfung beschrieben, um inkonsistente Modulmodelle zu vermeiden beziehungsweise zu erkennen. Diese

---

2 Das E/E-Architekturmodellierungswerkzeug PREEvision basiert auf der IDE Eclipse, und kann somit durch Plug-Ins (engl. to plug in) in seiner Funktionalität erweitert werden.

3 Das Application Programming Interface stellt Objekte und Methoden zur Programmierung innerhalb einer Sprache bereit und realisiert somit in gewisser Weise ein Framework für die Programmierung in dieser Sprache [WK06].

automatisierte Übernahme und Konsistenzprüfung wird vom E/E-Architektur-modellierungswerkzeug PREEvision dabei als Propagations- und Konsistenzregeln umgesetzt:

PROPAGATIONSREGELN (FÜR DIE AUTOMATISIERTE ÜBERNAHME) Der Regeltyp übernimmt die ausgewählten Modellobjekte automatisch in ein Modulmodell, ein E/E-Architekturmodell oder den Innovationsbereich. Diese Propagationsregeln[4] verhindern dabei manuelle Fehler, wie das Vergessen eines Modellobjekts oder das Verwenden eines falschen Modellobjekts. Auch logisch zusammenhängende Modellobjekte in verschiedenen E/E-Architekturebenen werden mit der Propagation schnell und fehlerfrei erreicht (Voraussetzung: die Modellobjekte stehen über ein Mapping in einer Beziehung).

KONSISTENZREGELN (FÜR DIE KONSISTENZPRÜFUNG) Der Regeltyp prüft die Konsistenz der Modellobjekte im E/E-Architekturmodell. Dabei können Konsistenzregeln als vorbereitende Maßnahme vor dem nächsten Integrationsschritt oder auch als abschließende Maßnahme nach durchgeführter Modellierung ausgeführt werden. Die Vorteile der Konsistenzprüfung über Konsistenzregeln sind:

- Konsistenzprüfungen erhöhen die Modellqualität.

- Schnelle und einfache Identifikation von Fehlern.

Gerade für die Integration in die E/E-Architekturmodelle (Anwendungsfall 5.4) ist die semantische Prüfung der Schnittstellenintegration (Sicherstellung durch schnittstellenrichtige Zuweisung von Anbindungs- und Verbindungstypen) zur Sicherstellung der Konsistenz (Kriterium 5.3) notwendig, um nach der automatisierten Integration ein E/E-Architekturmodell mit einer initialen Vernetzung, sowie identifizierten offenen Schnittstellen zu erhalten.

Für die Umsetzung durch die Plug-Ins in Kapitel 7.3 werden die Konsistenzregeln, nicht aber die Propagationsregeln, verwendet. Der Grund für eine programmiertechnische Lösung der automatisierten Übernahme anstatt der Nutzung von Propagationsregeln ist, dass diese die Einbindung einer zusätzlichen E/E-Architekturebene (die Variantenmanagement-Ebene im PREEvision) benötigen, diese aber in dieser Arbeit nicht explizit betrachtet wird.

7.2 Erweiterung der Modellstruktur

In Kapitel 6.2 werden neue Modelle in die E/E-Architekturmodellierung eingeführt. Diese Modelle werden innerhalb des E/E-Architekturmodellierungswerk-

---

4 Modellbasierte Regeln zum automatischen Hinzufügen (Propagieren) von ausgewählten Artefakten zu einem definierten Objekt im Modellierungswerkzeug.

zeugs als getrennte Modellstruktur prototypisch abgebildet. In Abbildung 48 sind die neu eingeführten Modelle im E/E-Architekturmodellierungswerkzeug dargestellt: der Modulbaukasten (aus Kapitel 6.2.1), das Merkmalsmodell (aus Kapitel 6.2.2) und der Innovationsbereich (aus Kapitel 6.2.3). Zusätzlich ist die Modulspezifikation (d.h. das Modulheft und die begleitende Dokumentation) als Quelle für die E/E-Architekturmodellierung ergänzt. Die Umsetzung dieser Erweiterungen im PREEvision wird in den nachfolgenden Kapiteln 7.2.1 - 7.2.3 beschrieben.

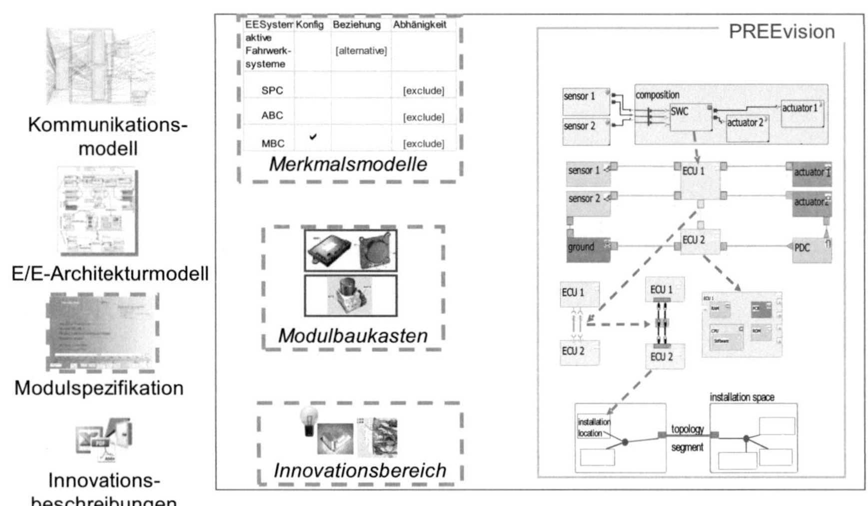

Abbildung 48: Erweiterung der Modellstruktur des E/E-Architekturmodellierungs-werkzeugs PREEvision um die neuen Modellbereiche aus den Kapiteln 6.2.1 - 6.2.3 (gekennzeichnet durch gestrichelte, dicke Linien)

7.2.1 Modulbaukasten

Der Modulbaukasten aus Kapitel 6.2.1 soll die Modulmodelle hierarchisch gemäß den Modulstrategien strukturieren und die E/E-Architekturebenen gemäß Abbildung 28 beinhalten. Dabei muss der Modulbaukasten eine modulspezifische (Anforderung 5.5) und ebenenspezifische (Anforderung 5.11) Modulmodellstruktur ermöglichen. Zur Umsetzung dieser Anforderungen werden die jeweiligen Modulmodelle in Pakete vom Typ MComponentPackage für die NET- und LV-Ebene, MWiringHarness für die CIR- und WH-Ebene sowie MMapping für das SW-NET:Mapping der FN-Ebene in der Modellbaumstruktur des PREEvision gruppiert. Im PREEvision existiert auch ein ebenenübergreifendes Paket von Typ MGenericPackage, welches zur vollständigen Darstellung eines Modulmodells die Intramodulobjekte verschiedener E/E-Architekturebenen beinhalten könnte, allerdings nicht manuell erstellt und verwendet werden kann.

Ebenso muss die Verfolgbarkeit (Anforderung 5.13) in den E/E-Architekturmodellen umgesetzt und modelltechnisch auswertbar sein. Dabei wird diese nicht mit einem Modellobjekt Mapping realisiert, da PREEvision zurzeit keine Beziehung in der gleichen E/E-Architekturebene zulässt (d.h. ein NET-NET:Mapping von dem Steuergerät ABC aus dem Modulbaukasten auf ein im E/E-Architekturmodell integriertes Steuergerät ABC ist im PREEvision nicht zulässig, da die Modellobjekte sich jeweils in der NET-Ebene befinden). Als Lösung wird diese Verfolgbarkeit bidirektional (zum E/E-Architekturmodell oder Modulbaukasten) durch ein Modellobjekt vom Typ MEEAttribute prototypisch umgesetzt.

Der Konfigurationslink vom Modulmerkmalsmodell auf die jeweiligen Modulmodelle (siehe Kapitel 6.5.1) wird mit dem Mapping REQ-X:Mapping vom Modellobjekttyp MReqMapping umgesetzt. Damit ist ein Merkmal Modul modelltechnisch mit dem assoziierten Modulmodell verbunden und nutzbar.

7.2.2 Merkmalsmodell

Das Merkmalsmodell aus Kapitel 6.2.2 soll für das E/E-Systemmerkmalsmodell, das Modulmerkmalsmodell und das Assoziationsmodell eine merkmalsbasierte und verifizierbare Konfiguration ermöglichen (Anforderung 5.8 und 5.9). Zurzeit ist im E/E-Architekturmodellierungswerkzeug PREEvision keine explizite Merkmalsmodellebene vorhanden, so dass für die Umsetzung das folgende Modellierungskonzept gewählt wird (Modellobjekttypen in Klammern hinzugefügt):

E/E-SYSTEMMERKMALSMODELL Eine Kundenanforderungstabelle (MTable) mit Merkmalen (MCustomerFeature mit MEEAttribute) und Abhängigkeiten (MRequirementLink) gemäß FODA.

MODULMERKMALSMODELL Eine Anforderungstabelle (MTable) mit Merkmalen (MRequirement, MEEAttribute) und Abhängigkeiten (MRequirementLink) gemäß FODA.

ASSOZIATIONSMODELL Eine Modul × E/E-System-Matrix (MRequirement und MCustomerFeature mit MRequirementAttributeValue) in einer Anforderungstabelle (MTable). Diese Assoziationen zwischen E/E-System- beziehungsweise Modulmerkmalsmodell und dem Assoziationsmodell sind mit dem Modellobjekttyp MReqMapping umgesetzt.

Die Tabellen werden direkt im E/E-Architekturmodellierungswerkzeug initial mit den Merkmalen und Abhängigkeiten aufgebaut, und können danach mit den Plug-Ins geändert und ausgelesen werden. In Abbildung 49 ist abgebildet, wie die Tabellen zusätzlich zur Visualisierung der Konfigurationen helfen sowie wie die navigierbaren Verknüpfungen in den Tabellen die Konfiguration vereinfachen. Ebenso können durch die Nutzung von Modellobjekten die Merkmale und Abhängigkeiten modelltechnisch ausgewertet und geprüft werden, womit für die Konfiguration in Kapitel 7.3.3 eine Umsetzung der Verifizierbarkeit (Anforderung 5.9) durchführt wird. Diese ist durch die Verwendung des Modellobjekttyps `MRequirementLink` möglich, da dieser für die beiden Abhängigkeitstypen Voraussetzung und Ausschluss typisiert werden kann.

In Abbildung 50 ist zusätzlich eine Beziehung („Import") vom Kommunikationsmodell zum Merkmalsmodell dargestellt. Das Kommunikationsmodell wird aus dem Vernetzungswerkzeug[5] über einen standardisierten AUTOSAR-XML-Import in das E/E-Architekturmodellierungswerkzeug importiert und aktualisiert [SRH+11]. Dabei beinhalten dessen E/E-Systemmodelle als Komposition die jeweiligen Softwarekomponenten mit deren Ports und die internen funktionalen Verbindungen des E/E-Systems. Damit bei der Konfiguration im E/E-Systemmerkmalsmodell die ausgewählten E/E-Systeme für die Integration der Modulmodelle in ein E/E-Architekturmodell (Anwendungsfall 5.4) mit übernommen werden, wird diese Beziehung mit dem Modellobjekttyp `MReqBlockMapping` hergestellt und ausgewertet.

7.2.3 Innovationsbereich

Der Innovationsbereich aus Kapitel 6.2.3 soll zur Innovationsmodellierung die Wiederverwendung von Modulmodellen ermöglichen (Anforderung 5.15 und 5.16). Aus diesem Grund ist die Modellstruktur des Innovationsbereichs gleich der einheitlichen Modulmodellstrukturen im Modulbaukastens wie in Kapitel 7.2.1 zu wählen.

Zusätzlich besteht bei der Innovationsmodellierung die Möglichkeit die E/E-Systemmodelle aus dem Kommunikationsmodell auszuwählen und zu übernehmen. Ebenso können die nach Abschluss der Innovationsmodellierung erstellten Modellobjekte der FN-Ebene, in das Kommunikationsmodell übernommen werden. Aus diesem Grund wird eine bidirektionale Beziehung zwischen Innovationsbereich und Kommunikationsmodell durch die Plug-Ins umgesetzt.

7.3 Erweiterung um die Umsetzung der Anwendungsfälle

In Kapitel 7.1.1 wird die Erweiterung des E/E-Architekturmodellierungswerkzeugs PREEvision um Plug-Ins zur Umsetzung der Anwendungsfälle ausge-

---

5 Im Vernetzungswerkzeug werden die Signale der K-Matrix (siehe Kapitel 3.1.2) erstellt und verwaltet.

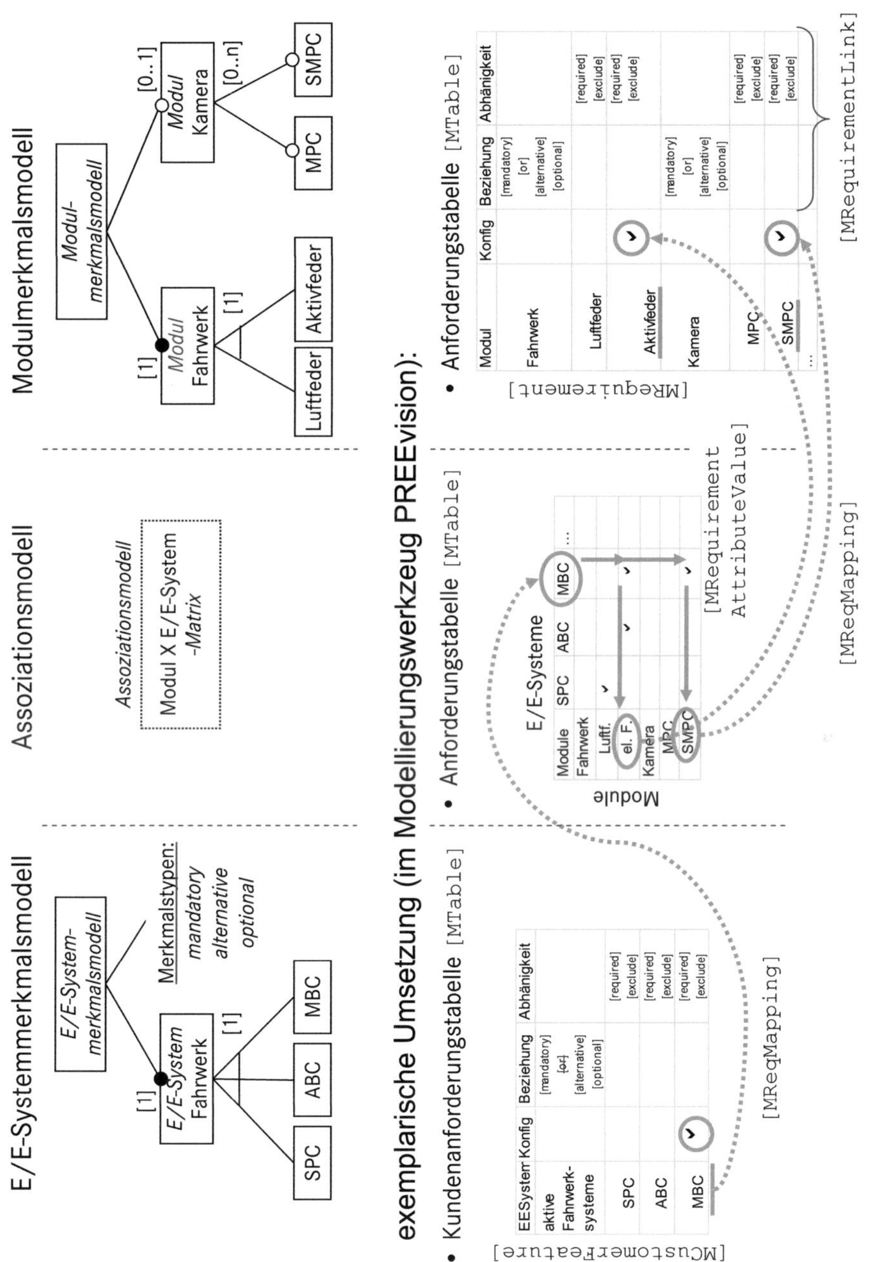

Abbildung 49: Schematische Darstellung des Prozesses der Konfiguration eines E/E-Architekturmodells über eine systemorientierte Auswahl

führt. Die Abbildung 50 zeigt zusätzlich zu den neuen Modellen der Abbildung 48 die Plug-Ins als Erweiterung.

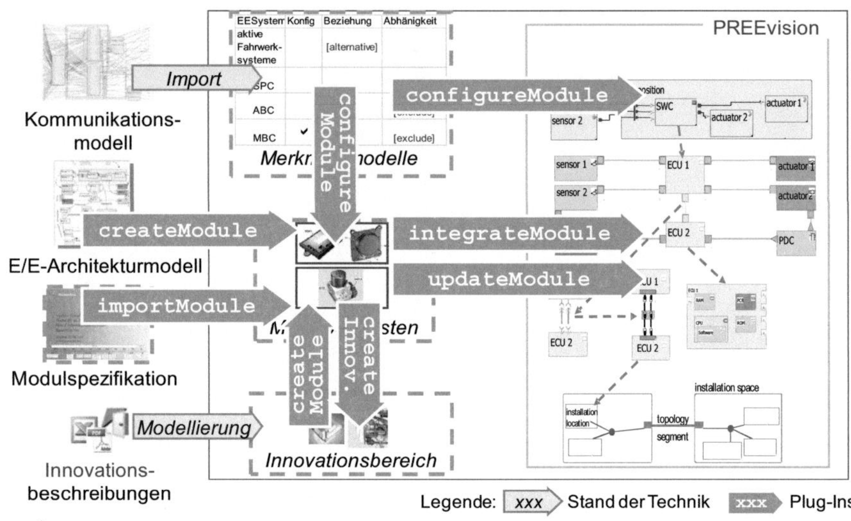

Abbildung 50: Erweiterung des Modellierungswerkzeugs PREEvision um die Plug-Ins (rot) zur Umsetzung der Anwendungsfälle 5.1 - 5.6

Die Umsetzung im PREEvision wird in den nachfolgenden Kapiteln 7.3.1 - 7.3.6 beschrieben. Dabei werden aus den einzelnen Plug-Ins nur die charakteristischen Klassen und Methoden der Umsetzung aufgeführt, und mit dem Zeichen ⇒ auf das jeweils umgesetzte Konzept verwiesen. Für eine detaillierte Erklärung der Programmierkonzepte von einzelnen Plug-Ins sowie deren Erweiterung des PREEvision wird auf die durchgeführten Abschlussarbeiten [Arm11, Fis11, Kas11, Ros11, Rup11] verwiesen.

Allgemeine Übersicht

In den nachfolgenden Kapiteln 7.3.1 - 7.3.6 werden die Umsetzungen durch Plug-Ins beschrieben, welche die Klassen des Metamodells vom E/E-Architekturmodellierungswerkzeug PREEvision nutzen. Da dessen Metamodell in der Notation MOF (siehe Kapitel 3.3.1) beschrieben ist, sind die Erweiterungen in den nachfolgenden Abbildungen semantisch als Klassendiagramme dargestellt. Die Abbildung 51 gibt eine Übersicht auf die Umsetzungen der Anwendungsfälle des modulorientierten Produktlinien Engineerings. Hierbei sind die genutzten Packages Eclipse, DaimlerUtils und PREEvision sowie die zusätzlich in dieser Arbeit erstellten Plug-Ins als Packages im Kontext zueinander abgebildet.

ECLIPSE Im Package Eclipse sind die notwendigen Features für die IDE Eclipse enthalten, welche die Ausführung und das Beenden der entwickelten

Plug-Ins im Eclipse-basierten PREEvision umsetzen, und notwendig für den Zugriff auf die Benutzerschnittstellen von PREEvision (z.B. EEModelView oder Kontextmenü) sind. Dabei implementiert jedes Plug-In das Interface `IViewActionDelegate`, um in PREEvision eine grafische Benutzerschnittstelle zu erstellen und anzuzeigen.

DAIMLERUTILS Im Package `DaimlerUtils` sind Klassen zur E/E-Architekturmodellierung umgesetzt, unter anderem die Klassen `ModelAccessUtil`, `ModelCreationUtil` und `DefaultDialogs`. Diese Klassen greifen über die API von PREEvision auf das E/E-Architekturmodell zu. Dabei setzt die Klasse `ModelAccessUtil` eine Vielzahl von Modellabfragen auf dem E/E-Architekturmodell um, die Klasse `ModelCreationUtil` instanziiert Modellobjekte im E/E-Architekturmodell und die Klasse `DefaultDialogs` bietet Standarddialogboxen für die verwendeten Dialoge (z.B. für den Schnittstellen- oder Austauschdialog) an.

PREEVISION Dieses Package beinhaltet die Metamodellklassen des PREEvisions, welche über die API den Klassen der erweiterten Plug-Ins zugänglich sind.

Alle drei Packages beinhalten eine Vielzahl von weiteren Klassen, auf deren Erklärung im Rahmen dieser Arbeit verzichtet wird, da diese nicht in direkten Bezug zu dieser Arbeit stehen. Ebenso werden nachfolgend die Packages `Eclipse` und `DaimlerUtils` aus Gründen der Übersichtlichkeit nicht mehr aufgeführt.

7.3.1 Erstellung (Anwendungsfall 5.1)

Der Anwendungsfall 5.1 wird im Package `createModule` umgesetzt (siehe Abbildung 52). Die Klasse `CreateModuleAction` greift auf das Bezugsobjekt mit der Methode `getNetDiagrams()` zu und identifiziert mit `getArtifactsInDiagram()` die assoziierten Modellobjekte (⇒ Kapitel 6.3.1). Aus diesen Modellobjekten werden die Intramodulobjekte extrahiert (⇒ Kapitel 6.3.2). Dabei wird mit der Methode `getSelectedECUs()` das Steuergerät gewählt, mit der Methode `removeUnwantedConnections()` die Intramodulverbindungen bestimmt und schließlich mit der Methode `filterNeededComponents()` die extrahierten Intramodulobjekte aus dem Netzwerkdiagramm übernommen.

In der Klasse `CreateModuleOperation` werden die zusätzlichen Intramodulobjekte erzeugt (⇒ Kapitel 6.3.2) und die automatisierte Erstellung des Modulmodells umgesetzt (⇒ Kapitel 6.3.3). Für das Modulmodell wird mit der Methode `createModuleContainer()` die Modulmodellstruktur im Modulbaukasten erzeugt. Die Methode `generate{...}()` erzeugt ebenenspezifisch die unterschiedlichen Intramodulobjekttypen gemäß Abbildung 28 und die Methode `createConnections()` vernetzt diese auf der NET-, LV-, CIR- und WH-Ebene miteinander. Die Methode `createMapping()` erzeugt die gegebenenfalls

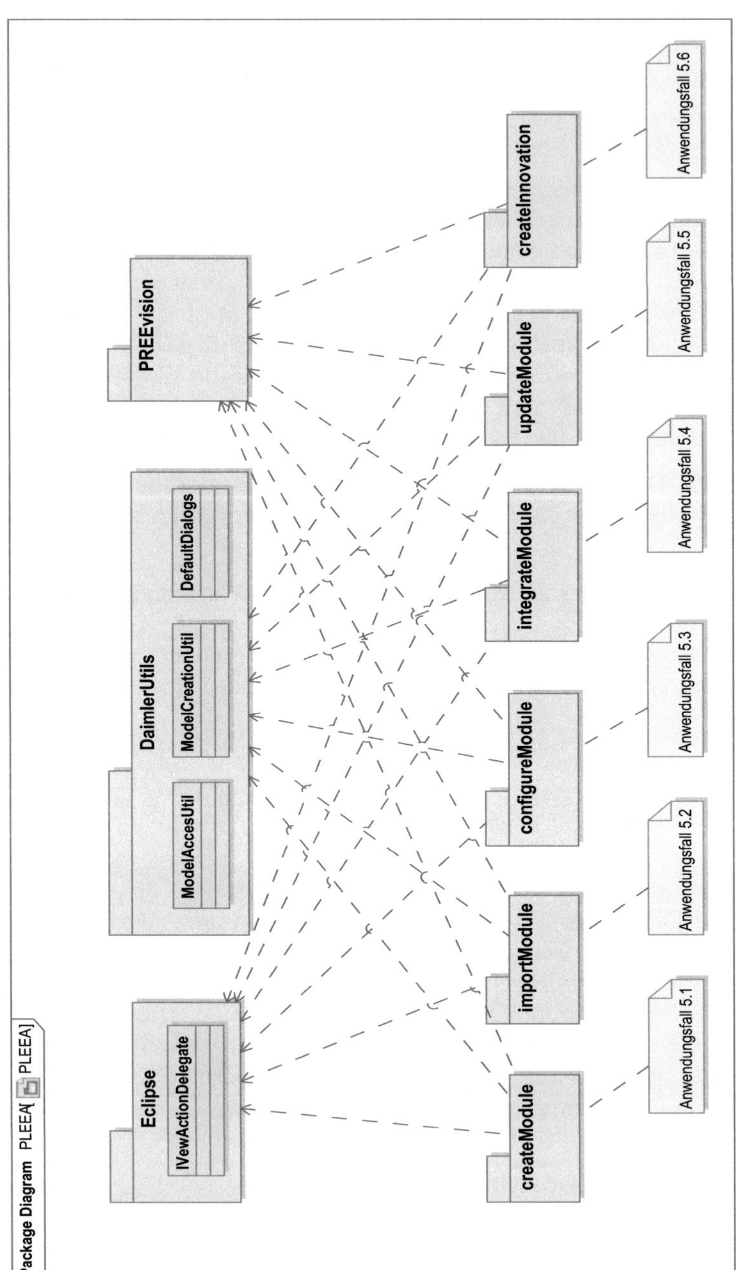

Abbildung 51: Übersichtsdiagramm über die erstellten Plug-Ins (als Packages) in Beziehung zu den verwendeten Packages innerhalb des E/E-Architekturmodellierungswerkzeugs

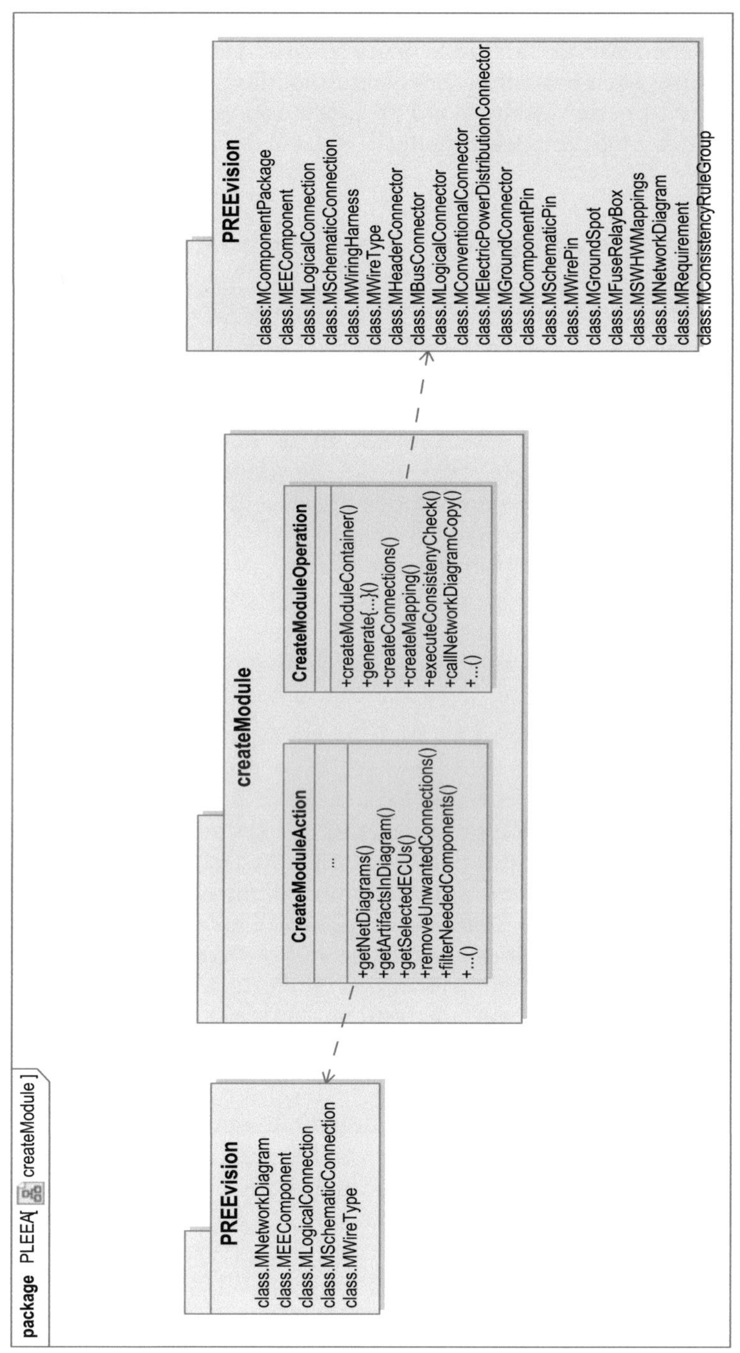

Abbildung 52: Übersichtsdiagramm der Klassen im Plug-In createModule

notwendigen SW-NET:Mappings auf die Softwarekomponenten in den E/E-Systemmodellen. Mit der Methode `executeConsistencyCheck()` wird die Konsistenzprüfung nach Erstellung des Modulmodells automatisch durchgeführt. Zusätzlich wird in der Methode `callNetworkDiagramCopy()` ein Netzwerkdiagramm für das Modulmodell erstellt (⇒ Kapitel 6.3.1).

7.3.2 Benutzergeführter Import (Anwendungsfall 5.2)

Der Anwendungsfall 5.2 wird im Package `importModule` umgesetzt (siehe Abbildung 53). Die Klasse `ImportAction` führt die Datenaufnahme (⇒ Kapitel 6.4.1) mit der Methode `runDialog()` über den benutzergeführten Importdialog durch. Die Klasse `ImportFunctions` führt die Datenaufbereitung durch und erzeugt dabei die notwendigen Intramodulobjekte. In der Klasse `ImportOperation` wird durch die Methode `callCreateModule()` die Klasse `CreateModuleOperation` aufgerufen, welche die Vernetzung der Intramodulobjekte und die Modulmodellerstellung im Modulbaukasten gemäß Kapitel 7.3.1 ausführt, sowie abschließend eine Konsistenzprüfung durchführt.

7.3.3 Konfiguration (Anwendungsfall 5.3)

Der Anwendungsfall 5.3 wird im Package `configureModule` umgesetzt (siehe Abbildung 54). Die Klasse `EESystems` realisiert die Funktionalitäten im E/E-Systemmerkmalsmodell (⇒ Kapitel 6.5.1). Nach der manuellen Auswahl im E/E-Systemmerkmalsmodell prüft die Methode `systemmodellOperation()` die Abhängigkeiten der Konfiguration (⇒ Kapitel 6.5.2). Die Konflikte in der E/E-Systemkonfiguration werden mit der Methode `showSystemConflictDialog()` ausgegeben, und mit der Methode `changeConfigurationDialog()` wird das automatisierte Auflösen eines identifizierten Konflikts durchgeführt. Die Methode `newEESystemOperation()` führt das Hinzufügen eines neuen Merkmals E/E-System in Methode `newEESystemInputDialog()` und das Löschen eines Merkmals E/E-System in Methode `deleteEESystemOperation()` mit dem Dialog durch (⇒ Kapitel 6.5.3).

Die Klasse `Modules` realisiert die Funktionalitäten im Modulmerkmalsmodell (⇒ Kapitel 6.5.1). Die Methode `modulmodellOperation()` führt nach einer manuellen Auswahl direkt im Modulmerkmalsmodell oder nach der impliziten Auswahl über das E/E-Systemmerkmalsmodell und den Assoziationen des Assoziationsmodells, die Prüfung der Abhängigkeiten auf Konflikte durch (⇒ Kapitel 6.5.2). Die Methode `showModulConflictDialog()` zeigt dabei die identifizierten Konflikte an. Eine automatisierte Konfliktlösung vergleichbar mit der Lösung im E/E-Systemmerkmalsmodell wird hier nicht umgesetzt, da für die Verblockung und die Ausschlüsse der Modulmodelle zueinander mit den dokumentenbasierten Modulheften ein manueller Abgleich durchgeführt

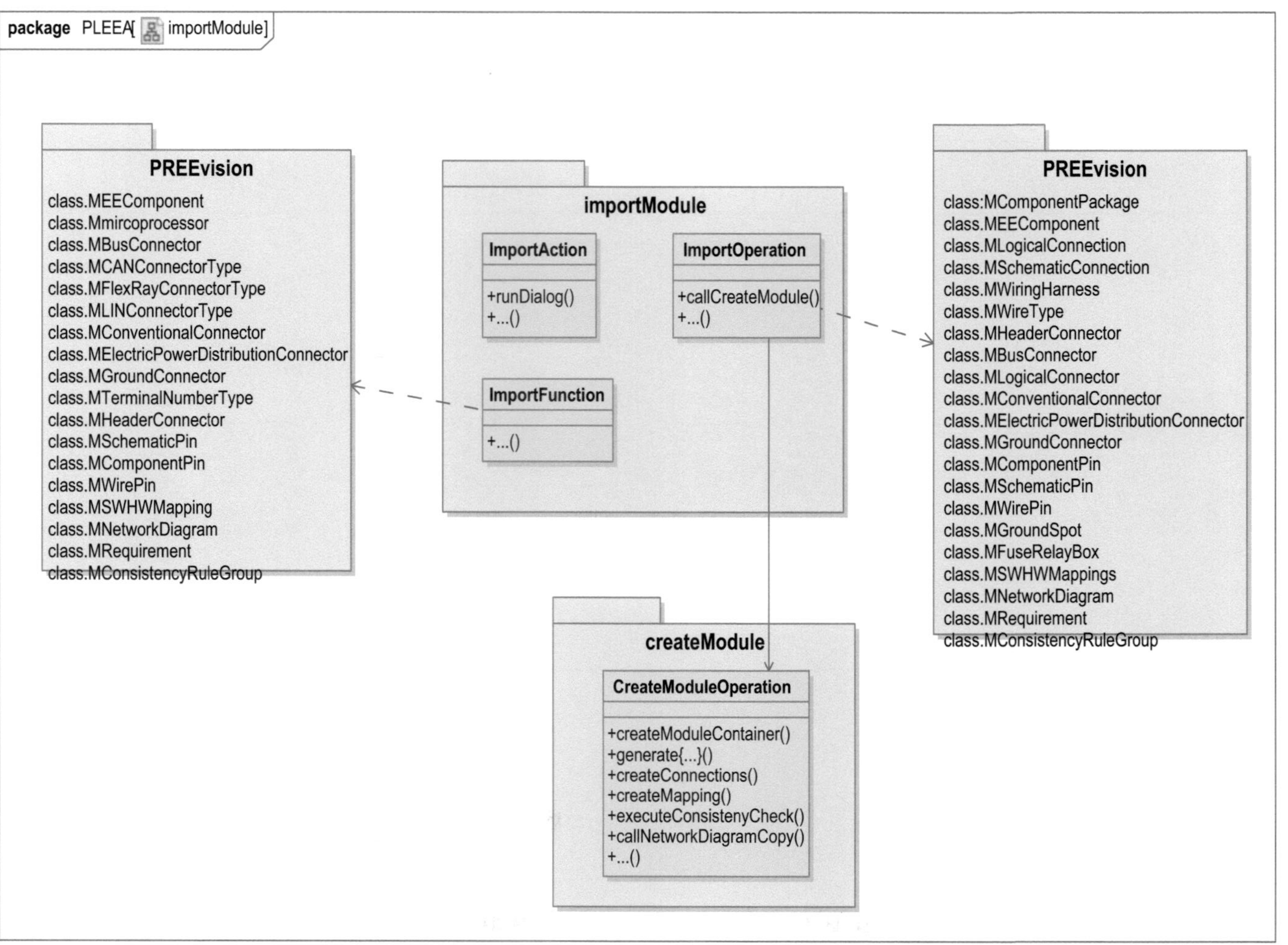

Abbildung 53: Übersichtsdiagramm der Klassen im Plug-In importModule

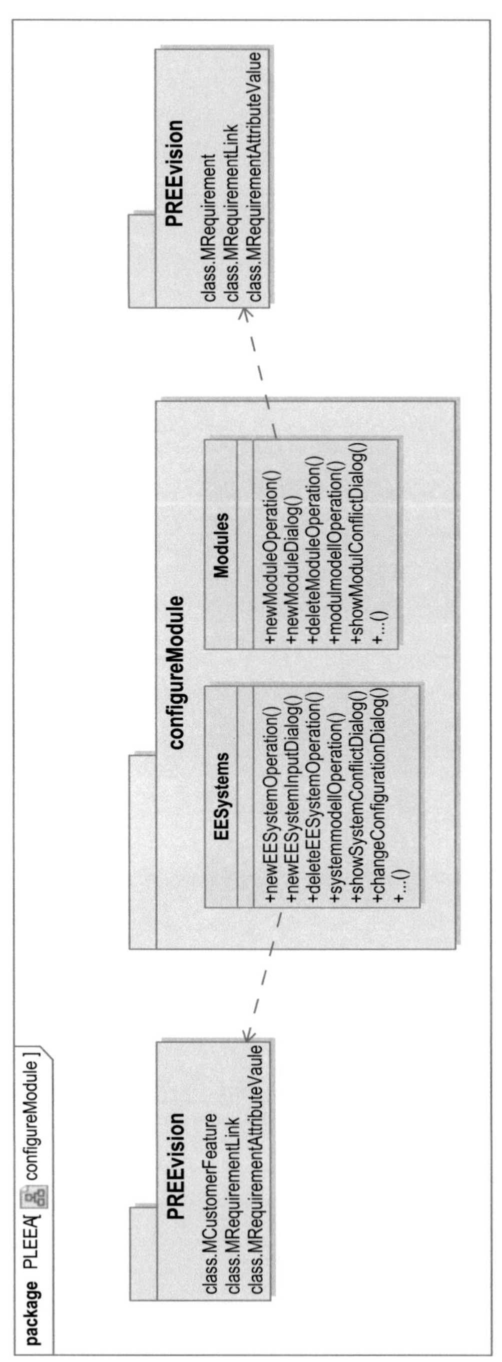

Abbildung 54: Übersichtsdiagramm der Klassen im Plug-In configureModule

werden muss. Die Methode `newModuleOperation()` führt das Hinzufügen eines neuen Merkmals Modul über den Dialog in Methode `newModuleDialog()` und die Methode `deleteModuleOperation()` das Löschen eines Merkmals Modul durch (⇒ Kapitel 6.5.3).

7.3.4 Integration (Anwendungsfall 5.4)

Der Anwendungsfall 5.4 wird im Package `integrateModule` umgesetzt (siehe Abbildung 55). Die Klasse `IntegrateModuleAction` nimmt die Konfiguration der Modulmodelle (in der Methode `getUserSelection()` manuell über einen Dialog oder über den Anwendungsfall 5.3) auf und übergibt die ausgewählten Modulmodelle an die Klasse `IntegrateModuleContainer`. Hier wird der Schnittstellendialog mit den beiden Klassen `IntegrateModuleBusDialog` (Zuordnung für jedes Bussystem von Busteilnehmer, Busschedule, Leitungs- und Kabeltypen) und `IntegrateModuleGatewayDialog` (Gatewayschedules) aufgerufen und die abgefragten Eingaben an die Klasse `BusInformation` übergeben (⇒ Kapitel 6.6.2).

In der Klasse `IntegrateModuleOperation` wird die ebenenspezifische Integration und Vernetzung in ein gewähltes E/E-Architekturmodell durchgeführt (⇒ Kapitel 6.6.1). Die Methoden `generate{...}()` stellen alle Intramodulobjekte der Modulmodelle im E/E-Architekturmodell bereit und die Methoden `create{...}()` erzeugen die Intermodulobjekte (z.B. die Leistungsversorgung und den generischen Massepunkt sowie deren initialen LV- und Masseverbindungen und die abgeleiteten elektrischen und physikalischen Verbindungen). Die Methode `integrateBuses()` führt die Vernetzung der Bussysteme inklusive der Erzeugung der Intermodulobjekte Bussysteme und Sternverteiler, deren Kommunikationsmapping, sowie deren elektrische und physikalische Verbindungen durch. Die Methode `createWiederverwendungAttribute()` stellt die Verfolgbarkeit zum Modulbaukasten her (⇒ Kapitel 6.7.1). Somit entspricht diese Umsetzung der ebenenspezifischen Integration gemäß Abbildung 43.

7.3.5 Austausch (Anwendungsfall 5.5)

Der Anwendungsfall 5.5 wird im Package `updateModule` umgesetzt (siehe Abbildung 56). Die Klasse `ModulCheck` führt den Modulmodellvergleich durch, dessen Rückgabewert im Austauschdialog angezeigt wird, und die Klasse `SanityCheck` führt die Plausibilitätsprüfung im integrierten Modulmodell vor dem Austausch durch (⇒ Kapitel 6.7.2). Die Rückmeldung der inkompatiblen Schnittstellen wird mit der Methode `getErrorOfConnectors()` angezeigt. Der automatisierte Austausch wird in der Klasse `startUpdate` mit der Methode

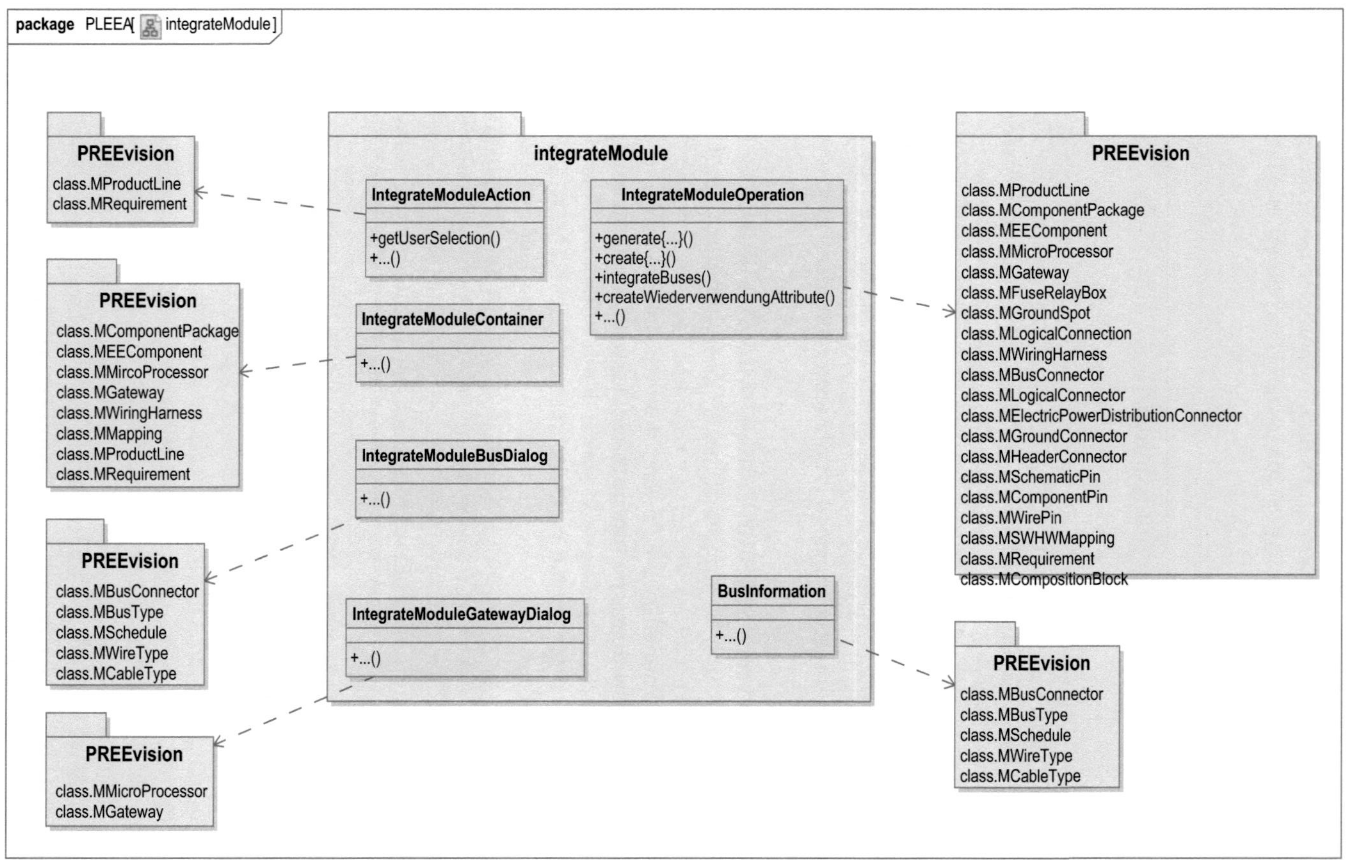

Abbildung 55: Übersichtsdiagramm der Klassen im Plug-In integrateModule

`performModelChanges()` gestartet (⇒ Kapitel 6.7.3). Die abschließende Konsistenzprüfung führt die Methode `performCheck()` der Klasse `ConsistencyCheck` durch.

7.3.6 Innovationsmodellierung (Anwendungsfall 5.6)

Der Anwendungsfall 5.6 wird im Package `createInnovation` umgesetzt (siehe Abbildung 57). In der Klasse `InnovationCreation` wird die ebenen- und modulspezifische Übernahme der Modulmodelle aus dem Modulbaukasten in der Methode `copyArtefact()` durchgeführt (⇒ Kapitel 6.8.1). Die Klasse `InnovationLinkNETDiagram` stellt mit der Methode `reLink()` die automatische Erstellung eines Netzwerkdiagramms gemäß der Anforderung in Kapitel 6.8.1 sicher.

Nachdem die Innovationsmodellierung abgeschlossen ist, wird zur Absicherung des Innovationsmodells durch die Klasse `InnovationConsistency` die Konsistenzprüfung und durch die Klasse `InnovationMetricsBusLoad` die Bewertung mittels der Metriken des PREEvisions durchgeführt. Nach abgeschlossener Absicherung ruft die Klasse `InnovationCallCreateModul` mit der Methode `createModule()` die in Kapitel 7.3.1 vorgestellte Klasse `CreateModuleAction` auf, welche auf Basis eines Vernetzungsdiagramms ein Modulmodell aus dem Innovationsmodell erstellt (⇒ Kapitel 6.8.2). Dafür werden in der Klasse `InnovationCallCreateModul` prior mit der Methode `performPreprocessing()` die erstellten Modellobjekte der FN-Ebene (Softwarekomponenten, deren Ports und funktionale Verbindungen sowie die Signale) als E/E-Systemmodell in das Kommunikationsmodell optional übernommen. Im Abschluss wird mit der Methode `performDeletionOfConcept()` das erstellte Innovationsmodell aus dem Innovationsbereich entfernt, um den genutzten Speicher wieder freizugeben.

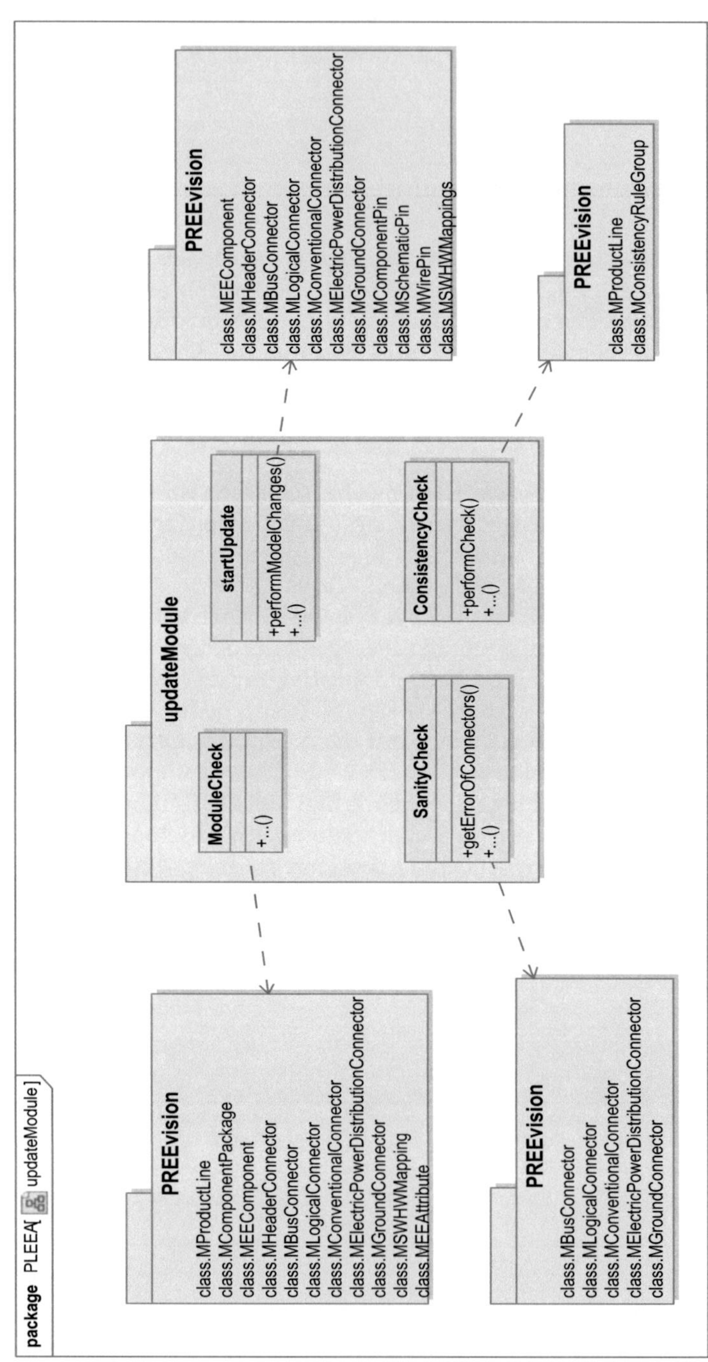

Abbildung 56: Übersichtsdiagramm der Klassen im Plug-In updateModule

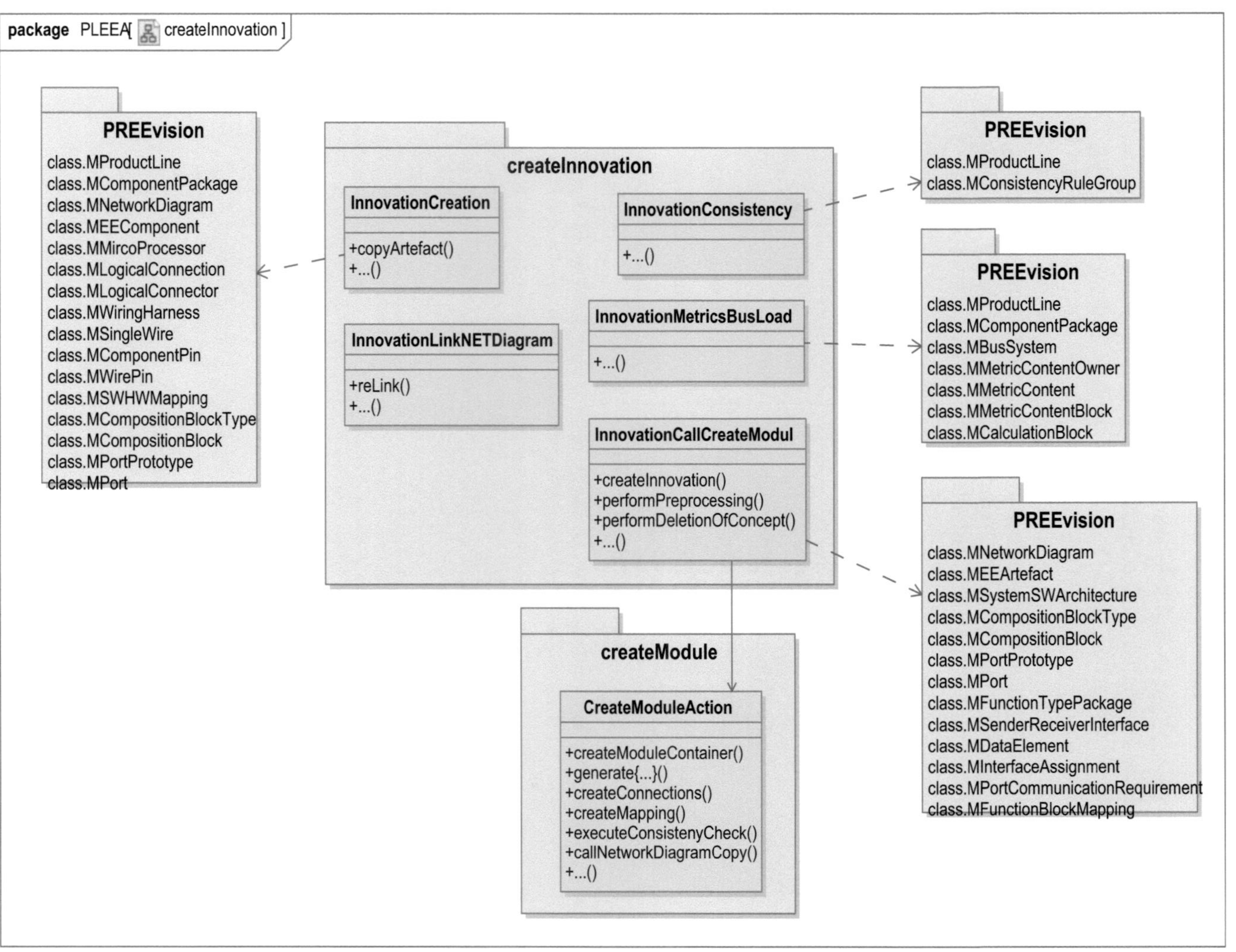

Abbildung 57: Übersichtsdiagramm der Klassen im Plug-In createInnovation

7.3.7 Zusammenfassung

Die Umsetzung in den Kapiteln 7.3.1 - 7.3.6 wurde mit prototypisch entwickelten Plug-Ins realisiert. Die Ergebnisse und die Erweiterbarkeit der E/E-Architekturmodellierung im E/E-Architekturmodellierungswerkzeug PREEvision bestätigten diese Vorgehensweise, um erstens die notwendigen Metaklassen von PREEvision zu nutzen und zweitens die Nutzbarkeit des modulorientierten Produktlinien Engineerings zu testen. Als Zusammenfassung sind für die umgesetzten Plug-Ins der Codeumfang (lines of codes, brutto) und die Anzahl der Methoden in Tabelle 1 aufgelistet.

Abgelieferte Umfang der Plug-Ins (Zusammenfassung)		
Umsetzung	Anzahl: Lines of Code	Anzahl: Methoden
createModule (Kapitel 7.3.1)	5567	123
importModule (Kapitel 7.3.2)	2200	69
configureModule (Kapitel 7.3.3)	3918	133
integrateModule (Kapitel 7.3.4)	6528	184
updateModule (Kapitel 7.3.5)	6429	51
createInnovation (Kapitel 7.3.6)	6785	174

Tabelle 1: Codeumfang (lines of codes, brutto) und die Anzahl der Methoden der in PREEvision umgesetzten Plug-Ins aus den Kapiteln 7.3.1 - 7.3.6

Teil IV

EVALUIERUNG UND ZUSAMMENFASSUNG

8 | EVALUIERUNG DES MODULORIENTIERTEN PRODUKTLINIEN ENGINEERINGS

In diesem Kapitel wird die Evaluierung des modulorientierten Produktlinien Engineerings dargestellt. Dafür wird in Kapitel 8.1 das modulorientierte Produktlinien Engineering mit der heutigen E/E-Architekturmodellierung verglichen. Im Anschluss wird in Kapitel 8.2 zum Nachweis der Nutzbarkeit (Fragestellung 1.3) anhand einer Fallstudie (Beispiel aus Kapitel A) durchgeführt.

8.1 Qualitative Ergebnisse eines Vergleichs

Die Evaluierung des modulorientierten Produktlinien Engineerings wird als Vergleich mit der heutigen E/E-Architekturmodellierung in der Vorentwicklung der Daimler AG durchgeführt. Eine Gegenüberstellung mit anderen modul- oder baukastenorientierten Ansätzen ist hierbei nicht möglich, da solche Ansätze für die E/E-Architekturmodellierung nicht bekannt sind (siehe Kapitel 1.2, 5.1.3 und 5.1.4).

8.1.1 Qualitative Evaluierung der zukünftigen Anforderungen

In Kapitel 5.2.1 werden die allgemeinen Anforderungen der zukünftigen E/E-Architekturmodellierung aufgeführt. Deren Umsetzung beziehungsweise Unterstützung durch das modulorientierte Produktlinien Engineering und der heutigen E/E-Architekturmodellierung werden in diesem Kapitel gemäß diesen Anforderungen verglichen (siehe Abbildung 58).

Der Vergleich in der Abbildung 58 wird für a) die heutige Modellierung und b) das Vorgehen des Produktlinien Engineerings nachfolgend begründet:

1. Wiederverwendung in den E/E-Architekturmodellen (Anforderung 1):

    a) Die Modellobjekte werden einzeln gesucht und durch die herkömmlichen Kopiermechanismen (copy&paste) wiederverwendet.

    b) Die Modellobjekte werden automatisiert und in Modulmodellen gruppiert in den jeweiligen E/E-Architekturmodellen wiederverwendet.

2. Austausch der Änderungen nach der Dynamisierung (Anforderung 2):

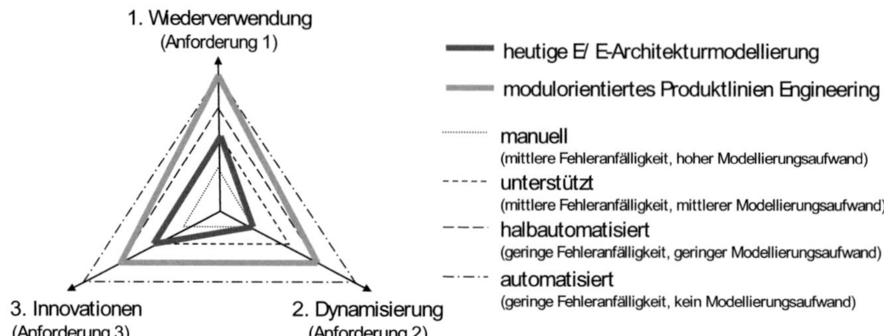

Abbildung 58: Qualitative Ergebnisse des Vergleichs vom Automatisierungsgrad für die zukünftigen Anforderungen aus Kapitel 5.2.1

a) Der Austausch von Modellobjekten in den E/E-Architekturmodellen wird einzeln und manuell durchgeführt.

b) Der Austausch wird benutzergeführt (Modulmodellvergleich) und automatisiert durchgeführt. Die manuelle Vernetzung der geänderten Intermodulschnittstellen ist in den E/E-Architekturmodellen abschließend notwendig.

3. Wiederverwendung für die Innovationsmodellierung (Anforderung 3):

a) Für die Innovationsmodelle werden existierende Modellobjekte einzeln gesucht und durch die herkömmlichen Kopiermechanismen wiederverwendet.

b) Für die Innovationsmodelle werden existierende Modellobjekte benutzergeführt und automatisiert bereitgestellt, die Modellierung der Neuanteile wird manuell durchgeführt.

Dieser Vergleich in Abbildung 58 zeigt, dass für diese drei zukünftigen Anforderungen aus Kapitel 5.2.1 die Unterstützung durch das modulorientierte Produktlinien Engineering eine effizientere und weniger fehleranfällige E/E-Architekturmodellierung ermöglicht. Dies liegt unter anderem daran, dass die Wiederverwendung für die verschiedenen Anwendungsfälle automatisiert wird, was bei der großen Menge an Modellobjekten in den umfangreichen E/E-Architekturmodellen vorteilhaft ist. Des Weiteren wird mit dem modulorientierten Produktlinien Engineering für den aufwändigen und fehleranfälligen Austausch der geänderten Modellobjekte eine Lösung angeboten. Dies ist für die E/E-Architekturmodellierung neu, da die Dynamisierung oder auch der Austausch bei normaler Evolution von E/E-Systemen oder E/E-Komponenten zurzeit nicht in der E/E-Architekturmodellierung berücksichtigt wird, weil diese Phase mit der Modellierung und Absicherung des E/E-Architekturkonzepts endet. Ebenso profitiert die Innovationsmodellierung beim modulorientierten Produktlinien

Engineering durch die schnelle Bereitstellung von wiederverwendeten Modell-objekten, die manuelle Modellierung der neuen Umfänge einer Innovation bleibt jedoch unvermeidbar.

8.1.2 Qualitative Evaluierung des Modellierungsaufwands

In diesem Kapitel wird der Modellierungsaufwand in der heutigen E/E-Architekturmodellierung mit dem des Produktlinien Engineerings verglichen. Dafür sind für den Vergleich in Abbildung 59 die Anwendungsfälle zusammengefasst:

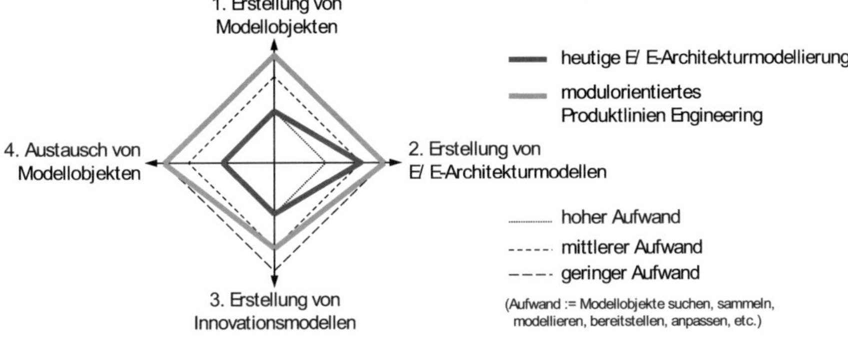

Abbildung 59: Qualitative Ergebnisse des Vergleichs vom Modellierungsaufwand bei Anwendung der unterschiedlichen Anwendungsfällen 5.1 - 5.6

Die Bewertung in der Abbildung 59 wird für a) die heutige Modellierung und b) das Vorgehen des Produktlinien Engineerings nachfolgend begründet:

1. Erstellung von Modellobjekten aus Dokumenten oder E/E-Architektur-modellen:

   a) Die Erstellung der Modellobjekte aus einer Spezifikation wird in der Modellierungsreihenfolge und -vollständigkeit nicht unterstützt.
   Für eine Übernahme aus dem E/E-Architekturmodell muss dieses Modellobjekt und dessen assoziierte Modellobjekte manuell gesucht und kopiert werden.

   b) Der Anwendungsfall 5.2 bietet eine Benutzerführung und eine Absicherung von Vollständigkeit (Kriterium 5.1) und Konsistenz (Kriterium 5.3) in der dokumentenbasierten Erstellung der Modellobjekte.
   Der Anwendungsfall 5.1 erstellt nach der Bestimmung des Bezugsobjekts automatisiert das Modellobjekt und dessen assoziierte Modellobjekte aus dem E/E-Architekturmodell.

2. Erstellung von E/E-Architekturmodellen aus Modellobjekten:

a) Die erstellten Modellobjekte werden wiederverwendet, somit müssen die benötigten Modellobjekte nicht modelliert, allerdings einzeln zusammengesucht und kopiert sowie manuell miteinander zu einem E/E-Architekturmodell vernetzt werden.

b) Im Anwendungsfall 5.3 werden durch eine Auswahl die benötigten Modellobjekte identifiziert, im Anwendungsfall 5.4 im E/E-Architekturmodell automatisiert bereitgestellt und initial miteinander vernetzt.

3. Erstellung von Innovationsmodellen aus Modellobjekten:

a) Die Erstellung der Innovationsmodelle wird durch die manuelle Wiederverwendung der erstellten Modellobjekte unterstützt, welche jedoch einzeln gesucht und kopiert werden. Das Innovationsmodell muss manuell vernetzt und die Neuanteile modelliert werden.

b) Der Anwendungsfall 5.6 verwendet existierende Modellobjekte sowie deren Vernetzung ebenenübergreifend wieder. Die Modellierung der Neuanteile sowie die daraus resultierende Vernetzung wird für die Innovationsmodelle auch manuell durchgeführt.

4. Austausch von Modellobjekten in den E/E-Architekturmodellen:

a) Der Austausch von Modellobjekten wird nicht unterstützt und muss daher einzeln und manuell durchgeführt werden.

b) Der Anwendungsfall 5.5 bietet durch die Benutzerführung und den automatisierten selektiven Austauschen eine neue Hilfestellung. Die Vernetzung der geänderten Intermodulschnittstellen (sind durch den selektiven Austausch nur wenige) wird aus Gründen der Modellqualität manuell im E/E-Architekturmodell durchgeführt.

Wie der Vergleich in Abbildung 59 zeigt, führt das modulorientierte Produktlinien Engineering zu einem reduzierten Modellierungsaufwand und somit zu einer effizienteren und schnellen E/E-Architekturmodellierung. Viele notwendige, aber nicht direkt wertschöpfende Modellierungstätigkeiten werden automatisiert und zusätzlich parallelisiert (wird in diesem Vergleich nicht betrachtet). Dabei wird die Erstellung der Modellobjekte sowie deren Wiederverwendung für Innovations- und E/E-Architekturmodelle automatisiert. Zusätzlich werden die E/E-Architekturmodelle und Innovationsmodelle automatisiert initial vernetzt und auf Konsistenz geprüft. Mit dem automatisierten Austausch im Anwendungsfall 5.6 wird nicht nur eine deutliche Aufwandsreduzierung gegenüber der heutigen Modellierung erreicht. Des Weiteren wird auch eine aufwandsarme Aktualisierung der E/E-Architekturmodelle, und somit die Abbildung der E/E-Architekturmodelle auf den kompletten E/E-Architekturentwicklungszyklus ermöglicht.

In beiden Vergleichen wird die strikte Einhaltung der Kriterien für die Modulmodelle aus Kapitel 5.4.2 vorausgesetzt.

8.2 Quantitative Ergebnisse einer Fallstudie

In diesem Kapitel wird zur Evaluierung des modulorientierten Produktlinien Engineerings eine Fallstudie aus der realen E/E-Architekturentwicklung am Beispiel der Innovation MBC als evolutionären Weiterentwicklung des ABC (siehe Kapitel A) durchgeführt. Diese wird in Kapitel 8.2.2 - 8.2.6 in die unterschiedlichen Schritte der praktischen E/E-Architekturmodellierung aufgeteilt. Dabei werden die Anwendungsfälle 5.1 - 5.6 nicht in der Reihenfolge ihrer Einführung in diese Arbeit, sondern an der logischen Reihenfolge einer aufeinander aufbauenden Modellierung dargestellt.

Die Durchführung der Fallstudie wird dabei mit den Umsetzungen im E/E-Architekturmodellierungswerkzeug aus Kapitel 7 vorgenommen. Dieselben Modellierungsschritte wurden für die Fallstudie mehrmals von unterschiedlichen Anwendern durchgeführt, somit entsprechen die quantitativen Ergebnisse jeweils den gerundeten arithmetischen Mittelwerten der Modellierungsdauer. Durch dieses Beispiel aus Kapitel A und den realen Referenzdaten wird diese Evaluierung, auch als Nachweis der Praxistauglichkeit in die E/E-Architekturmodellierung, die Fragestellung 1.3 beantworten.

8.2.1 Verschiedene Modellierungsstrategien der Fallstudie

In dieser Fallstudie wird die Modellierungsdauer des modulorientierten Produktlinien Engineerings evaluiert. Zum Vergleich mit der heutigen Modellierung, werden die einzelnen Schritte mit verschiedenen Modellierungsstrategien der E/E-Architekturmodellierung durchgeführt. Diese möglichen Modellierungsstrategien führen zu unterschiedlichem Aufwand und differenzieren sich in der Vorgehensweise der Modellierung:

- Neuerstellung: Bei dieser Modellierung werden alle Modellobjekte manuell neu erstellt und sämtliche Vernetzungen manuell durchgeführt. Dies entspricht einer herkömmlichen Modellierung ohne der Nutzung von bereits modellierten Modellobjekten zur Wiederverwendung.

- Kopie: Die Modellobjekte sind in einem E/E-Architekturmodell erstellt, müssen aber einzeln gesucht und kopiert werden. Ebenso wird die Vernetzung manuell durchgeführt. Dies entspricht der evolutionären Modellierung (z.B. einer E/E-Architekturfamilie) und erfordert tiefes Wissen in der Modellstruktur und den Modellinhalten des E/E-Architekturmodells für die Entnahme der Modellobjekte.

- Anwendungsfall 5.1 - 5.6: Die Modulmodelle sind im Modulbaukasten vorhanden und die Anwendungsfälle komplett umgesetzt. Dieser Fall entspricht der Umsetzung des modulorientierten Produktlinien Engineerings gemäß den Kapiteln 7.3.1 - 7.3.6 dieser Arbeit.

Die Erklärungen der nachfolgenden Modellierungsschritte in den Kapiteln 8.2.2 - 8.2.6 beziehen sich immer auf die Modellierungsdurchführung der Anwendungsfälle 5.1 - 5.6, jedoch wird zum Vergleich die gleiche Modellierungsaufgabe auch mit der Neuerstellung und Kopie durchgeführt und anschließend in den nachfolgenden Tabellen gegenübergestellt.

8.2.2 Schritt 1a: Erstellung aus einem E/E-Architekturmodell

Das ABC wird als Modulmodell aus einem existierenden E/E-Architekturmodell erstellt (Anwendungsfall 5.1). Dabei ist in diesem E/E-Architekturmodell als notwendiges Bezugobjekt das Netzwerkdiagramm Fahrwerkssysteme vorhanden, welches neben dem Steuergerät ABC beispielsweise noch das Steuergerät für die Luftfedersteuerung enthält. Nach der Auswahl des Steuergeräts ABC wird dieses und dessen assoziierte Intramodulobjekte extrahiert und in den Modulbaukasten übernommen. In der Modulstruktur Fahrwerk, wird aus diesen Intramodulobjekten das Modulmodell ABC automatisiert erstellt und abgesichert. Die Ergebnisse der unterschiedlichen Modellierungsstrategien sind in Tabelle 2 gegenübergestellt.

Anwendungsfall 5.1 (Erstellung von Modulmodellen)		
Neuerstellung	Kopie	Anwendungsfall 5.1
t = 284min ≈ 5Std	t = 15min	t = 1min
Anzahl der Intramodulobjekte = 811		

Tabelle 2: Modellierungsdauer im Vergleich der unterschiedlichen Modellierungsstrategien aus Kapitel 8.2.1 für Schritt 1a

8.2.3 Schritt 1b: Erstellung aus dem Modulheft

Die in Kapitel 8.2.2 beschriebene Erstellung ist auch auf Basis des Modulhefts möglich (Anwendungsfall 5.2). Dabei werden durch den benutzergeführten Importdialog die notwendigen Informationen schrittweise aufgenommen und anschließend die resultierenden und zusätzlich benötigten Intramodulobjekte automatisiert mit dem Modulmodell ABC erstellt (siehe Ergebnis in Tabelle 3). Bei der Durchführung dieses Schrittes ist vorausgesetzt, dass dieses Modulmodell noch nicht durch den Schritt 1a aus Kapitel 8.2.2 erstellt wurde. Beide Schritte 1a und 1b, d.h. die Erstellung aus dem Modulheft (diese Kapitel) oder aus einem E/E-Architekturmodell (Kapitel 8.2.2), führen dabei zum gleichen Modulmodell (gemäß den notwendigen Kriterien aus Kapitel 5.4.2).

Anwendungsfall 5.2 (Import von Modulmodellen)		
Neuerstellung	Kopie	Anwendungsfall 5.2
t = 284min ≈ 5Std	t = 15min	t = 8min
Anzahl der Intramodulobjekte = 811		

Tabelle 3: Modellierungsdauer im Vergleich der unterschiedlichen Modellierungsstrategien aus Kapitel 8.2.1 für Schritt 1b

Die Dauer für die Neuerstellung und die Kopie sind zu Kapitel 8.2.2 unverändert, da es sich in beiden Schritten um jeweils dieselben Modellobjekten handelt.

8.2.4 Schritt 2: Integration in ein E/E-Architekturmodell

Aus dem in Kapitel 8.2.2 oder Kapitel 8.2.3 erstellten Modulmodell ABC wird in diesem Schritt ein E/E-Architekturmodell mit zusätzlichen Modulmodellen aufgebaut (Anwendungsfall 5.4). Die Voraussetzung hierfür ist, dass der Modulbaukasten existent ist und die notwendigen Modulmodelle enthält. Dabei wird mit Anwendungsfall 5.3 eine Konfiguration aus 41 Modulmodellen mit 16514 Modellobjekten ausgewählt, welche zu einem E/E-Architekturmodell mit den E/E-Architekturebenen NET-, LV-, CIR- und WH-Ebenen (d.h. leitungssatzorientiertes E/E-Architekturmodell) und insgesamt 17796 Objekten integriert wird (siehe Ergebnisse in Tabelle 4; Anmerkungen zur Tabelle: Personentage[1], extrapoliertes Ergebnis[2]).

Anwendungsfall 5.4 (Integration von Modulmodellen)		
Neuerstellung	Kopie	Anwendungsfall 5.4
t = 6229min ≈ 104Std ≈ 13 Personentage	t = 1064min ≈ 18Std > 2 Personentage	t = 10min
Anzahl der Modulmodelle = 41		
Anzahl der Intramodulobjekte = 16514		
Anzahl der Intermodulobjekte = 1282		
Anmerkung: Ergebnis der Neuerstellung und der Kopie ist extrapoliert		

Tabelle 4: Modellierungsdauer im Vergleich der unterschiedlichen Modellierungsstrategien aus Kapitel 8.2.1 für Schritt 2

In diesem Schritt wird anhand der Integration von 41 Modulmodellen deutlich gezeigt, dass durch die Umsetzung für den Anwendungsfall 5.4 mit einer

---

1   Auf der Berechnungsbasis von 8Std/Personentag.
2   Auf Basis einer durchschnittlichen Zeit für die Integration von einem definierten Modulmodell mit einer repräsentativen Anzahl von Anbindung und einer Multiplikation mit der Anzahl der Modulmodelle wird die Dauer numerisch ermittelt.

Durchführungszeit von nur 10min ein wirklicher Nutzen durch diese Arbeit entsteht (vertiefte Diskussion der Ergebnisse folgt in Kapitel 8.2.7). Dabei werden in dieser Zeit alle Intramodulobjekte der ausgewählten Modulmodelle übernommen und initial die Intermodulobjekte für die logische, LV-, Masse-, und physikalische Vernetzung inklusive Leitungssatztypen erstellt und vernetzt. Dieses E/E-Architekturmodell kann sofort bewertet werden, allerdings sind noch keine Bordnetz- und Massekonzeptoptimierung sowie kein Leitungssatzrouting durchgeführt und kein variantenspezifisches E/E-Architekturmodell erstellt (nur Modellobjektbereitstellung und -vernetzung, keine Optimierung).

8.2.5 Schritt 3: Innovationsmodellierung

In diesem Schritt wird die Annahme getroffen, dass das MBC noch nicht in die E/E-Architekturmodellierung eingeführt ist und gemäß dem Anwendungsfall 5.6 als Innovationsmodell aufgebaut wird. Zum Aufbau des Innovationsmodells MBC wird zuerst das Modulmodell ABC inklusive dem Steuergerät, den Sensoren und Aktoren sowie des E/E-Systemmodells ABC in den Innovationsbereich übernommen (siehe Tabelle 5).

Anwendungsfall 5.6 (Innovationsmodellierung mit Modulmodellen) Übernahme Modulmodell ABC inklusive des E/E-Systemmodells ABC		
Neuerstellung	Kopie	Anwendungsfall 5.6
$t = 392\text{min} \approx 6,5\text{Std}$	$t = 18\text{min}$	$t = 1\text{min}$
Anzahl der Intramodulobjekte ABC = 811		
Anzahl der Modellobjekte des E/E-Systemmodells ABC = 463		

Tabelle 5: Modellierungsdauer im Vergleich der unterschiedlichen Modellierungsstrategien aus Kapitel 8.2.1 für Schritt 3, Übernahme ABC

Zusätzlich wird zur Funktionserweiterung des ABC zum MBC gemäß der Abbildung 60, die Stereokamera mit dem Modulmodell SMPC inklusive der partitionierten Softwarekomponenten Objektdatenaufbereitung für das Innovationsmodell MBC hinzugefügt (siehe Tabelle 6).

Danach folgt die manuelle Modellierung der zusätzlichen Intermodulobjekte, das sind die funktionalen Verbindungen zwischen den Softwarekomponenten Objektdatenaufbereitung und Objektdatenverarbeitung, die logischen Verbindungen zwischen Steuergerät ABC und SMPC als Bussystem und die abgeleitete elektrische und physikalische Vernetzung (siehe Tabelle 7). Die Erstellung eines Netzwerkdiagramms ist in dieser Dauer nicht beinhaltet, da dieses subjektiv vom weiteren Nutzen nur zur Modulmodellerstellung oder auch zur Diskussion der Innovation abhängt.

Anwendungsfall 5.6 (Innovationsmodellierung mit Modulmodellen) Übernahme Modulmodell SMPC inklusive Objektdatenaufbereitung		
Neuerstellung	Kopie	Anwendungsfall 5.6
t = 33min	t = 16min	t = 1min
Anzahl der Intramodulobjekte SMPC = 67		
Anzahl der Modellobjekte der Softwarekomponente = 40		

Tabelle 6: Modellierungsdauer im Vergleich der unterschiedlichen Modellierungsstrategien aus Kapitel 8.2.1 für Schritt 3, Übernahme SMPC

Anwendungsfall 5.6 (Innovationsmodellierung mit Modulmodellen) Modellierung des Innovationsmodells MBC		
Neuerstellung	Kopie	Anwendungsfall 5.6
t = 16min	n/a, da Neuerstellung	n/a, da Neuerstellung
Anzahl der modellierten Intermodulobjekte = 18		
Anzahl der modellierten Modellobjekte auf FN-Ebene = 16		

Tabelle 7: Modellierungsdauer im Vergleich der unterschiedlichen Modellierungsstrategien aus Kapitel 8.2.1 für Schritt 3, Modellierung MBC

Nach Absicherung des Innovationsmodells MBC (manuelle Ausführung der Konsistenzregeln: t = 14min; mit Anwendungsfall 5.6: t = 3min) wird dieses auf Basis des Netzwerkdiagramms MBC als neues Modulmodell MBC im Modulbaukasten automatisiert erstellt (siehe Tabelle 8). Dabei wird nach der Umsetzung in Kapitel 7.3.5 die Erstellung gemäß dem Anwendungsfall 5.1 ausgeführt. Zusätzlich kann durch die Umsetzung in Kapitel 7.3.5 das im Innovationsbereich modellierte E/E-Systemmodell MBC ins Kommunikationsmodell übergeben werden.

Anwendungsfall 5.1 (Erstellung von Modulmodellen) im Anwendungsfall 5.6		
Neuerstellung	Kopie	Anwendungsfall 5.1
t = 314min ≈ 5Std	t = 15min	t = 1min
Anzahl der Intramodulobjekte = 896		
optional: Übernahme als E/E-Systemmodell MBC = 519		

Tabelle 8: Modellierungsdauer im Vergleich der unterschiedlichen Modellierungsstrategien aus Kapitel 8.2.1 für Schritt 3, Erstellung vom Modulmodell MBC

Zusammenfassend wird für die Innovationsmodellierung aus den Modulmodellen ABC und SMPC das Innovationsmodell MBC modelliert und abgesichert, und als Modulmodell MBC zur weiteren Wiederverwendung in der E/E-Architekturmodellierung erstellt. Die akkumulierte Dauer für diesen Anwendungsfall 5.6 ist in Tabelle 9 zusammengetragen (Annahme: keine Unterbrechung zwischen den Teilschritten).

Anwendungsfall 5.6 (Innovationsmodellierung)		
Neuerstellung	Kopie	Anwendungsfall 5.6
$t = 758\text{min} \approx 12,5\text{Std}$	$t = 68\text{min} \approx 1\text{Std}$	$t = 22\text{min}$

Tabelle 9: Modellierungsdauer im Vergleich der unterschiedlichen Modellierungsstrategien aus Kapitel 8.2.1 für Schritt 3, Gesamtergebniss

Hierbei ist zu erkennen, dass die eigentliche Innovationsmodellierung bei jeder Modellierungsstrategie gleich eingeht, und dass nur die Kopie doppelt so lange braucht wie der Anwendungsfall 5.6. Im Anwendungsfall 5.6 werden jedoch zusätzlich durch die automatisierte Erstellung, durch die von den Modulmodellen assoziierten Modellobjekten eine geringere Fehlerwahrscheinlichkeit und durch die Nutzung der Modulmodelle ein höherer Reifegrad als bei der manuellen Kopie erreicht.

8.2.6 Schritt 4: Austausch im E/E-Architekturmodell

Nachdem das MBC im Schritt 3 (Kapitel 8.2.5) als Modulmodell erstellt wurde, soll es im E/E-Architekturmodell (erstellt in Kapitel 8.2.4) für das integrierte Modulmodell ABC ausgetauscht werden (Anwendungsfall 5.5). Da in Kapitel 6.7.3 der selektive Austausch konzeptioniert wird, wird in diesem Schritt ein erweiterter Vergleich für die Neuerstellung und Kopie durchgeführt (jeweils als kompletter und selektiver Austausch in beiden Modellierungsstrategien, siehe Tabelle 10).

updateModule (Austausch von Modulmodellen)				
Neuerstell., komplett	Neuerstell., selektiv	Kopie, komplett	Kopie, selektiv	Anwendungsfall 5.5
$t = 577\text{min}$ $\approx 9,5\text{Std}$	$t = 82\text{min}$	$t = 277\text{min}$ $\approx 4,5\text{Std}$	$t = 76\text{min}$	$t = 12\text{min}$
Anzahl der geänderten Intramodulobjekte = 67				
Anzahl der geänderten Intermodulobjekte = 18				

Tabelle 10: Modellierungsdauer im Vergleich der unterschiedlichen Modellierungsstrategien aus Kapitel 8.2.1 für Schritt 4

Anhand dieser Bewertung sind die Vorteile eines selektiven Austauschs gemäß Kapitel 6.7.3 ersichtlich, welche zu einer deutlichen Reduzierung gegenüber dem kompletten Austausch führt.

8.2.7 Ergebnisse der Fallstudie

In den Kapiteln 8.2.2 - 8.2.6 wird die Modellierung der Innovation MBC als evolutionäre Weiterentwicklung des ABC über den kompletten Lebenszyklus des Modulmodells ABC beschrieben. Dabei wird in Kapitel 8.2.4 ein initiales E/E-Architekturmodell unter anderem mit dem Modulmodell ABC erstellt, womit das Potenzial in der methodischen Wiederverwendung von Modulmodellen verdeutlicht wird. Bedingt durch die fertig modellierten Modulmodellen im Modulbaukasten können zusätzlich parallele und effiziente Erstellung von mehreren E/E-Architekturmodellen durchgeführt werden, was in der heutigen Vorgehensweise durch die begrenzte Dauer der Modellierungsphase und der notwendigen Dauer nicht möglich ist. Dadurch ergibt sich für die E/E-Architekturmodellierung deutlich mehr Zeit für die eigentliche Absicherung und E/E-Architekturmodellbewertung für einzelne Baureihen, sowie die Möglichkeit der Modellierung von mehreren unterschiedlichen Derivate oder Baureihen.

In der Konzeptphase ist die Absicherung und Herstellung von der Konzeptreife der Innovationen von hauptsächlichem Interesse. Hierbei ergeben sich bei dieser Fallstudie für die Modellierungsdauer der eigentlichen Innovationsentwicklung MBC aus dem ABC (nur Innovationsmodellierung und Austausch, Schritt 3 und 4) die folgenden Ergebnisse in Tabelle 11 (Annahme: Modulmodell ABC ist vorhanden und die Integration in das E/E-Architekturmodell ist erfolgt).

Innovationsmodellierung und Austausch		
Neuerstellung	Kopie	Anwendungsfälle 5.6 und 5.5
$t = 854\text{min} \approx 14\text{Std}$	$t = 149\text{min} \approx 2,5\text{Std}$	$t = 37\text{min} \approx 0,5\text{Std}$

Tabelle 11: Modellierungsdauer im Vergleich der unterschiedlichen Modellierungsstrategien aus Kapitel 8.2.1 für die Innovationsmodellierung in Schritt 3 und 4 in Kapitel 8.2.5 und 8.2.6

In diesen Ergebnissen ist der Vorteil des modulorientierten Produktlinien Engineerings gegenüber der manuellen Modellierung deutlich erkennbar. Auch gegenüber der Kopie ergibt sich eine ungefähre Reduzierung der Modellierungsdauer um den Faktor 5. Das wirkt sich signifikant in der Konzeptphase aus, in der eine Vielzahl von Innovationsmodellen für unterschiedliche Konzepte erstellt und verglichen werden (siehe Kapitel 3.1.2). Eine theoretische Verfünffachung an Innovationsmodellen in der gleichen Zeit, erweitert die Möglichkeiten an vergleichenden Untersuchungen vor der Erreichung der Konzeptreife und damit ggf. eine Optimierung der E/E-Integration der jeweiligen Innovation erheblich. Durch die Nutzung der Modulmodelle ergeben sich weitere Vorteile für die zukünftige E/E-Architekturmodellierung, welche in der nachfolgenden Diskussion aufgeführt sind.

Diskussion von nicht quantifizierbaren Ergebnissen der Fallstudie

Neben der Modellierungsdauer sollen zusätzlich auch die nicht quantifizierbaren Ergebnisse dieser Fallstudie diskutiert werden. In der heutigen E/E-Architekturmodellierung wird eine manuelle Wiederverwendung von Modellobjekten mit dem Kopieren durchgeführt. Dabei wird die Dauer dieses Kopiervorgangs durch das Vorgehen beziehungsweise die Reihenfolge des Modellierers bestimmt (Erfahrung und Kenntnis über das E/E-Architekturmodell bestimmen den Aufwand). Im Allgemeinen ist jedoch die manuelle Wiederverwendung und Integration zeitaufwendig und fehleranfällig. Welche Vorteile die Anwendung des modulorientierten Produktlinien Engineerings hierbei bringt, ist im Nachfolgenden aufgeführt:

ERSTELLUNG IN SCHRITT 1A ODER 1B In Kapitel 8.2.2 werden die modellbasierte oder dokumentenbasierte Erstellung des Modulmodells ABC durchgeführt (Anwendungsfall 5.1 und 5.2). Dieses Modulmodell wird dabei ohne manuelle Modellierung in einer hohen Modellqualität automatisiert erstellt (Voraussetzung ist ein geeignetes Bezugsobjekt beziehungsweise Modulheft), welche zum einen durch die Einhaltung der festgelegten Kriterien 5.1 - 5.4 und zum anderen durch die automatisierte Konsistenzprüfung bei deren Erstellung erreicht wird. Für die E/E-Architekturmodellierung bedeutet dieses eine Effizienz- und Reifegradsteigerung, welche durch eine festgelegte Vorgehensweise in den Anwendungsfälle für alle erstellten Modulmodelle erreicht wird.

INTEGRATION IN SCHRITT 2 In Kapitel 8.2.4 wird im Anwendungsfall 5.4 die Integration des Modulmodells ABC in ein E/E-Architekturmodell ausgeführt. Dabei führt die maximierte Bereitstellung von Modellobjekten (gemäß Modellierungsparadigma aus Kapitel 6.3), die automatisierte Schnittstellenintegration und initiale Vernetzung zu einer schnellen Integration und somit zu einer schnellen Erstellung des E/E-Architekturmodells. Da die Integration mit den Modulmodellen automatisiert durchgeführt wird, entfällt das manuelle Suchen nach benötigten Modellobjekten oder die manuelle Modellierung dieser Modellobjekte. Ebenso wird mit der Wiederverwendung von Modulmodellen auch deren abgesicherte und einheitliche Modulmodellstruktur und -qualität genutzt, um im E/E-Architekturmodell (beziehungsweise auch im Innovationsmodell, siehe nächster Punkt) einen hohen initialen Reifegrad zu erreichen.

INNOVATIONSMODELLIERUNG IN SCHRITT 3 In Kapitel 8.2.5 werden für die Modellierung und Absicherung des Innovationsmodells MBC die Modulmodelle ABC und SMPC wiederverwendet (Anwendungsfall 5.6). Hierbei führt die Wiederverwendung der fertigen Modulmodelle mit den bekannten Vorteilen (wie bei der Integration in Schritt 2) zu einem reduzierten Modellierungsaufwand und zu einer schnelleren Modellierung und Absicherung pro Innovationsmodell. Zusätzlich wird durch die getrennte

Innovationsmodellierung und der anschließenden Erstellung als Modulmodell ein Mindestmaß an Qualität und ein definierter Reifegrad vor der Integration in die E/E-Architekturmodelle erreicht.

AUSTAUSCH IN SCHRITT 4 In Kapitel 8.2.6 wird mit Anwendungsfall 5.5 der Austausch des integrierten Modulmodells ABC mit dem neuen Modulmodell MBC durchgeführt. Der automatisierte, selektive Austausch ist dabei durch die Verfolgbarkeit zwischen Modulmodellen in dem Modulbaukasten und integrierten Modulmodellen in dem E/E-Architekturmodell möglich (Kriterium 5.5), und führt durch die Minimierung der Änderungen zu einem reduzierten Modellierungsaufwand.

Allgemein führt das modulorientierte Produktlinien Engineering die Trennung der Modellierungsbereiche ein, und setzt somit die kontinuierliche Modulentwicklung und die modulspezifische Änderungen von Modellobjekten (wie in Kapitel 3.4.1 als Potenzial aufgezeigt) um. Dadurch wird grundsätzlich die Modellierungseffizienz erhöht und der Modulmodellreifegrad gesteigert. In dieser Fallstudie wird durch die Wiederverwendung des Modulmodells ABC (für das E/E-Architekturmodell in Schritt 2 und für die Innovationsmodellierung in Schritt 3) der erreichte Reifegrad übernommen und die getrennte, modulspezifische Innovationsmodellierung des Modulmodells MBC ermöglicht. Zusätzlich ist eine parallelisierte Modellierung vom E/E-Architekturmodell aus Schritt 2 und dem Innovationsmodell aus Schritt 3 zulässig. Eine manuelle Modellierung für das Innovationsmodell sowie die Optimierung des E/E-Architekturmodells werden allerdings auch weiterhin notwendig sein. Die Durchführung dieser Fallstudie ist zugleich der exemplarische Nachweis für die Nutzbarkeit des modulorientierten Produktlinien Engineerings (Fragestellung 1.3).

9 | ZUSAMMENFASSUNG

Der zukünftige E/E-Architekturentwurf steht vor den Herausforderungen von zunehmender Variabilität sowie steigender Komplexität der E/E-Architekturen in den Fahrzeugen. Dies betrifft auch die frühzeitige Absicherung von E/E-Architekturfragestellungen durch die E/E-Architekturmodellierung, denn deren heutige Vorgehensweise kann künftige Variabilität und Komplexität nicht mehr ausreichend beherrschen. Um dieser Herausforderung zu begegnen, wird im Rahmen dieser Arbeit das modulorientierte Produktlinien Engineering für die E/E-Architekturmodellierung konzeptioniert und umgesetzt. Dieses Konzept und die Umsetzung basieren dabei auf zwei sich ergänzenden Ansätzen: die Einführung eines Produktlinien Engineerings und die Einbindung von Modulen in die E/E-Architekturmodellierung.

Die zukünftige E/E-Architekturmodellierung wird von den Anforderungen an Effizienz und Qualität bei der modellübergreifenden Wiederverwendung von Modulen (Anforderung 1), der Änderungs- und Austauschfähigkeit bei der Dynamisierung von Modulen (Anforderung 2) sowie der Innovationsmodellierung mit Modulen (Anforderung 3) geprägt sein. Dies erfordert jedoch eine Anpassung der heutigen Vorgehensweise der baureihenzentrierten Modellierung. Aus diesem Grund wird mit der Einführung des Produktlinien Engineerings eine entkoppelte Modellierung und Absicherung der Modellobjekte (Anforderung 5.1), eine getrennte Modellierung und Absicherung von Innovationsmodellen (Anforderung 5.2) sowie die Merkmalsmodellierung zur Konfiguration der E/E-Architekturmodelle (Anforderung 5.3) eingeführt. Dabei ergeben sich neue Modellstrukturen (Modulbaukasten, Merkmalsmodell und Innovationsbereich, siehe Kapitel 6.2), welche ins E/E-Architekturmodellierungswerkzeug zur Umsetzung des modulorientierten Produktlinien Engineerings integriert werden.

Mit der Einbindung der Module in der E/E-Architekturmodellierung werden für die resultierenden Modulmodelle die notwendigen Anwendungsfälle identifiziert, analysiert, konzipiert und umgesetzt. Die Modulmodelle werden automatisiert aus E/E-Architekturmodellen und benutzergeführt aus Dokumenten erstellt (Anwendungsfälle 5.1 und 5.2), und dabei auf Vollständigkeit und Konsistenz geprüft. Durch die vereinheitlichte Modulmodellstruktur wird die Wiederverwendung in E/E-Architekturmodellen und Innovationsmodellen (Anwendungsfälle 5.4 und 5.6) sowie der Austausch in den E/E-Architekturmodellen (Anwendungsfall 5.5) ermöglicht. Eine merkmalsbasierte und verifizierte Konfiguration erleichtert dabei die Wiederverwendung der Modulmodelle (Anwendungsfall 5.3). Dabei ergeben sich durch diese Nutzung der Modulmodelle in der E/E-Architekturmodellierung die folgenden Vorteile:

- erhöhte Modellierungseffizienz und reduzierter Modellierungsaufwand

- verbesserte Modellqualität und unterstützte Modellevolution

- strukturierte Anwenderunterstützung für die Modellierung der komplexen E/E-Architekturmodelle

In der Vorentwicklung der Daimler AG wird das modulorientierte Produktlinien Engineering für die E/E-Architekturmodellierung unter dem Projektnamen *Produktlinien Engineering für den modellbasierten E/E-Architekturentwurf* (PLEEA) [JPS+11] genutzt. Die Umsetzung und deren Evaluierung wurden in einer Fallstudie (siehe Kapitel 8) mit quantitativen Ergebnissen durchgeführt.

9.1 Diskussion der Ergebnisse

In diesem Kapitel wird das konzeptionierte und umgesetzte modulorientierte Produktlinien Engineering anhand der Fragestellungen aus Kapitel 1.2 diskutiert.

Übertragbarkeit des Produktlinien Engineerings (Fragestellung 1.1)

Die Analyse in Kapitel 5.2.2 ergibt, dass in der heutigen E/E-Architekturmodellierung keine Trennung zwischen der Erstellung der Modellobjekte und der Wiederverwendung in deren E/E-Architekturmodellen existiert (d.h. in der heutigen E/E-Architekturmodellierung ist keine Domain Engineering-Ebene vorhanden). Aus diesem Grund wird mit dem modulorientierten Produktlinien Engineering ein Modulbaukasten als getrenntes Modell eingeführt (Anforderung 5.1). Der Modulbaukasten folgt dabei in der Hierarchisierung und Modellstruktur den Vorgaben der Modulstrategien, um eine einfache und schnelle Anpassung bei Änderungen und Erweiterungen in deren Modulheften zu ermöglichen. Die Modellstruktur des Modulbaukastens deckt dabei alle E/E-Architekturebenen dieser Modulhefte ab, und wird durch die umgesetzten Anwendungsfälle (siehe nächster Absatz) im E/E-Architekturmodellierungswerkzeug optimal genutzt und unterstützt. Dabei werden die Kriterien in Kapitel 5.4.2 für eine effiziente und robuste Nutzung der Modulmodelle in dieser Arbeit definiert und berücksichtigt. Zusätzlich wird die E/E-Architekturmodellierung um die Konfiguration der E/E-Architekturmodelle erweitert (Anforderung 5.3), welche mit dem Merkmalsmodell als neues Modell im E/E-Architekturmodellierungswerkzeug umgesetzt wird. Somit werden in dieser Arbeit die Ideen des Produktlinien Engineerings gemäß [PBL05] aus der Softwaretechnik in die E/E-Architekturmodellierung übernommen, angepasst und erweitert.

Module in der E/E-Architekturmodellierung (Fragestellung 1.2)

In Kapitel 5.4 werden die Module für die E/E-Architekturmodellierung analysiert. Hierzu werden für deren Einbindung die Definitionen (siehe Kapitel 5.4.1), Kriterien und Eigenschaften (siehe Kapitel 5.4.2), beteiligte E/E-Architekturebenen (siehe Kapitel 5.4.3), modulübergreifende Schnittstellen (siehe Kapitel 5.4.4) und Abbildung auf E/E-Systemmodelle (siehe Kapitel 5.4.5) der resultierenden Modulmodelle in dieser Arbeit definiert. Diese Modulmodelle werden im Modulbaukasten getrennt voneinander spezifiziert, modelliert und abgesichert (Anwendungsfälle 5.1 und 5.2). Nachfolgend werden Modulmodelle in initialen E/E-Architekturmodellen oder Innovationsmodellen wiederverwendet (Anwendungsfälle 5.4 und 5.6). Dieses E/E-Architekturmodell stellt nach der Integration in den E/E-Architekturebenen NET, LV, CIR und WH ein konsistentes und vollständiges, jedoch kein variantenspezifisches und optimiertes E/E-Architekturmodell dar (d.h. keine automatische E/E-Architektursynthese)[1]. Zusätzlich wird für die Dynamisierung die effiziente Änderung der Modulmodelle und der nachfolgende halbautomatisierte, selektive Austausch in den E/E-Architekturmodellen ermöglicht (Anwendungsfälle 5.5 und 5.6). Hierbei werden durch die Definition und Beachtung der Kriterien 5.1 - 5.5, durch die Konzeptionen für die verschiedenen Anwendungsfälle der Modulmodelle in den Kapiteln 6.3 - 6.8 sowie deren Umsetzung im E/E-Architekturmodellierungswerkzeug in den Kapiteln 7.3.1 - 7.3.6, eine Einbindung der Module aus der Fahrzeugentwicklung durchgeführt und deren Verwendung in der E/E-Architekturmodellierung ermöglicht.

Nachweis der Nutzbarkeit durch Evaluierung (Fragestellung 1.3)

Mit der Fallstudie in Kapitel 8.2 wird die Wirkungsweise und die Nutzbarkeit des modulorientierten Produktlinien Engineerings mit den umgesetzten Anwendungsfällen anhand einer realen E/E-Architekturmodellierung evaluiert. Hierbei ergeben sich quantitative Ergebnisse in der Reduzierung des Modellierungsaufwands und qualitative Ergebnisse in der abgesicherten Modellqualität. Zusätzlich zu der generellen Machbarkeit und dem Nachweis der Effizienzsteigerung in der Modellierung in Kapitel 8.2.7, wird mit der Innovationsmodellierung (Anwendungsfall 5.6) eine wichtige Aufgabenstellung der praktischen E/E-Architekturmodellierung in der Konzeptphase (in welchem Rahmen diese Arbeit entstand, siehe Kapitel 1.2) adressiert und eine Lösung

---

1   Die automatisiert erstellten generischen Vernetzungen der NET-, LV-, und WH-Ebene sind als Intermodulobjekte vorhanden, müssen jedoch manuell zum jeweiligen variantenspezifischen Bordnetz-, Masse-, und Leitungssatzkonzept angepasst und optimiert werden. Ebenso muss das E/E-Architekturmodell zur Vollständigkeit auf die E/E-Architekturebenen FN und TOP erweitert werden (E/E-Systemmodelle werden bereits mit dem Anwendungsfall 5.4 aus dem Kommunikationsmodell übergeben, jedoch ist hier ein überarbeiteter funktionaler Entwurf notwendig). Zusammenfassend findet eine Modellobjektbereitstellung, aber keine Modellobjektintegration in der FN-Ebene statt (Begründung siehe Kapitel 5.4.3).

präsentiert. Diese Arbeit wurde dabei als Anforderungsentwicklung für die zukünftige Modellierungsmethodik im E/E-Architekturmodellierungswerkzeug durchgeführt. Allerdings sind durch die Umsetzung in Kapitel 7 praktisch nutzbare Plug-Ins entstanden, welche gemeinsam mit der Einbindung der Module und deren Nutzung für die Innovationsmodellierung in die zukünftigen E/E-Architekturprojekte der Daimler AG übernommen werden können. Eine Einführung des modulorientierten Produktlinien Engineerings kann dabei wegen der Komplexität der Organisation[2] nur als schrittweise Einführung erfolgen und wird hier nicht weiter diskutiert.

Zusammenfassung der Ergebnisse

Das modulorientierte Produktlinien Engineering beschreibt die Einbindung und Verwendung von Modulen in der zukünftigen E/E-Architekturmodellierung:

- Die in den Modulheften beschriebenen E/E-Architekturebenen werden adressiert.

- Die Schnittstellen der Modulmodelle in den einzelnen E/E-Architekturebenen werden berücksichtigt.

- Die Schritte bei der Integration von Modulmodellen in die E/E-Architekturmodelle werden unterstützt.

- Der Austausch in den E/E-Architekturmodellen von geänderten Modulmodellen wird automatisiert.

9.2 Ausblick

In diesem Kapitel wird eine erweiterte E/E-Architekturmodellierung und die Harmonisierung mit der Fahrzeugentwicklung betrachtet, um die zukünftigen Potenziale des modulorientierten Produktlinien Engineerings aufzuzeigen:

ERWEITERUNG DER MODULE AUF ALLE E/E-ARCHITEKTUREBENEN Bei der Einbindung der Module in die E/E-Architekturmodellierung werden nur die E/E-Architekturebenen FN und TOP nicht betrachtet (Kapitel 5.4.3). Die Einbindung der FN-Ebene würde die Beschreibung der Funktionsbeiträge von verteilten E/E-Systemen auf die hardwareorientierte Implementierungssicht der Modulmodelle abbilden, und somit für die Absicherung der E/E-Integrierbarkeit von den einzelnen Modulstrategien zusätzlich

---

2 Die Faktoren der Komplexität von Organisationen (Komplexität der Organisationsstrukturen, verteilte Entwicklung zwischen OEM und Zulieferern, eingeschränkter Einfluss auf Methoden, Prozesse und Tools) werden in dieser Arbeit nicht weiter betrachtet.

die Funktionalstrategien mit einschließen. Hierbei muss allerdings eine detaillierte Abbildungsbeschreibung der verteilten E/E-Systeme auf unterschiedliche Module vorliegen.

In der TOP-Ebene führen geometrische Anforderungen von E/E-Komponenten (insbesondere von den Sensoren beziehungsweise Aktoren) baureihenübergreifend zu festgelegten Einbauorten, welche durch deren physikalische Eigenschaften der Umwelterfassung[3] oder deren geometrischen Verortung zur Umsetzung der Wirkprinzipien[4] baureihenunabhängig sind. Diese standardisierten Bauräume können in den Modulheften spezifiziert (zurzeit nur optional enthalten) und für die E/E-Architekturmodellierung mit ausgewertet werden (zurzeit aufgrund der variablen Topologie in dieser Arbeit ausgeschlossen). Durch die unterschiedlichen Aufbauformen der Derivate triff dieses nur für einige E/E-Komponenten zu, allerdings könnte für jene eine Erweiterung der initialen E/E-Architekturmodelle erreicht und der Modellierungsaufwand reduziert werden.

ERWEITERTER NUTZEN FÜR DIE MODULSTRATEGIE Durch die Einbindung der Module im modulorientierten Produktlinien Engineering wird für die Modulstrategien ermöglicht, die Dynamisierungen der jeweiligen Module bezüglich deren E/E-Integrierbarkeit durch die E/E-Architekturmodellierung absichern zu lassen. Zusätzlich kann die Rückverblockung[5] der Module schon frühzeitig und effizient in den existierenden E/E-Architekturmodellen bewertet werden. Somit wird durch die frühe Einbindung der Module in die E/E-Architekturmodellierung die Modulstrategien in der Modulentwicklung unterstützt und deren Schnittstellenentwicklung abgesichert. Eine Weiterentwicklung der dokumentorientierten Modulspezifikation würde außerdem die weitere Nutzbarkeit für die E/E-Architekturen erhöhen (z.B. Schnittstellenabstimmung in modelltechnisch auswertbaren Tabellen) und somit weitere Automatisierungen in der Verwendung der Modulmodelle in der E/E-Architekturmodellierung erlauben.

DURCHGÄNGIGER MODELLBASIERTER ENTWICKLUNGSPROZESS Heute ist die E/E-Systementwicklung durch deren Spezifikation in System- beziehungsweise Komponentenlastenheften zum Teil noch ein dokumentbasierter Entwicklungsprozess. Obwohl die E/E-Architekturmodellierung oder die modellbasierte Funktionsentwicklung jeweils in datentechnischen Modellen beziehungsweise die Lastenhefte mit einem textbasierten Anforderungswerkzeug erstellt werden, ist der medienbruchfreie Austausch und die durchgängige Wiederverwendung von den existierenden Modell- oder

---

3   Beispiel (aus Kapitel A): Die Stereokamera des MBC muss zur Fahrbahnerfassung das Sichtfeld nach vorne und aus erhöhter Position haben.

4   Beispiel (aus Kapitel A): Der Ventilblockaktor muss nahe dem jeweiligen Feder-/Dämpferbein platziert sein.

5   Bezüglich der Eigenschaft, dass neue Module in existierenden Baureihen integriert werden.

Textdaten teilweise noch gering. Um dieses Potenzial zukünftig auszunutzen, müssen die heterogenen Entwicklungswerkzeuge über geeignete Datenschnittstellen zum Austausch verbunden und dieser Austausch in den Entwicklungsprozessen dementsprechend beschrieben werden. Dabei ergibt sich für die E/E-Architekturmodellierung im Speziellen, dass eine datentechnische Überführung des E/E-Architekturkonzepts an die Lastenhefte sowie eine Rückführung von Änderungen der Lastenhefte in die E/E-Architekturmodelle (z.B. nach technischen Verhandlungen mit Lieferanten) notwendig ist. Hierdurch könnte eine weitere Harmonisierung der E/E-Architekturentwicklung mit der E/E-Systementwicklung erreicht werden (siehe Kapitel 3.1.2).

DATA BACKBONE FÜR DIE MODELLOBJEKTE Zur Verwaltung der Modellobjekte im Modulbaukasten ist langfristig eine gemeinsame Datenbank notwendig, in der die E/E-relevanten Daten der E/E-System- beziehungsweise E/E-Komponentenentwicklungen aller Baureihen konsistent, versioniert und nachvollziehbar verwaltet, sowie über einen formalen Prozess dem Modulbaukasten bereitgestellt beziehungsweise im Modulbaukasten aktualisiert werden.

Es werden höchstens 5.000 Fahrzeuge gebaut werden.
Denn es gibt nicht mehr Chauffeure, um sie zu steuern.
Gottlieb Daimler (1834 - 1900)

Teil V

ANHANG

A BEISPIEL DER ARBEIT

In dieser Arbeit wird zur exemplarischen Erklärung, sowie der Darstellung von Wirkungsweise und Nutzen des modulorientierten Produktlinien Engineerings, als Beispiel ein reales E/E-System aus dem Bereich der aktiven Fahrwerke verwendet, welches nachfolgend kurz vorgestellt wird.

E/E-System Active Body Control

Das Active Body Control (ABC) wurde im Jahre 1999 als Sonderausstattung in der Mercedes-Benz CL-Klasse eingeführt [SSG08]. Das ABC ist ein aktives Fahrwerk, welches permanent die Fahrsituation überwacht und das Fahrwerk automatisch für einen fahrdynamisch komfortablen Zustand des Fahrzeuges anpasst. Dies ist nur mit einer Vernetzung von Aktorik und Sensorik mit dem Steuergerät möglich, d.h. es handelt sich beim ABC um ein verteiltes E/E-System (siehe Kapitel 2.1.2). Dabei wird durch Beschleunigungs- und Niveausensoren die momentane Lage der Fahrzeugkarosserie erfasst und als elektronische Daten einem Steuergerät zur Berechnung und daraus zur fahrdynamischen Ansteuerung der Aktoren bereitgestellt, d.h. die vier aktiven Federbeine werden einzeln hydraulisch erweitert oder verkürzt (positiv beziehungsweise negativ ausgelenkt). In Abbildung 60 sind die beteiligten Komponenten dargestellt (ausgenommen der Stereokamera, siehe nachfolgender Absatz).

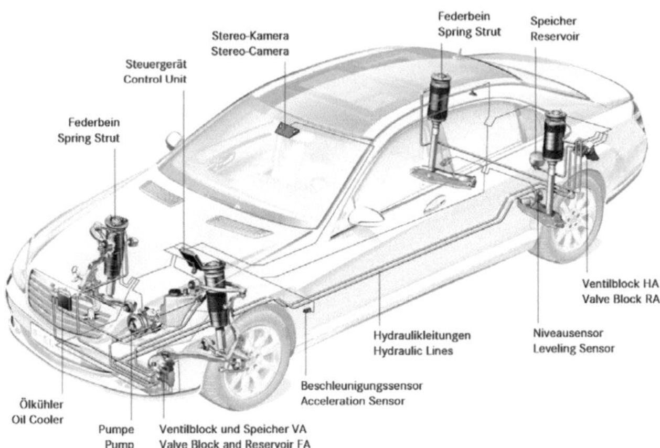

Abbildung 60: Komponenten und Package des Magic Body Control [sue10]

E/E-System Magic Body Control

Das ABC wurde evolutionär zum Magic Body Control (MBC)[1] unter der Wiederverwendung von Sensorik und Aktorik des ABC weiterentwickelt. Als Erweiterung wurde dem MBC mit der Stereokamera (SMPC) eine zusätzliche E/E-Komponente hinzugefügt (in der Nähe des Rückspiegels platziert, siehe Abbildung 60), das Steuergerät ABC funktional angepasst und als Steuergerät MBC in dessen Bauraum platziert, sowie die Vernetzung zwischen SMPC und Steuergerät durchgeführt.

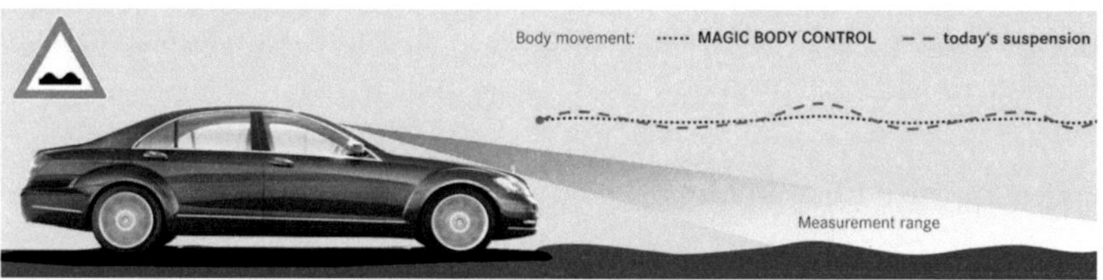

Abbildung 61: Funktionsweise vom Magic Body Control [sue10]

Aus funktionaler Sicht ermöglicht die Stereokamera das Abtasten der Fahrbahn und eine Erfassung von Unebenheiten, so dass eine Auslenkung der einzelnen Federbeine zeitgenau und aktiv invers zur Unebenheit angesteuert werden kann. Durch diese Vorausschau werden bei der Überfahrt von Fahrbahnunebenheiten die Bewegungen auf die Karosserie reduziert. Die Abbildung 61 veranschaulicht die Funktionsweise des MBC im Vergleich zu heutigen Luftfedersystem (anhand der gestrichelten und gepunkteten Linien in der Abbildung 61). In Abbildung 6 ist das MBC mit dessen E/E-Komponenten des Moduls Fahrwerk und der Funktionsbeiträge aufgelistet.

---

1 Die Serieneinführung des MBC ist für 2013 geplant.

B WEITERFÜHRENDE ERKLÄRUNGEN

B.1 Plattformstrategien in der praktischen Anwendung

Die US-amerikanischen Automobilhersteller haben in den Jahren 1980 bis 1991 auf eine „best platform strategie"umgestellt und damit ihren Umsatz um 35% erhöht [PBL05]. Diese Strategie basierte auf der Prämisse, dass durch die Nutzung einer gemeinsamen Plattform die Produktion der Fahrzeuge vergünstigt werden kann. Auch die Volkswagen AG hat eine Plattformstrategie konzernweit eingeführt. Nach [Wil02] wurden dadurch 1,7 Mrd. $ an Entwicklungs- und Produktionskosten gespart (entnommen aus [EKL07]). Ebenso können gemäß [Mau01] bei der Volkswagen AG durch volle Nutzung der Plattformen bis zu 70% Entwicklungskosten gegenüber kompletten Neukonstruktionen eingespart werden.

B.2 Modularität von Fahrzeugen

In der Literatur gibt es verschiedene Definitionen und Sichtweisen auf die Modularität von Fahrzeugen (siehe unter anderem [Lar05b, OSJL10]). Daher ist nachfolgend die Modularität in einer allgemeinen Form hergeleitet und beschrieben.

In [PB96] wird die Modularität eines Produkts dadurch motiviert, dass ein Zusammensetzen und Austauschen von Modulen die aufwandsarme Erstellung von verschiedenen Produktvarianten ermöglicht. In [GPA99] wurde ebenso die Austauschbarkeit der Module als Vorteil der Modularität genannt, welche nach [BC97] zu einer vereinfachten Konfigurierung von verschiedenen Varianten führt. Dabei werden die Module unabhängig voneinander entworfen und umgesetzt [BC97]. Die Module setzen sich aus einer Menge von Komponenten zusammen, wobei die Module eine hohe Interaktion zwischen den Komponenten innerhalb der Module und eine geringe Interaktion zwischen den Komponenten unterschiedlicher Module haben sollten [Ulr95, BC97]. Im Entwurf ist die Spezifizierung von standardisierten Schnittstellen notwendig, um den hohen Grad an Unabhängigkeit beziehungsweise loser Kopplung zwischen den Modulen umzusetzen [SM96]. Dafür hat [Ulr95] das Entwurfsprinzip der Unabhängigkeit zwischen den Modulen und die gegenseitige Abhängigkeit innerhalb der Module („*independence between and interdependence within' the module*"[SM00]) aufgestellt.

In [Flo05] wurde mit dem Konzept von *Interaction* und *Interface* eine industrienahe Definition der Modularität beschrieben, welche die folgenden zwei Grundsätze festlegt:

ZUSAMMENHANG (KOHÄRENZ) DER MODULE Die Dekomposition des Fahrzeuges in Module und somit die Aggregation der Komponenten in Module kann nach verschiedenen Kriterien geschehen, bei denen jeweils unterschiedlich kohärente Module entstehen könnten (Beispiele aus [Flo05]): funktionale Zerlegung um die Interaktion zwischen den Modulen zu reduzieren, physikalischer Ort der Komponenten, komplementäre Komponenten, Varianten und Evolution der Komponenten, Kundendifferenzierung durch Konfiguration ganzer Module, Lieferanten- und Herstellerkompetenzen sowie Herstellungsprozess, etc.

UNABHÄNGIGKEIT DER MODULE Der Grad der Unabhängigkeit wird durch die funktionale Kopplung zwischen den Modulen bestimmt. Bei einer idealisierten Modularisierung des Fahrzeuges, ist jede Funktion auf ein Modul (als 1:1-Korrelation) gemappt, wodurch sich somit keine Interaktion zwischen den Modulen über die funktionalen Schnittstellen ergibt.

In [Flo05] wird allerdings auch darauf hingewiesen, dass beide Grundsätze für die Konsumgüterindustrie, jedoch nicht für die Automobilindustrie angewandt werden. Der Grund dafür ist, dass in der Automobilindustrie der Entwurf von Modulen nicht ausschließlich einer funktionalen Logik, sondern primär der physikalischen Verbaulage im Auto folgt. Die daraus resultierende Funktionsverteilung der E/E-Systeme (siehe Definition 2.5) schränkt diese Grundsätze (besonders das Unabhängigkeit-Axiom) dadurch ein.

Die Modularität kann gemäß [BCC00] in drei unterschiedlichen Umgebungen des Fahrzeugentstehungsprozesses theoretisch von Nutzen sein:

MODULARITY-IN-DESIGN: In der Entwicklung ist durch die Unabhängigkeit der Module eine parallele Entwicklung möglich, was eine kürzere Entwicklungsvorlaufzeit und eine schnelle Änderung auf neue Technologien bei den Modulen ermöglicht [SM00]. Ebenso wird durch die Unabhängigkeit der Module eine Entkopplung zum Fahrzeugentwurf und somit gegebenenfalls eine Reduzierung von dessen Komplexität ermöglicht.

MODULARITY-IN-USE: Module können als optionale Sonderausstattungen angeboten werden, so dass der Kunde sich aus verschiedenen Ausstattungsvarianten ein Fahrzeug konfigurieren kann. Ebenso kann in der Wartung durch den modularen Austausch von ganzen Modulen die Werkstattzeit reduziert werden [SM00].

MODULARITY-IN-PRODUCTION: Vor dem endgültigen Einbau in der Fahrzeugproduktion können geeignete Komponenten bereits zu Modulen vormontiert werden. Dies hat für die Produktion nennenswerte Vorteile, da sich durch die Vorverlegung von komplexen und ergonomisch schwierigen Aufgaben in die Modulerstellung die Komplexität der Montagelinie verringert und sich somit auch die Einbauzeit an der Montagelinie verkürzt. Die Verkürzung des Montageprozesses in der Produktion wird ebenfalls durch die einheitlichen Schnittstellen und die geometrische Unabhängigkeit der einzelnen Module [Flo05, SM00] ermöglicht.
Im Einkauf und in der Logistik führt dieses zu einer Reduktion der Anzahl verschiedener Teile, die eingekauft, transportiert und eingelagert werden müssen [Flo05].

In der Automobilindustrie ist zurzeit primär die *Modularity-in-Production* umgesetzt. In [SM00] wird zusätzlich darauf hingewiesen, dass die heutige Modularisierung nach montageorientierten Aspekten weder der optimalen Dekomposition noch uneingeschränkt den oben genannten Entwurfsprinzipen entspricht.

Zum weiteren Überblick über die Modularität wird in [Mig05] ein allgemeines Literaturreview zur Modularität in der Produktentwicklung mit diversen Referenzen auf den Automobilbereich durchgeführt.

B.3 Modularität von Architekturen

In [Ulr95] werden die Architekturen für einen *modularen Entwurf* betrachtet (d.h. die notwendige Architektur zu einer Produkterstellung aus Modulen). Dabei sind zwei Arten von Architekturen klassifiziert:

MODULARE ARCHITEKTUR Eine modulare Architektur enthält ein 1:1 Mapping von den funktionalen Elementen zu den physikalischen Komponenten des Produkts, und spezifiziert entkoppelte Schnittstellen zwischen den Komponenten.

INTEGRALE ARCHITEKTUR Eine integrale Architektur enthält ein komplexes (kein 1:1) Mapping von den funktionalen Elementen zu den physikalischen Komponenten und/ oder gekoppelten Schnittstellen zwischen den Komponenten.

Für den modulare Entwurf wird gemäß [Ulr95] eine modulare Architektur benötigt.

Klassifizierung der E/E-Architektur als integrale Architektur

Bei der E/E-Architektur handelt es sich nach der Klassifizierung in Kapitel B.3 um eine integrale Architektur, welche somit nicht für den modularen Entwurf genutzt werden kann. Dieses ist bedingt durch:

- Nicht alle Ebenen der E/E-Architektur sind in gleichem Sinne modular. Beispielsweise ist in der NET-Ebene eine modulare Zusammensetzung aus der unabhängigen Hardware der Module möglich, jedoch ist diese Modularität in der FN-Ebene durch die verteilten E/E-Systeme nicht zu erreichen. Der Grund dabei ist, dass die Module zur Umsetzung der verteilten E/E-Systeme funktional gekoppelte Schnittstellen zwischen den Modulen benötigen (kein 1:1 Mapping auf die Module).

- Die E/E-Architektur kann nur fahrzeugweit abgesichert werden, so dass z.B. für Buslast- oder Leitungssatzuntersuchungen (siehe Kapitel 3.3.3) eine Vernetzung der Module erfolgt sein muss.

- Zusätzlich benötigen auch Untersuchungen der Fahrzeugarchitektur (z.B. bezüglich NVH[1]) eine ganzheitliche Architektur (d.h. die komplette Karosserie) und können nicht separat auf dem jeweiligen Modul durchgeführt werden.

B.4 Modulstrategien bei anderen OEM

Bei der Volkswagen AG wurde die Modularisierung schon früh in der Plattformstrategie des Modells Golf II als ein wichtiges Element für einen vereinfachten Montageprozess in der Produktion erkannt [Wil97]. Diese Konzepte wurden im Volkswagenkonzern[2] weiterentwickelt. In der Audi AG (als Unternehmen im Volkswagen-Konzern) wurde der Modulare Längsbaukasten für eine Vielzahl von Baureihen (sowie für die Oberklasse-Baureihen der Volkswagen AG) im Jahr 2006 eingeführt [Hac11] und später um einen Elektronik-Baukasten erweitert. Dieser Elektronik-Baukasten stellt dabei eine einheitliche und um Innovationen erweiterbare Elektronikarchitektur bereit [Hie09]. Für die kleineren Baureihen des Volkswagen-Konzerns wird der Modulare Querbaukasten ab 2012 anlaufen und ein Modularer Allradantrieb ist in Planung [Hac11]. Nach [Fra09, Mau01] wird dadurch bei der Volkswagen AG eine Erhöhung der Stückzahlen, Senkung der Einmalaufwendungen und Reduktion der Änderungs- und Gewährleistungskosten unter Beibehaltung der markenspezifischen Eigenschaften erreicht.

---

1 Innengeräusche, Schwingungen und Außengeräusche (engl. noise/ vibration/ harshness).
2 *„Die technische Basis für eine neue Strategie zur Kostensenkung sei die Baukastenstrategie als konsequente Weiterentwicklung des Plattformkonzepts."*, Zitat des Vorstandsvorsitzenden der Volkswagen AG M. WINTERKORN aus „Audi setzt BMW und Daimler unter Druck", Stuttgarter Zeitung, 27.11.2009.

Bei der Porsche AG (vor Eingliederung in den Volkswagen-Konzern) wurde für die Neuentwicklung von zwei Baureihen (Modell 911 und Boxster) eine umfassende Gleichteilestrategie nach dem Baukasten-Prinzip eingeführt. Gemäß [EKL07] waren hohe Kosten in Produktion, Einkauf und Logistik durch die fehlende Vereinheitlichung in früheren Baureihen der Treiber dafür. Die gleichzeitige Entwicklung der beiden Baureihen ermöglichte die Verwendung von 43% aller Teile als Gleichteile und somit vorteilhafte Synergieeffekte [EKL07].

C ÜBERBLICK ZU ARTVERWANDTEN ANSÄTZEN

C.1 Artverwandte Ansätze zur E/E-Architekturbeschreibung

In diesem Kapitel sind nachfolgend Modellierungssprachen und -konzepte für eingebettete E/E-Systeme aufgeführt, und deren Nutzen für die ganzheitliche Beschreibung in der E/E-Architekturmodellierung bewertet (siehe Abbildung 62). Es wurden allgemeine (UML und SysML) sowie domänenspezifische Modellierungssprachen und -konzepte (AADL, AUTOSAR, EAST-ADL und MOSES) aus dem Automobilbereich betrachtet.

Unified Modeling Language (UML)

Die UML [UML10] ist eine standardisierte objektorientierte Sprache für die Modellierung von Softwaresystemen. Dabei hat UML eine graphische Notation zur Modellierung von statischen Strukturen und dynamischen Abläufen. Die Sprache UML umfasst zur Darstellung der unterschiedlichsten Modellierungsaspekte diverse Diagrammtypen (Anwendungsfälle, Klassendiagramme, Aktivitätsdiagramme, Zustandsdiagramme, etc.). Ebenso wird die UML als gängige Modellierungssprache für die MOF-Metamodelle (siehe Kapitel 3.3.1) eingesetzt. Der UML fehlen jedoch Regeln und Methoden zur E/E-Architekturmodellierung [Bee06].

Systems Modeling Language (SysML)

Die SysML [Sys10] ist eine auf der UML basierende standardisierte graphische Modellierungssprache für den Entwurf von komplexen Systemen, welche um die wesentlichen Konstrukte des Systems Engineerings erweitert wurde. Als grafische Modellierungssprache für den Systementwurf unterstützt SysML die Spezifikation, die Analyse, das Design und die Verifikation. Die SysML beschreibt dabei über Diagramme (zusätzlich spezifischen Diagrammtypen, Blockbeschreibungen, Workflow-Detaillierungen, etc.) das System. Ein Beispiel der E/E-Architekturmodellierung mit SysML ist in [GKPR08] beschrieben.

Architecture Analysis and Description Language (AADL)

Die Architekturanalyse- und -designsprache (AADL) [SAE04] ist eine Modellierungssprache für die Beschreibung und Analyse von Software in eingebetteten

Systemen. AADL erweitert dabei die UML um Notationen für die Beschreibung von Integration und Echtzeitfähigkeit (Laufzeiteigenschaften, Prozessor- oder Speicherressourcen) der Software eingebetteter Systeme, und soll zukünftig durch die Anwendung von SysML auch die Beschreibungen von mechatronischen Systemen (wie elektrische und mechanische Elemente und Eigenschaften) ermöglichen. Eine weitere Detaillierung zur AADL ist in [FGH06] zu finden.

Automotive Open System Architecture (AUTOSAR)

AUTOSAR[1] [AUT10] ist eine domänenspezifische Sprache zur Entwicklung von automotivespezifischer Software. AUTOSAR beschreibt einheitliche Schnittstellenkonzepte von Softwarekomponenten sowie eine passende Standard-Laufzeitumgebung der Hardwarekomponenten, um eine automatisierte Codegenerierung für Steuergeräte zu ermöglichen. Das Konzeptziel von AUTOSAR ist die Wiederverwendbarkeit und Standardisierung dieser Software im Fahrzeug, welche durch standardisierte Schnittstellen der Funktionen (Softwarekomponenten) [FWE+08, SRH+11] sowie durch einen standardisierten Entwurfsprozess [HDJ+08] gewährleistet wird. Ein komponentenbasierter Ansatz von verteilten Funktionen unter Nutzung von AUTOSAR wird in [Gie08] diskutiert. Die Erfahrungen zur Einführung von AUTOSAR in die modellbasierte Funktionsentwicklung werden in [WDR08] aufgezeigt. Der E/E-Architekturentwurf sowie die E/E-Architekturmodellierung werden jedoch nicht durch AUTOSAR abgedeckt [FWE+08].

Electronics Architecture and Software Technology – Architecture Description Language (EAST-ADL2)

Die EAST-ADL2[2] [EAS10] ist eine domänenspezifische Beschreibungssprache zur Modellierung und Entwicklung von eingebetteten, softwarebasierten E/E-Systemen im Automobilbereich. Bei der EAST-ADL2 handelt es sich nicht nur um Software- sondern auch um Systemmodellierung. Die Beschreibung (Features, Anforderungen, Software und Hardwarekomponenten, Funktions- und Hardwarestruktur, Verifikation und Validierung, Variantenmanagement) erfolgt in UML 2.x-Diagrammen auf fünf Abstraktionsebenen, welche jeweils die Systeme in einem oder mehreren Modellen repräsentieren. Die Ergebnisse von EAST-ADL2 werden nicht direkt in die Modellierung bei den OEM angewendet, jedoch wurden das gemeinsame Problemverständnis und die Grundlagen in die Entwicklung von AUTOSAR übernommen [GR07].

---

1 AUTOSAR (AUTomotive Open System ARchitecture) ist eine weltweite Entwicklungspartnerschaft von Automobilherstellern, -zulieferern und weiteren Unternehmen der Elektronik-, Halbleiter- und Softwareindustrie, welche an der Entwicklung und Einführung einer offenen und standardisierten Software-Architektur für die Automobilindustrie arbeiten [AUT10].

2 EAST-ADL ist im Rahmen des Projektes EAST-EEA (Electronic Architectutre and Software Technology - Embedded Electronic Architecture) entstanden, siehe [TEF+03].

Modellbasierte Systementwicklung (MOSES)

MOSES [Kle06] bezeichnet eine Methodik für die durchgängige modellbasierte Systementwicklung von eingebetteten E/E-Systemen in Fahrzeugen, welche vom Fraunhofer Institut für Software- und Systemtechnik (ISST) in Zusammenarbeit mit BMW entworfen wurde. MOSES basiert auf einem durchgehenden Architekturmodell mit vier Ebenen und vier Sichten und soll zukünftig um Prozessvorgaben erweitert werden. Eine Dekomposition der E/E-Architektur gemäß MOSES wird in [Bee07] beschrieben. In MOSES existiert jedoch eine alternative Definition der E/E-Architekturebenen, welche sich funktionsorientiert aus den Anforderungen ableiten, und nicht den E/E-Architekturebenen gemäß Abbildung 15 entsprechen.

Bewertung dieser Ansätze für die E/E-Architekturmodellierung

In Abbildung 62 ist zu erkennen, dass die in diesem Kapitel beschriebenen Modellierungssprachen und -konzepte nicht vollständig die E/E-Architekturmodellierung nach EEA-ADL (siehe Kapitel 3.3.1) abdecken. Dabei fehlt allen Modellierungssprachen und -konzepten (außer MOSES) eine graphische Modellierung, welche in einem E/E-Architekturmodellierungswerkzeug als Benutzerschnittstelle zur Nachvollziehbarkeit der heutigen umfangreichen E/E-Architekturmodelle notwendig ist. Ebenso sind die WH- und TOP-Ebenen von den Modellierungssprachen und -konzepten nicht berücksichtigt, obwohl diese Ebenen durch die mechanische Fahrzeugentwicklung einen großen Einfluss auf die E/E-Architekturmodellierung haben (siehe Kapitel 3.2.1).

c.2 Artverwandte Ansätze der Produktlinienentwicklung

In diesem Kapitel wird das Vorgehensmodell gemäß dem Software Engineering Institute (SEI, Carnegie Mellon University) zur Produktlinienentwicklung von Softwaresystemen im Ansatz vorgestellt.

In [BBB95] wird der STARS[3] Two Lifecycle-Prozess als Grundstein für die späteren Frameworks der Softwareproduktlinienentwicklung vorgestellt. In diesem Ansatz wurde die Aufteilung in die beiden Prozesse Domain Engineering und Application Engineering eingeführt. Als Nachteil wurde von [BBB95] erkannt, dass keine Rückkopplung zwischen den Prozessen besteht, und somit alle in der Produktentwicklung gewonnenen Erfahrungen und Erkenntnisse verloren gehen.

---

3   Software Technology for Adaptable and Reliable Systems, Programm des Verteidigungsministerium (Department of Defense) der USA.

Modellierungs-sprache	domänenspez. Beschreibung	graphische Modellierung	E/E-Architekturebenen nach EEA-ADL					Anmerkung
			REQ	FN	NET	WH	TOP	
UML	O	O	●	●	●	O	O	-
SysML	O	O	●	●	●	O	O	erweiterte UML-Notation
AADL	●	O	O	●	●	O	O	erweiterte UML-Notation
AUTOSAR	●	O	O	●	●	O	O	-
EAST-ADL2	●	O	●	●	●	●	O	UML-Notation
MOSES	O	●	●	●	●	O	O	alternative Definition E/E-Architektur

Legende: ●   wird von der Modellierungssprache erfüllt
            O   wird von der Modellierungssprache **nicht** erfüllt

Abbildung 62: Bewertung der Modellierungssprachen und -konzepte nach Nutzbarkeit für die E/E-Architekturmodellierung und Abdeckung der jeweiligen E/E-Architekturebenen der EEA-ADL

In [BBB95] wird außerdem der SCAI[4] Two Lifecycle-Prozess beschrieben. Im Gegensatz zu STARS wird im Domain Engineering nur die logische Struktur der Produktlinie erstellt, während im Application Engineering für jede Produktvariante der komplette Architekturentwurf und die Implementierung stattfindet. SCAI wurde zur Entwicklung von Weltraumanwendungen mit den entsprechenden Qualitätsanforderungen an den Artefakte entwickelt, der hierbei erhöhte Aufwand ist jedoch für die meisten industriellen Produkte nicht gerechtfertigt [BBB95].

In [Nor02] wird der Softwareproduktlinienansatz gemäß dem SEI vorgestellt, welcher aus den Erfahrungen von STARS und SCAI (Trennung der Prozesse und Rückkopplung) resultiert.

c.3 Artverwandte Ansätze zur Merkmalsmodellierung

Nachfolgend sind artverwandte Ansätze zur Variabilitäts- beziehungsweise Merkmalsmodellierung sowie deren Modellierungswerkzeuge kurz aufgeführt.

---

4   Space Command and Control Architectural Infrastructure, Programm des Verteidigungsministerium (Department of Defense) der USA.

Modellierungsansätze

Die unterschiedlichen Ansätze zur Merkmalsmodellierung und deren Ziele in der Produktlinienentwicklung für Softwaresysteme werden in [LMNW03] als Ergebnis einer Literaturrecherche präsentiert. In [CBC09] wird eine Evaluierung der verfügbaren Veröffentlichungen („published before September 2007") zum Umgang mit Variabilität in Produktlinien für Softwaresysteme durchgeführt. Allgemeine Techniken zur Variabilitätsmodellierung wurden in [SD07] klassifiziert und werden hier kurz aufgeführt:

- Die Variability Specification Language (VSL) nach [Bec03] unterscheidet die Variabilität auf Spezifikations- beziehungsweise Realisierungsebene und unterstützt die Modellierung von statischen (Varianz vor der Laufzeit) und dynamischen (Varianz zur Laufzeit) Variationspunkten. Dabei wird die VSL zurzeit nicht von einem Modellierungs- beziehungsweise Konfigurationswerkzeug unterstützt.

- Die Configuration of Industrial Product Families (ConIPF) nach [HWK$^+$06] erfasst in einem Variabilitätsmodell Merkmale und getrennt davon die Hardware- und Software-Einheiten, welche nach manueller Auswahl der Merkmale über Relationen automatisch eine Konfiguration erzeugen. Allerdings werden diese Einheiten nur in textueller Form durch algebraische Ausdrücke der Modellierungssprache Asset Model for Product Lines (AMPL) [SD07] spezifiziert und sind somit nicht einfach zu konfigurieren und zu warten.

- Das Configuration of Industrial Product Families Variability Modeling Framework (COVAMOF) nach [SDNB04] ist ein Rahmenwerk, welches die Variabilität in Form von Variationspunkten und Abhängigkeiten durch algebraische Ausdrücke modelliert.

- Das Cardinality-Based Feature Modeling (CBFM) nach [CK05] modelliert die Variabilität in einem Merkmalsbaum auf Basis von FODA. Für die eigene Variabilitätsmodellierung wird jedoch eine angepasste Constraint-Sprache XPath 2.0 mit Hilfe eines manuellen Text-Editors beschrieben.

- Das Koalish [ASM03] erweitert die Softwaremodellierung mit Koala [KMOL00] um dem Aspekt der Variabilität der graphischen Darstellung des Koala, jedoch ist Koalish selbst textbasiert und bietet keine graphische Repräsentation, um die Varianzen zu modellieren.

In [SD07] wird für die oben aufgeführten Variabilitätsmodellierungstechniken weder ein industriellen Einsatz, noch der Nachweis durch Fallstudien mit dem Umfang von realen Produktlinien erkannt. Somit wird die Skalierbarkeit und Einsetzbarkeit dieser Techniken für industrielle Anwendungen von [SD07] in Frage gestellt (zum Zeitpunkt der Veröffentlichung).

Modellierungswerkzeuge

Die gängigsten Modellierungswerkzeuge zur Visualisierung und Konfiguration in der Variabilitäts- beziehungsweise Merkmalsmodellierung sind hier kurz bewertet:

- Das Merkmalsmodellierungswerkzeug pure::variants [puro4] ist zurzeit nicht für den industriellen Einsatz in großen Produktlinien gemäß [BTC$^+$o8] geeignet, da große Informationsmengen noch nicht übersichtlich darstellbar sind.

- In [CSDo7] wird eine Untersuchung von verfügbaren, teilweise protothaften Variabilitätsmanagement-Werkzeugen GEARS, V-Manage, COVAMOF, VMWT und AHEAD durchgeführt und der aktuelle Entwicklungsstand dieser Werkzeuge auf deren Möglichkeiten und Einschränkungen analysiert. Bei COVAMOF [SGBo4] und Gears [Bigo8] wird in [BTC$^+$o8] die unzureichende visuelle Unterstützung sowie deren Nachvollziehbarkeit (welche Funktionalität ausreichend in den Werkzeugen existiert) nachgewiesen.

- Das Eclipse Plug-In zur Merkmalsmodellierung FeaturePlugin [ACo4] ist in der Verwaltung der Beziehungen schwierig navigierbar und somit nicht industriell einsetzbar [BTC$^+$o8].

D PRAKTISCHE ANWENDUNGEN DER PRODUKTLINIENENTWICKLUNG

Einen generellen Überblick über die Chancen und Schwierigkeiten einer Produktlinienentwicklung wird in [BHJ+03] durch eine anonymisierte Gegenüberstellung der Erfahrungen verschiedener Unternehmen aufgelistet.

Produktlinienansatz gemäß [PBL05] in der praktischen Anwendung

Die Erfahrungen mit der Einführung des Produktlinien Engineerings gemäß [PBL05] werden für unterschiedlichen Industriebereiche in [PBL05] sowie in [LSR07] detailliert wiedergegeben.

Produktlinienansatz gemäß dem SEI in der praktischen Anwendung

Erste Erfahrungen aus Fallstudien mit der Einführung und Umsetzung von Softwareproduktlinien gemäß dem Software Engineering Institute (SEI, Carnegie Mellon University) werden in [ADH+00, BC96, CN99, CN02a, CCDN01, CDS02, Nor02] beschrieben. Dort wird in [BC96] schon früh identifiziert, dass die nicht-technischen Themen wie die Organisationsstruktur, die Managementprinzipien und die Personalunterstützung für den Erfolg der Umsetzung ebenso kritisch wie die rein technischen Prinzipen des Software Engineerings sind. In [SEI10] ist eine Liste mit allen industriellen Projekten zu finden.

Fallstudien aus dem Automobilbereich

Nachfolgend sind einige Fallstudien aus dem Automobilbereich aufgelistet. Dabei werden von der Robert Bosch GmbH in [TFF+01] die ersten Ergebnisse eines „How-To" für die Einführung von Softwareproduktlinien im Bereich von Fahrerassistenzsystemen veröffentlicht. Ein Erfahrungsbericht der Einführung von Softwareproduktlinien gemäß dem SEI wird in [WHK+03] für die Robert Bosch GmbH sowie in [HKK04] für die Audi AG zur Verfügung gestellt. In [TMKG07] wird der langen Dauer der Einführung einer Softwareproduktlinie bei Bosch Gasoline Systems nachgegangen.

Ebenso im Automobilbereich, wurde bei Volvo (genauer bei Volvo Cars Corporation, Volvo Trucks Corporation und Volvo Construction Equipment) die Forschung betreffend Produktlinienarchitekturen betrieben und in [AFH+03a, AFH+03b] veröffentlicht. In [EAG+05] wird die Einführung einer Referenzarchitektur bei Volvo Cars in Kooperation mit Ford Cars Europe beschrieben. In

[WSN00] wird auf die Architektur von real-time Embedded Systems zur Steuerung von Hydrauliksystemen in Baustellenfahrzeuge bei Volvo Construction Equipment fokussiert. Eine Fallstudie in Form eines Survey auf Interview-Basis zu der E/E-Architekturentwicklung wurde in [WA08] bei der Volvo Cars Corporation und in [WJA09] bei der Volvo Construction Equipment durchgeführt.

ABBILDUNGSVERZEICHNIS

TABELLENVERZEICHNIS

ABKÜRZUNGSVERZEICHNIS

AADL Architecture Analysis and Description Language

ABC Active Body Control

ACC Abstandsregeltempomat, engl. Adaptive Cruise Control

ADL Architekturbeschreibungssprache, engl. Architecture Description Language

AMPL Asset Model for Product Lines

API Application Programming Interface

AUTOSAR Automotive Open System Architecture

BR Baureihe

CAD Computergestützter Entwurf, engl. Computer-Aided Design

CAN Controller Area Network

CASE Computergestützte Softwareentwicklung, engl. Computer-Aided Software Engineering

CBFM Cardinality-Based Feature Modeling

CHS Capital Harness Systems

CIR Schaltplanebene

CONIPF Configuration of Industrial Product Families

COVAMOF Configuration of Industrial Product Families Variability Modeling Framework

CPU Recheneinheit, engl. Central Processing Unit

E/E Elektrik/Elektronik

E/E-ARCHITEKTUR Elektrik/Elektronik-Architektur

E/E-ARCHITEKTURFAMILIE Elektrik/Elektronik-Architekturfamilie

E/E-KOMPONENTE Elektrik/Elektronik-Komponente

E/E-SYSTEM Elektrik/Elektronik-System

EAST-ADL Electronics Architecture and Software Technology - Architecture Description Language

EAST-EEA Electronic Architectutre and Software Technology - Embedded Electronic Architecture

ECU Steuergerät, engl. Electronic Control Unit

EEA-ADL Electric Electronic Architecture - Analysis Design Language

EEKT E/E-Konzept-Tool

EHPV Montagezeit, engl. Engineering Hours per Vehicle

EMV Elektromagnetische Verträglichkeit

ESP Elektronische Stabilitätsprogramm

FN Funktionsebene

FODA Feature-Oriented Domain Analysis

HIL Hardware-in-the-Loop

IDE Integrierten Entwicklungsumgebung, engl. Integrated Development Enviroment

ISST Fraunhofer Institut für Software- und Systemtechnik

K-MATRIX Kommunikationsmatrix

KIT Karlsruher Institut für Technologie

LIN Local Interconnect Network

LOC Codeumfang, engl. Lines of Codes

LOP Aufgabenliste, engl. List of Open Points

LV Leistungsversorgungsebene

MBC Magic Body Control

MOF Meta Object Facility

MOPF Modellpflege

MOSES Modellbasierte Systementwicklung

MOST Media Oriented Systems Transport

NET Vernetzungsebene

NVH Innengeräusche, Schwingungen und Außengeräusche, engl. Noise, Vibration und Harshness

OEM Automobilhersteller, engl. Original Equipment Manufacturer

OMG Object Management Group

PLEEA Produktlinien Engineering für den modellbasierten E/E-Architekturentwurf

QG Qualitätsmeilenstein, engl. Quality Gate

REQ Anforderungsebene

SCAI Space Command and Control Architectural Infrastructure

SEI Software Engineering Institute, Carnegie Mellon University

SIL Software-in-the-Loop

SMPC Stereokamera

SOP Beginn der Fahrzeugproduktion und -montage, engl. Start of Production

STARS Software Technology for Adaptable and Reliable Systems

SYSML Systems Modeling Language

TOP Topologieebene

UML Unified Modeling Language

VNA Volcano-Network-Architekt

VSL Variability Specification Language

WH Leitungssatzebene, engl. Wiring Harness

LITERATURVERZEICHNIS

[AC04] ANTKIEWICZ, M. ; CZARNECKI, K.: FeaturePlugin: Feature Modeling plug-in for Eclipse. In: *eclipse '04: Proceedings of the 2004 OOPSLA workshop on eclipse technology eXchange* (2004), S. 67–72 (Zitiert auf Seite 202.)

[ADH+00] ARDIS, Mark ; DALEY, Nigel ; HOFFMAN, Daniel ; SIY, Harvey ; WEISS, David: Software product lines: a case study. In: *Software - Practice and Experience* (2000), Februar, S. 825–847 (Zitiert auf den Seiten 48 und 203.)

[AFH+03a] AXELSSON, Jakob ; FRÖBERG, Joakim ; HANSSON, Hans ; NORSTRÖM, Christer ; SANDSTRÖM, Kristian ; VILLING, Björn: A Comparative Case Study of Distributed Network Architectures for Different Automotive Applications / Mälardalen Research and Technology Centre (MRTC), Mälardalen University. 2003 (No. 478). – Forschungsbericht (Zitiert auf Seite 203.)

[AFH+03b] AXELSSON, Jakob ; FRÖBERG, Joakim ; HANSSON, Hans ; NORSTRÖM, Christer ; SANDSTRÖM, Kristian ; VILLING, Björn: Correlating Bussines Needs and Network Architectures in Automotive Applications - A Comparative Case Study. In: *Proceedings of the 5th Int. Conference on Fieldbus Systems and their Applications (IFAC)* (2003), Juli (Zitiert auf Seite 203.)

[Aqu10] AQUINTOS, GmbH: *Modellierungswerkzeug PREEvision.* http://www.aquintos.com. Version: Mai 2010 (Zitiert auf den Seiten 42 und 43.)

[Arm11] ARMAC, Onur: *Entwicklung eines Merkmalsmodells zur Verwaltung von Systemen und Modulen im modellbasierten Entwurf von Elektrik-/Elektronik-Architekturen, Diplomarbeit*, Rheinisch Westfälische Technische Hochschule Aachen, Diplomarbeit, März 2011 (Zitiert auf Seite 152.)

[ASM03] ASIKAINEN, T. ; SOININEN, T. ; MÄNNISTRÖ, T.: *A Koala-Based Approach for Modelling and Deploying Configurable Software Product Families.* Springer-Verlag, Heidelberg-Berlin, 2003 (Zitiert auf Seite 201.)

[AUT10] AUTOSAR: *Automotive Open System Architecture.* Mai 2010 (Zitiert auf Seite 198.)

[BB01] BACHMANN, Felix ; BASS, Len: Managing Variability in Software Architectures. In: *ACM SIGSOFT Software Engineering Notes* (2001), Mai, S. 126 – 132 (Zitiert auf Seite 53.)

[BBB95] BRISTOW, D.J. ; BULAT, B.G. ; BURTON, D.T.: *Product-Line Process Development*. 1995 (Zitiert auf den Seiten 199 und 200.)

[BC96] BROWNSWORD, Lisa ; CLEMENTS, Paul: A Case Study in Successful Product Line Development / Software Engineering Institute (SEI), Carnegie Mellon University. 1996 (CMU/SEI-96-TR-016). – Forschungsbericht (Zitiert auf Seite 203.)

[BC97] BALDWIN, C.Y. ; CLARK, K.B.: Managing in an age of modularity. In: *Harvard Business Review* (1997), S. 84–93 (Zitiert auf Seite 191.)

[BCC00] BALDWIN, C.Y. ; CARLISS, Y. ; CLARK, Kim B. ; PRESS, MIT (Hrsg.): *Design Rules: The Power of Modularity*. 2000 (Zitiert auf Seite 192.)

[Bec03] BECKER, M.: Towards a General Model of Variability in Product Families. In: *Proceedings of the 1st Workshop on Software Variability Management* (2003), S. 19–27 (Zitiert auf Seite 201.)

[Bec05] BECKER, Thomas: *Konzeption von Entwicklungspfaden für Zulieferparks in der Automobilindustrie*, Universität Kassel, Diss., 2005 (Zitiert auf Seite 22.)

[Bee06] BEECK, Michael von d.: Eignung der UML 2.0 zur Entwicklung von Bordnetzarchitekturen. In: *Dagstuhl-Workshop MBEES: Modellbasierte Entwicklung eingebetteter Systeme II* (2006), Januar, S. 9–14 (Zitiert auf Seite 197.)

[Bee07] BEECK, Michael von d.: Development of logical and technical architectures for automotive systems. In: *Software and Systems Modeling* Vol 6, No 2 (2007), Juni, S. 205–219 (Zitiert auf den Seiten 2 und 199.)

[Ben04] BENZ, Stefan: *Eine Entwicklungsmethodik für sicherheitsrelevante Elektroniksysteme im Automobil*, Universität Karlsruhe (TH), Diss., April 2004 (Zitiert auf Seite 31.)

[BFM05] BELSCHNER, R. ; FREESS, J. ; MROSSKO, M.: Gesamtheitlicher Entwicklungsansatz für Entwurf, Dokumentation und Bewertung von E/E-Architekturen. In: *12. Internationale Konferenz Elektronik im Kraftfahrzeug, Baden-Baden, VDI Verlag* (2005), Oktober, S. 511–521 (Zitiert auf den Seiten 36, 37, 39 und 42.)

[BHJ⁺03] BIRK, Andreas ; HELLER, Gerald ; JOHN, Isabel ; SCHMID, Klaus ; MASSEN, Thomas von d. ; MÜLLER, Klaus: Product Line Engineering: The State of the Practice. In: *IEEE Software* (2003), November, S. 52–60 (Zitiert auf Seite 203.)

[BHP04] BÜHNE, Stan ; HALMANS, Günter ; POHL, Klaus: Anforderungsorientierte Variabilitätsmodellierung für Software-Produktfamilien. In: *Tagungsband zur Modellierung - Praktischer Einsatz von Modellen, Gesellschaft für Informatik* (2004), März, S. 43–57 (Zitiert auf den Seiten 47 und 53.)

[Big08] BIGLEVER, Software: *Gears.* http://www.biglever.com. Version: 2008 (Zitiert auf Seite 202.)

[BKPS07] BROY, Manfred ; KRÜGER, Ingolf H. ; PRETSCHNER, Alexander ; SALZMANN, Christian: Engineering Automotive Software. In: *Proceedings of the IEEE* Vol. 95, No. 2 (2007), Februar, S. 356–373 (Zitiert auf den Seiten 18, 36 und 60.)

[Bla01] BLACKENFELT, M.: *Managing complexity by product modularisation,* Royal Institute of Technology (KTH), Diss., 2001 (Zitiert auf Seite 45.)

[BLP04] BÜHNE, Stan ; LAUENROTH, Kim ; POHL, Klaus: Anforderungsmanagement in der Automobilindustrie: Variabilität in Zielen, Szenarien und Anforderungen. In: *34. Jahrestagung der Gesellschaft für Informatik e.V.* (2004), S. 23–27 (Zitiert auf Seite 53.)

[Bor10a] BORGEEST, Kai: *Elektronik in der Fahrzeugtechnik - Hardware, Software, Systeme und Projektmanagement.* Vieweg + Teubner Verlag, 2010 (Zitiert auf den Seiten 1, 16, 18 und 33.)

[Bor10b] BORTOLAZZI, Jürgen: *Vorlesung - Systems Engineering for Automotive Electronics, ITIV.* 2010 (Zitiert auf den Seiten 36 und 60.)

[Bos99] BOSCH, Jan: Product-Line Architectures in Industry: A Case Study. In: *ICSE* (1999), Mai, S. 544–554 (Zitiert auf Seite 52.)

[Bos07] BOSCH: *Kraftfahrttechnisches Taschenbuch.* Wiesbaden: Vieweg Verlag, 2007 (Zitiert auf Seite 18.)

[Bos11] BOSCH: *Kraftfahrtechnisches Taschenbuch.* Vieweg + Teubner Verlag, 2011 (Zitiert auf Seite 1.)

[BP01] BRUSONI, S. ; PRENCIPE, A.: Unpacking the black box of modularity: technologies, products and organizations. In: *Industrial and Corporate Change* 10/1 (2001), S. 179–205 (Zitiert auf Seite 72.)

[Bär08] BÄRO, Thomas: *Analyse und Bewertung des Testprozesses von Automobilsteuergeräten,* Fakultät für Elektrotechnik und Informationstechnik der Universität Karlsruhe (TH), Diss., 2008 (Zitiert auf den Seiten 4 und 15.)

[BRR11] BROY, Manfred ; REICHART, Günter ; ROTHHARDT, Lutz: Architekturen softwarebasierter Funktionen im Fahrzeug: von den Anforderungen zur Umsetzung. In: *Informatik Spektrum* 34/1 (2011), S. 42–59 (Zitiert auf den Seiten 2 und 18.)

[BTC⁺08] BOTTERWECK, Goetz ; THIEL, Steffen ; CAWLEY, Ciarán ; NESTOR, Daren ; PREUSSNER, André: Visual Configuration in Automotive Software Product Lines. In: *Annual IEEE International Computer Software and Applications Conference* (2008), S. 1070–1075 (Zitiert auf den Seiten 64 und 202.)

[CAN91] CAN: *CAN Specification, Version 2.0, 1991.* 1991 (Zitiert auf Seite 18.)

[CBC09] CHEN, Lianping ; BABAR, Muhammad A. ; CAWLEY, Ciaran: A Survey of Evaluation of Variability Management Approaches / Lero University. 2009. – Forschungsbericht (Zitiert auf Seite 201.)

[CCDN01] CLEMENTS, Paul ; COHEN, Sholom ; DONOHOE, Patrick ; NORTHROP, Linda: Control Channel Toolkit: A Software Product Line Case Study / Software Engineering Institute (SEI), Carnegie Mellon University. 2001 (CMU/SEI-2001-TR-030). – Forschungsbericht (Zitiert auf Seite 203.)

[CDS02] COHEN, Sholom ; DUNN, Ed ; SOULE, Albert: Successful Product Line Development and Sustainment: A DoD Case Study / Software Engineering Institute (SEI), Carnegie Mellon University. 2002 (CMU/SEI-2002-TN-018). – Forschungsbericht (Zitiert auf Seite 203.)

[CE00] CZARNECKI, K. ; EISENECKER, U.W.: *Generative Programming - Methods, Tools, and Applications.* Addison-Wesley, 2000 (Zitiert auf den Seiten 52 und 54.)

[CK05] CZARNECKI, K. ; KIM, P.: Cardinality-Based Feature Modeling and Constraints: A Progress Report. In: *OOPSLA 2005 International Workshop on Software Factories* (2005), Oktober (Zitiert auf Seite 201.)

[CN99] CLEMENTS, Paul ; NORTHROP, Linda M.: A Framework for Software Product Line Practice / Software Engineering Institute (SEI), Carnegie Mellon University. 1999. – Forschungsbericht (Zitiert auf Seite 203.)

[CN02a] CLEMENTS, Paul C. ; NORTHROP, Linda M.: Salion, Inc.: A Software Product Line Case Study / Software Engineering Institute (SEI), Carnegie Mellon University. 2002 (CMU/SEI-2002-TR-038). – Forschungsbericht (Zitiert auf Seite 203.)

[CN02b] CLEMENTS, Paul C. ; NORTHROP, Linda M.: *Software Product Lines: Practices and Patterns*. Addison-Wesley, 2002 (Zitiert auf Seite 48.)

[Con06] CONSULTING, Mercer M.: Mercer-Studie Autoelektronik - Elektronik setzt die Impulse im Auto. In: *Press Release* (2006), Dezember (Zitiert auf Seite 2.)

[Con07] CONSULTING, Oliver W.: Car Innovation 2015 - Cars for the next decade. In: *Press Release* (2007), September (Zitiert auf Seite 2.)

[CSD07] CAPILLA, Rafael ; SÁNCHEZ, Alejandro ; DUEÑAS, Juan C.: An Analysis of Variability Modeling and Management Tools for Product Line Development. In: *Proceedings of the Workshop on Software and Services Variability Management. Concepts, Models and Tools* (2007) (Zitiert auf Seite 202.)

[DLPW08] DZIOBEK, Christian ; LOEW, Joachim ; PRZYSTAS, Wojciech ; WEILAND, Jens: Von Vielfalt und Variabilität - Handhabung von Funktionsvarianten in Simulink-Modellen. In: *Elektronik automotive* (2008), Februar, S. 33–37 (Zitiert auf Seite 3.)

[DR07] DAUNER, F. ; REINDL, N.: Qualitätsgesteuerter Entwicklungsprozess am Beispiel der neuen C-Klasse. In: *11. Internationaler Fachkongress Fortschritte in der Automobil Elektronik* (2007) (Zitiert auf den Seiten 21 und 24.)

[DWHC09] DÉGARDINS, Pascal ; WAGNER, Gunnar ; HOLZMANN, Frédéric ; CHRÉTIEN, Benoit: Funktionsstandardisierung und deren Integration in die E/E-Fahrzeugarchitektur. In: *ATZelektronik 04* (2009), S. 26–31 (Zitiert auf Seite 60.)

[EAG⁺05] EKLUND, Ulrik ; ASKERDAL Örjan ; GRANHOLM, Johan ; ALMINGER, Anders ; AXELSSON, Jakob: Experience of Introducing Reference Architectures in the Development of Automotive Electronic Systems. In: *Proceedings of the second international workshop on Software engineering for automotive systems* (2005) (Zitiert auf den Seiten 35 und 203.)

[EAS10] EAST: *EAST-ADL2 Overview*. Mai 2010 (Zitiert auf Seite 198.)

[EBLSP10] ELSNER, Christoph ; BOTTERWECK, Goetz ; LOHMANN, Daniel ; SCHRÖDER-PREIKSCHAT, Wolfgang: Variability in Time - Product Line Variability and Evolution Revisited. In: *Vamos* (2010) (Zitiert auf Seite 51.)

[EKL07] EHRLENSPIEL, Klaus ; KIEWERT, Alfons ; LINDEMANN, Udo: *Kostengünstig Entwickeln und Konstruieren - Kostenmanagement bei der integrierten Produktentwicklung*. Springer, 2007 (Zitiert auf den Seiten 14, 20, 39, 191 und 195.)

[ES09]   EIGNER, M. ; STELZER, R.H.: *Product Lifecycle Management - Ein Leitfaden für Product Development und Life Cycle Management.* 2. Auflage. Springer Verlag, Berlin, 2009 (Zitiert auf Seite 23.)

[ESG96] EVERSHEIM, W. ; SCHERNIKAU, J. ; GEOMAN: Module und Systeme - Die Kunst liegt in der Strukturierung. In: *VDI-Z, Springer-VDI-Verlag* 11/12 (1996) (Zitiert auf Seite 89.)

[FFA+08] FOREST, T. ; FERRARI, A. ; AUDISIO, G. ; SABATINI, M. ; SANGIOVANNI-VINCENTELLI, A. ; NATALE, M. D.: Physical Architectures of Automotive Systems. In: *Proceedings of the conference on Design, Automation & Testing in Europe* (2008), October (Zitiert auf den Seiten 15 und 18.)

[FGH06] FEILER, Peter H. ; GLUCH, David P. ; HUDAK, John J.: The Architecture Analysis & Design Language (AADL): An Introduction / Software Engineering Institute (SEI), Carnegie Mellon University. 2006 (CMU/SEI-2006-TN-011). – Forschungsbericht (Zitiert auf Seite 198.)

[Fis11] FISCHER, Benjamin: *Werkzeuggestützter Import von Modulen in die Elektrik/Elektronik-Architekturmodelle (Wizard)*, Bachelorthesis, DHBW Ravensburg Campus Friedrichshafen, Diplomarbeit, September 2011 (Zitiert auf Seite 152.)

[Flo05] FLORENT, Catel: Strategic Perspectives on Modularity. In: *DRUID Tenth Anniversary Summer Conference 2005* (2005), Juni, S. 1–31 (Zitiert auf den Seiten 23, 192 und 193.)

[FR10]   FLEX ; RAY: *FlexRay Communications System, Protocol Specification, Version 3.0.1.* Oktober 2010 (Zitiert auf Seite 18.)

[Fra09] FRANCIS, Jörg: Die Zukunft des Hochvolt-Bordnetzes. In: *VDI - Elektronik im Kraftfahrzeug* (2009), Oktober (Zitiert auf den Seiten 20 und 194.)

[Fre06] FREESS, Jascha: *Modelle zur Beschreibung und Evaluierung von Architekturkonzepten der Elektrik und Elektronik in Kraftfahrzeugen*, Universität Fridericiana Karlsruhe, Diss., Dezember 2006 (Zitiert auf den Seiten 33, 37 und 38.)

[Fri08] FRICKENSTEIN, Elmar: Die Zukunft von E/E im Automobil - Herausforderungen und Lösungen. In: *Fachkongress Automobilelektronik* (2008), Juni (Zitiert auf den Seiten 17, 18 und 61.)

[FWE+08] FRANK, E. ; WILHELM, R ; ERNST, R ; SANGIOVANNI-VINCENTELLI, A. ; NATALE, M. D.: Methods, Tools and Standards for the Analysis, Evaluation and Design of Modern Automotive Architectures. In:

Proceedings of the conference on Design, Automation & Test in Europe (2008), Oktober (Zitiert auf den Seiten 2, 4, 5, 44 und 198.)

[GBRW10] GLATHE, Heiko ; BITTNER, Margot ; REISER, Mark-Oliver ; WEBER, Matthias: Artefakteübergreifendes Varianten-Management. In: *Elektronik automotive* 1/2 (2010), S. 30–33 (Zitiert auf Seite 120.)

[GBS01] GURP, Jilles van ; BOSCH, Jan ; SVAHNBERG, Mikael: On the Notion of Variability in Software Product Lines. In: *Proceedings of Working IEEE/IFIP Conference on Software Architecture* (2001), S. 45 – 54 (Zitiert auf Seite 52.)

[GE10] GUSTAVSSON, Håkan ; EKLUND, Ulrik: Architecting Automotive Product Lines: Industrial Practice. In: *Proceedings of the 14th International Conference on Software Product Lines, SPLC 2010* Vol 6287 (2010), September, S. 92–105 (Zitiert auf Seite 61.)

[Gie08] GIESE, Holger: Reuse of Innovative Functions in Automotive Software: Are Components enough or do we need Services? In: *Tagungsband des Modellierungs-Workshop - Modellbasierte Entwicklung von eingebetteten Fahrzeugfunktionen, TU Braunschweig* (2008), March, S. 54–59 (Zitiert auf Seite 198.)

[GKPR08] GRÖNNIGER, Hans ; KRAHN, Holger ; PINKERNELL, Claas ; RUMPE, Bernhard: Modeling Variants of Automotive Systems using Views. In: *Tagungsband des Modellierungs-Workshop - Modellbasierte Entwicklung von eingebetteten Fahrzeugfunktionen, TU Braunschweig* (2008), March, S. 76–89 (Zitiert auf Seite 197.)

[GMKMG09] GEBAUER, Daniel ; MATHEIS, Johannes ; KÜHL, Markus ; MÜLLER-GLASER: Integrierter, graphisch notierter Ansatz zur Bewertung von Elektrik/Elektronik-Architekturen im Fahrzeug. In: *Elektronik im Kraftfahrzeug, Haus der Technik, Dresden* (2009), Juni (Zitiert auf Seite 35.)

[GMRMG08] GEBAUER, Daniel ; MATHEIS, Johannes ; REICHMANN, Clemens ; MÜLLER-GLASER, Klaus D.: Ebenenübergreifende, variantengerechte Beschreibung von Elektrik/Elektronik-Architekturen. In: *Diagnose in mechatronischen Fahrzeugsystemen, Haus der Technik Fachbuch* (2008), Juli, S. 142–153 (Zitiert auf den Seiten 41 und 44.)

[GPA99] GERSHENSON, J.K. ; PRASAD, G.J. ; ALLAMNENI, S.: Modular product design: a life-cycle view. In: *Journal of Integrated Design and Process Science* 3/3 (1999), S. 3–26 (Zitiert auf Seite 191.)

[GR07] GEBAUER, Daniel ; REICHMANN, Clemens: Studie für Warenkorbkonzepte in Elektrik/Elektronik-Architekturen / aquintos GmbH. 2007. – Forschungsbericht (Zitiert auf Seite 198.)

[Gra08] GRAF, Philipp: *Entwurf eingebetteter Systeme: Ausführbare Modelle und Fehlersuche*, Universität Fridericiana Karlsruhe, Fakultät für Elektrotechnik und Informationstechnik, Diss., Juli 2008 (Zitiert auf den Seiten 40 und 42.)

[Gri03] GRIMM, Klaus: Software Technology in an Automotive Company - Major Challenges. In: *Proceedings of the 25th International Conference on Software Engineering (ICSE'03)* (2003), Mai (Zitiert auf Seite 47.)

[GSKMG05] GEBAUER, Daniel ; SCHERRER, Barbara ; KÜHL, Markus ; MÜLLER-GLASER, Klaus D.: Verfahren zur Aufstellung formaler Metamodelle. In: *Proceeding, Design & Elektronik Entwicklerforum: Software-entwicklung, München* (2005) (Zitiert auf den Seiten 40 und 42.)

[Hac11] HACKENBERG, Ulrich: Interview mit VW-Entwicklungsvorstand Ulrich Hackenberg über die Baukasten-Strategie des VW-Konzerns. In: *Auto Motor Sport* 22 (2011), S. 172–173 (Zitiert auf Seite 194.)

[HB08] HÜTTENRAUCH, Mathias ; BAUM, Markus: *Effiziente Vielfalt - Die dritte Revolution in der Automobilindustrie.* Springer-Verlag Berlin Heidelberg, 2008 (Zitiert auf den Seiten 19, 23 und 89.)

[HDJ⁺08] HEINECKE, H. ; DAMM, W. ; JOSKO, B. ; METZNER, A. ; KOPETZ, H. ; SANGIOVANNI-VINCENTELLI, A. ; NATALE, M. D.: Software Components for Reliable Automotive Systems. In: *Proceeding of the Design, Automation & Test in Europe* (2008), Oktober, S. 549–554 (Zitiert auf Seite 198.)

[Hed01] HEDENETZ, Bernd: *Entwurf von verteilten, fehlertoleranten Elektronikarchitekturen in Kraftfahrzeugen*, Eberhard-Karls-Universität Tübingen, Diss., 2001 (Zitiert auf Seite 33.)

[Hen09] HENSE, Bernd: *Vorlesung - Entwurf zukünftiger E/E-Architekturen im Kraftfahrzeug, TU Dresden.* 2009 (Zitiert auf den Seiten 16, 17, 18, 36, 40 und 44.)

[Hie09] HIETL, Hubert: Anlaufmanagement Elektrik/Elektronik in den Modellreihen A4, A5 und Q5. In: *VDI Baden Baden - Elektronik im Kraftfahrzeug* (2009), October (Zitiert auf Seite 194.)

[HKK04] HARDUNG, Bernd ; KÖLZOW, Thorsten ; KRÜGER, Andreas: Reuse of Software in Distributed Embedded Automotive Systems. In: *Proceedings of the 4th ACM International Conference On Embedded Software* (2004), September, S. 203 – 210 (Zitiert auf Seite 203.)

[HP02] HALMANS, Günter ; POHL, Klaus: Modellierung der Variabilität einer Software-Produktfamilie. In: *Modellierung in der Praxis -*

Modellierung für die Praxis, LNI Vol. 12 (2002), März, S. 63 – 74 (Zitiert auf den Seiten 47 und 53.)

[HST⁺08] HEYMANS, P. ; SCHOBBENS, P.-Y. ; TRIGAUX, J.-C. ; BONTEMPS, Y. ; MATULEVICIUS, R. ; CLASSEN, A.: Evaluating formal properties of feature diagram languages. In: *The Institution of Engineering and Technology (IET) Software* Vol. 2, No.3 (2008), S. 281–302 (Zitiert auf den Seiten 54 und 55.)

[HWK⁺06] HOTZ, L. ; WOLTER, K. ; KREBS, T. ; NIJHUIS, J. ; SINNEMA, M. ; DEELSTRA, S. ; MACGREGOR, J.: Configuration in Industrial Product Families - The ConIPF Methodology / AKA-Verlag. 2006. – Forschungsbericht (Zitiert auf Seite 201.)

[JCHMG11] JAENSCH, Martin ; CONRATH, Markus ; HEDENETZ, Bernd ; MÜLLER-GLASER, Klaus D.: Integration of Electrical/Electronic-Relevant Modules in the Model-Based Design of Electrical/Electronic-Architectures. In: *1. Energy Efficient Vehicle Conference (EEVC)* (2011), Juni, S. 84–92 (Zitiert auf Seite 75.)

[JHCMG10] JAENSCH, Martin ; HEDENETZ, Bernd ; CONRATH, Markus ; MÜLLER-GLASER, Klaus D.: Transfer von Prozessen des Software-Produktlinien Engineering in die Elektrik/Elektronik-Architekturentwicklung von Fahrzeugen. In: *8. Workshop Automotive Software Engineering* (2010), September, S. 497–502 (Zitiert auf den Seiten 68, 69, 70 und 71.)

[JLM07] JOHN, Isabel ; LEE, Jaejoon ; MUTHIG, Dirk: Separation of Variability Dimension and Development Dimension. In: *1. International Workshop on Variability Modelling of Software-intensive Systems, Limerick, Ireland* (2007), January (Zitiert auf Seite 52.)

[JPS⁺11] JAENSCH, Martin ; PREHL, Philipp ; SCHWEFER, Gabriel ; MÜLLER-GLASER, Klaus D. ; CONRATH, Markus: Modellbasierter E/E-Architekturentwurf 2.0 - Produktlinien Engineering und automatisierte Architekturoptimierung. In: *ATZelektronik* 04 (2011), August, S. 28–33 (Zitiert auf den Seiten 17, 97 und 182.)

[Kas11] KASINATHAN, Vikram: *Integration of Vehicle Modules in the Model-Based Design of Electrical/Electronic-Architectures, Masterthesis*, Hochschule Darmstadt, Diplomarbeit, November 2011 (Zitiert auf Seite 152.)

[Kat03] KATZENBACH, A.: Lösungsansätze zur Beherrschung der Komplexität in der Automobilindustrie. In: *12. AIK-Symposium: Herausforderungen Komplexität - Komplexitätsmanagement und IT, Karlsruhe* (2003), October (Zitiert auf Seite 3.)

[KCH+90] KANG, K. C. ; COHEN, S. G. ; HESS, J. A. ; NOVAK, W. E. ; PETERSON, A. S.: Feature-Oriented Domain Analysis (FODA) Feasibility Study / Software Engineering Institute (SEI), Carnegie-Mellon University. 1990. – Forschungsbericht (Zitiert auf Seite 54.)

[KFMG06] KÜHL, M. ; FREESS, J. ; MULLER-GLASER, K.-D.: A seamless Approach for the Design, Documentation and Evaluation of E/E-Architectures. In: *Embedded World Congress* (2006) (Zitiert auf Seite 42.)

[KGD10] KAMPKER, Achim ; GULDEN, Alexander ; DEUTSKENS, Christoph: Kostenpotenziale modular aufgebauter Elektrofahrzeuge. In: *ATZelektronik* 04 (2010), S. 258–263 (Zitiert auf Seite 3.)

[KLD02] KANG, Kyo C. ; LEE, Jaejoon ; DONOHOE, Patrick: Feature-Oriented Product Line Engineering. In: *IEEE Software* (2002), Juli, S. 58–65 (Zitiert auf Seite 54.)

[Kle06] KLEINOD, Ekkart: Modellbasierte Systementwicklung in der Automobilindustrie - Das MOSES-Projekt / Fraunhofer Institut Software- und Systemtechnik. 2006 (77). – Forschungsbericht (Zitiert auf Seite 199.)

[KMOL00] KRAMER, J. ; MAGEE, J. ; OMMERING, R. V. ; LINDEN, F. v. d.: The Koala Component Model for Consumer Electronics Software / IEEE Computer Society Press. 2000 (33). – Forschungsbericht (Zitiert auf Seite 201.)

[KR08] KÜHL, Markus ; REICHMANN, Clemens: Modellbasierte E/E-Architekturkonzeption. In: *Automobil-Elektronik* Ausgabe 5 (2008), Oktober, S. 50–52 (Zitiert auf Seite 42.)

[KRK+09] KRÄMER, Michael ; RÖHRINGER, Arno ; KIRCHNER, Werner ; VOGEL, Thomas ; ROCHLITZER, Joachim: Programm-Management und Projektsteuerung. In: *ATZextra Mercedes-Benz E-Klasse* (2009), Januar, S. 150–155 (Zitiert auf Seite 35.)

[Kub07] KUBICA, Stefan: *Variantenmanagement modellbasierter Funktionssoftware mit Software-Produktlinien*, Universität. Erlangen-Nürnberg, Institute für Informatik, Diss., 2007 (Zitiert auf Seite 48.)

[Lar05a] LARSES, Ola: Applying quantitative methods for architecture design of embedded automotive systems. In: *Proceedings of INCOSE International Symposium* (2005), Juli (Zitiert auf den Seiten 23 und 99.)

[Lar05b] LARSES, Ola: Factors influencing dependable modular architectures for automotive applications / Department of Machine Design,

Royal Institute of Technology (KTH). 2005. – Forschungsbericht
(Zitiert auf den Seiten 4 und 191.)

[LEB07] LIMAM, Mourad ; EYMANN, Thomas ; BÄKER, Bernard: Automo-
tive E/E Network Architectures: Evolution, Trends and Future
Challenges. In: *Elektronik im Kraftfahrzeug, Dresden* (2007), Juni
(Zitiert auf Seite 37.)

[Lin02] LINDEN, Frank van d.: Software Product Families in Europe: The
Esaps & Café Projects. In: *IEEE Software* (2002), Juli, S. 41–49
(Zitiert auf den Seiten 47 und 48.)

[LIN06] LIN: *LIN Specification Package Revision 2.1*. November 2006 (Zitiert
auf Seite 18.)

[LM06] LEE, Jaejoon ; MUTHIG, Dirk: Feature-Oriented Variability Management in Product Line Engineering - Implementing feature-
oriented variability modeling throughout the life cycle. In: *Communications of the ACM* Vol. 49, No. 12 (2006), Dezember, S. 55–59
(Zitiert auf Seite 53.)

[LMNW03] LICHTER, Horst ; MASSEN, Thomas von d. ; NYSSEN, Alexander ;
WEILER, Thomas: Vergleich von Ansätzen zur Feature Modellierung bei der Softwareproduktlinienentwicklung / Department
of Computer Science, RWTH Aachen. 2003. – Forschungsbericht
(Zitiert auf Seite 201.)

[LSR07] LINDEN, Frank J. d. ; SCHMID, Klaus ; ROMMES, Eelco: *Software
Product Lines in Action - The Best Industrial Practice in Product Line
Engineering*. Springer, 2007 (Zitiert auf den Seiten 48 und 203.)

[Mat09] MATHEIS, Johannes S.: *Abstraktionsebenenübergreifende Darstellung
von Elektrik/Elektronik-Architekturen in Kraftfahrzeugen zur Ableitung
von Sicherheitszielen nach ISO 26262*, Universität Karlsruhe (TH),
Diss., 2009 (Zitiert auf den Seiten 15, 40, 41, 42 und 43.)

[Mau01] MAUNE, Guido: *Möglichkeiten des Komplexitätsmanagements für
Automobilhersteller auf Basis IT-gestützter durchgängiger Systeme*,
Universität-Gesamthochschule Paderborn, Diss., 2001 (Zitiert auf
den Seiten 3, 20, 23, 89, 191 und 194.)

[MGK⁺06] MATHEIS, Johannes ; GEBAUER, Daniel ; KÜHL, Markus ; REICH-
MANN, Clemens ; MÜLLER-GLASER, Klaus D.: Vorstellung einer
Methodik zur E/E-Architektur-Modellierung und -Bewertung in
der frühen Konzeptphase. In: *Haus der Technik, Dresden* (2006)
(Zitiert auf den Seiten 41 und 43.)

[MGRMG08] MATHEIS, Johannes ; GEBAUER, Daniel ; REICHMANN, Clemens ; MÜLLER-GLASER, K.D.: Ganzheitliche abstraktionsebenen-übergreifende Beschreibung konsistenter Elektrik/Elektronik-Architekturen. In: *Systems Engineering Infrastructure Conference (SEISCONF)* (2008) (Zitiert auf Seite 41.)

[MGSS⁺00] MÜLLER-GLASER, K. D. ; SAX, E. ; STORK, W. ; A.WAGNER ; DRESCHER, J. ; KUEHL, M.: Design and Simulation of Heterogeneous Embedded Systems. In: *Proceedings of the 13th symposium on Integrated circuits and systems design* (2000) (Zitiert auf Seite 16.)

[MH07] METZGER, Andreas ; HEYMANS, Patrick: Comparing Feature Diagram Examples Found in the Research Literature / Software Systems Engineering, University of Duisburg-Essen. 2007. – Forschungsbericht (Zitiert auf den Seiten 54 und 55.)

[Mig05] MIGUEL, Paulo Augusto C.: Modularity in product development: a literature review towards a research agenda. In: *Product: Management & Development* Vol. 3, Nr. 2 (2005), Dezember, S. 165–174 (Zitiert auf Seite 193.)

[MKK⁺08] MISCHO, Stefan ; KORNHAAS, Robert ; KRAUTER, Immanuel ; KERSKEN, Ulrich ; SCHÖTTLE, Richard: E/E Architectures at the Crossroads. In: *ATZelektronik* Vol 3 (2008), S. 10–13 (Zitiert auf Seite 60.)

[MOF10] http://www.omg.org/mof/ (Zitiert auf Seite 42.)

[MOS10] MOST: *MOST Specification Rev. 3.0 Errata 2.* June 2010 (Zitiert auf Seite 18.)

[MT08] MEROTH, A. M. ; TOLG, B.: *Infotainmentsysteme im Kraftfahrzeug - Grundlagen, Komponenten, Systeme und Anwendungen.* Vieweg Verlag, Wiesbaden, 2008 (Zitiert auf Seite 16.)

[Myl01] MYLLYMÄKI, Tommi: Variability Management in Software Product Lines / ARCHIMEDES, Software Systems Laboratory, Tampere University of Technology. 2001. – Forschungsbericht (Zitiert auf Seite 52.)

[Nor02] NORTHROP, Linda M.: SEI's Software Product Line Tenets. In: *IEEE Software* (2002), Juli, S. 32–40 (Zitiert auf den Seiten 40, 47, 200 und 203.)

[Nor08] NORTHROP, L.: *Software Product Lines - Essentials.* Software Engineering Institute, 2008 (Zitiert auf den Seiten 47 und 48.)

[Nör12] NÖRENBERG, Ralf: *Effizienter Regressionstest von E/E-Systemen nach ISO 26262*, Karlsruher Institut für Technologie (KIT), Diss., 2012 (Zitiert auf Seite 18.)

[OSJL10] OYAMA, Kyle F. ; STRYKER, Amie C. ; JACQUES, David R. ; LONG, David S.: Linking Modularity to System Assembly: Initial Findings and Implications. In: *8th Conference on Systems Engineering Research (CSEA)* (2010), March (Zitiert auf Seite 191.)

[PB96] PAHL, G. ; BEITZ, W. ; SPRINGER-VERLAG (Hrsg.): *Engineering Design - a systematic approach.* 1996 (Zitiert auf Seite 191.)

[PBKS07] PRETSCHNER, A. ; BROY, M. ; KRUGER, I. H. ; STAUNER, T.: Software Engineering for Automotive Systems - A Roadmap. In: *Proceedings of Future of Software Engineering (FOSE)* (2007) (Zitiert auf Seite 2.)

[PBL05] POHL, Klaus ; BÖCKLE, Günter ; LINDEN, Frank van d.: *Software Product Line Engineering - Foundations, Principles, and Techniques.* Springer-Verlag Berlin Heidelberg, 2005 (Zitiert auf den Seiten 27, 28, 47, 48, 49, 50, 51, 52, 56, 64, 73, 182, 191 und 203.)

[PNG+07] POPP, Patrick ; NATALE, Marco D. ; GIUSTO, Paolo ; KANAJAN, Sri ; PINELLO, Claudio: Towards a Methodology for the Quantitative Evaluation of Automotive Architectures. In: *Proceeding of the Design, Automation & Test in Europe* (2007) (Zitiert auf den Seiten 15, 35 und 44.)

[pur04] PURESYSTEMS, GmbH: *Technical White Paper: Variant Management with pure::variants.* http://www.pure-systems.com. Version: 2003-2004 (Zitiert auf Seite 202.)

[RB09] REICHART, Günter ; BIELEFELD, Jürgen: Einflüsse von Fahrerassistenzsystemen auf die Systemarchitektur im Kraftfahrzeug. In: *in Handbuch Fahrerassistenzsysteme [WHW09]* (2009), S. 84–92 (Zitiert auf den Seiten 15, 38 und 39.)

[Rei04] REICHART, Günter: Trends in der Automobilelektronik. In: *2. Fraunhofer ISST Forum: Verlässliche Systeme im Automobil der Zukunft* (2004), April (Zitiert auf Seite 3.)

[Rei05] REICHMANN, Clemens: *Grafisch notierte Modell-zu-Modell-Transformationen für den Entwurf eingebetteter elektronischer System,* Universität Karlsruhe (TH), Diss., 2005 (Zitiert auf Seite 39.)

[Rei08] REISER, Mark-Oliver: *Managing Complex Variability in Automotive Software Product Lines with Subscoping and Configuration Links,* Technische Universität Berlin, Diss., Dezember 2008 (Zitiert auf den Seiten 27, 28, 36, 52, 53 und 54.)

[Rei09] REIF, Konrad ; ATZ/MTZ-FACHBUCH (Hrsg.): *Automobilelektronik - Eine Einführung für Ingenieure.* Vieweg + Teubner Verlag, 2009 (Zitiert auf den Seiten 14, 18, 32, 33, 44 und 129.)

[Rei10] REINDL, Norbert: E/E-Fahrzeugarchitekturen der Zukunft. In: *EL-MOS Workshop, Mobilität 2020 ff...* (2010) (Zitiert auf den Seiten 35 und 46.)

[RGMG04] REICHMANN, Clemens ; GEBAUER, Daniel ; MÜLLER-GLASER, Klaus D.: Model Level Coupling of Heterogeneous Embedded Systems. In: *RCBS/MODES 04 Toronto* (2004) (Zitiert auf Seite 42.)

[RH06] REICHART, Günter ; HEINECKE, Harald: Systemintegration - im Wechselspiel von Architektur, Technologie und Prozess. In: *10. Jahrestagung Euroforum* (2006), February (Zitiert auf den Seiten 44 und 62.)

[Ros11] ROSENBAUER, Harold: *Ansatz zur semi-automatischen Prüfung und Integration von Modulweiterentwicklungen im modellbasierten Elektrik/Elektronik-Architekturentwurf, Bachelorthesis*, Hochschule Pforzheim, Diplomarbeit, August 2011 (Zitiert auf Seite 152.)

[RSB07] RINGLER, Thomas ; SIMONS, Martin ; BECK, Reinhold: Reifegradsteigerung durch methodischen Architekturentwurf mit dem E/E-Konzeptwerkzeug. In: *VDI Baden-Baden* (2007). – 13. Internationaler Kongress Elektronik im Kraftfahrzeug, Baden-Baden (Zitiert auf den Seiten 37, 38, 43, 60 und 62.)

[RSB08] RINGLER, Thomas ; SIMONS, Martin ; BECK, Reinhold: Ein Ansatz für den werkzeuggestützten Elektrik-/Elektronikarchitekturentwurf. In: *ATZelektronik* Jahrgang 3 (2008), January, S. 52–57 (Zitiert auf den Seiten 37, 38 und 43.)

[Ruh04] RUH, Jens: *Entwurf von fehlertoleranten Steuergeräteapplikationen in Kraftfahrzeugen unter Berücksichtigung moderner Entwicklungsmethodiken*, Eberhard-Karls-Universität Tübingen, Diss., Dezember 2004 (Zitiert auf den Seiten 32, 33, 34 und 35.)

[Rup11] RUPERT, Christian: *Integration und Absicherung von Konzepten im modellbasierten E/E-Architekturentwurf, Masterthesis*, Hochschule Pforzheim, Diplomarbeit, Oktober 2011 (Zitiert auf den Seiten 114 und 152.)

[RW06] REISER, Mark-Oliver ; WEBER, Matthias: Managing Highly Complex Product Families with Multi-Level Feature Trees. In: *14th IEEE International Requirements Engineering Conference (RE)* (2006), September (Zitiert auf den Seiten 48, 51, 53, 119 und 121.)

[SAE04] SAE: *Architecture Analysis and Design Language (AADL).* 2004 (Zitiert auf Seite 197.)

[Sch00] SCHMID, K.: Scoping software product lines - an analysis of an emerging technology. In: *Proceedings of the First Software Product Line Conference (SPLC1)* (2000), S. 513–532 (Zitiert auf Seite 50.)

[Sch02] SCHMID, K.: A comprehensive product line scoping approach and its validation. In: *Proceedings of the 24th International Conference on Software Engineering* (2002), S. 593–603 (Zitiert auf Seite 50.)

[Sch10a] SCHMID, Klaus: Produktlinienentwicklung. In: *Informatik Spektrum* Vol 33, Heft 6 (2010), December, S. 621–625 (Zitiert auf den Seiten 47, 48 und 64.)

[Sch10b] SCHWEFER, Gabriel: Tool Supported E/E Architecture Development at Daimler. In: *Vector Congress* (2010) (Zitiert auf den Seiten 39, 44 und 60.)

[SD99] SALERNO, Mario S. ; DIAS, Anna Valeria C.: Product Design Modularity, Modular Production, Modular Organization: the Evolution of Modular Concepts / Politecnica USP Produção, Sao Paulo - Brazil. 1999. – Forschungsbericht (Zitiert auf Seite 23.)

[SD07] SINNEMA, Marco ; DEELSTRA, Sybren: Classifying variability modeling techniques. In: *Information and Software Technology* 49/7 (2007), July, S. 717–739 (Zitiert auf Seite 201.)

[SDNB04] SINNEMA, M. ; DEELSTRA, S. ; NIJHUIS, J. ; BOSCH, J.: *COVAMOF: A Framework for Modeling Variability in Software Product Families.* Springer-Verlag, Heidelberg-Berlin, 2004 (Zitiert auf Seite 201.)

[SEI10] SEI, Software Engineering I.: *Catalog of Software Product Lines.* http://www.sei.cmu.edu/productlines/casestudies/catalog/index.cfm. Version: Dezember 2010 (Zitiert auf den Seiten 48 und 203.)

[SGB00] SVAHNBERG, M. ; GURP, J. van ; BOSCH, J.: On the Notion of Variability in Software Product Lines. / Blekinge Institute of Technology. 2000 (ISSN:1103-1581). – Forschungsbericht (Zitiert auf Seite 52.)

[SGB04] SINNEMA, M. ; GRAAF, O. d. ; BOSCH, J.: Tool Support for CO-VAMOF. In: *SPLC 2004, Workshop on Software Variability Management for Product Derivation* (2004) (Zitiert auf Seite 202.)

[SM96] SANCHEZ, R. ; MAHONEY, J.T.: Modularity, Flexibility, and Knowledge Management in Product and Organization Design. In: *Strategic Management Journal* Vol. 17 (1996), S. 63–76 (Zitiert auf Seite 191.)

[SM00] SAKO, Mari ; MURRAY, Fiona: Modules in Design, Production and Use: Implications for the Global Automotive Industry. In: *International Motor Vehicle Program (IMVP) Annual Sponsors Meeting* (2000), April (Zitiert auf den Seiten 192 und 193.)

[SRH+11] SCHMERLER, S. ; RINGLER, Th. ; HEDENETZ, B. ; GRÜNER, U. ; WOHLGEMUTH, F. ; DZIOBEK, C. ; LOHRMANN, P.: Mit AUTOSAR zu einem integrierten und durchgängigen Entwicklungsprozess. In: *VDI Baden Baden - Elektronik im Kraftfahrzeug* (2011), Oktober (Zitiert auf den Seiten 150 und 198.)

[SSG08] SCHINDLER, Volker ; SIEVERS, Immo ; GÖHLICH, Dietmar: Innovationen der Fahrzeugtechnik am Beispiel der Mercedes-Benz S-Klasse. In: *Forschung für das Auto von morgen, Springer Verlag* (2008), S. 141–142 (Zitiert auf Seite 189.)

[STB+04] STEGER, M. ; TISCHER, C. ; BOSS, B. ; MÜLLER, A. ; PERTLER, O. ; STOLZ, W. ; FERBER, S.: Introducing PLA at Bosch Gasoline Systems: Experiences and Practices. In: *SPLC* (2004), S. 34–50 (Zitiert auf Seite 64.)

[sue10] SUEDDEUTSCHE.DE: *Mercedes: "Magic Body Control" - Glattgebügelt*. online. http://www.sueddeutsche.de/auto/ mercedes-magic-body-control-glattgebuegelt-1.1004355. Version: 24.09. 2010 (Zitiert auf den Seiten 189 und 190.)

[SV10] SANGIOVANNI-VINCENTELLI, Alberto: Distributed Embedded System Challenges: Communication, Communication, and Communication! In: *Course at the Artist Summer School Europe* (2010), August (Zitiert auf Seite 106.)

[SVN07] SANGIOVANNI-VINCENTELLI, Alberto ; NATALE, Marco D.: Embedded System Design for Automotive Applications. In: *Computer, IEEE Computer Society Press* Vol 40, Heft 10 (2007), Oktober, S. 42–51 (Zitiert auf den Seiten 5, 31 und 106.)

[SW03] STANG, S. ; WARNECK, G.: Plattform Engineering - neue Wege zu neuartigen Konzepten. In: *Konstruktion* 3 (2003), S. 72–75 (Zitiert auf Seite 20.)

[SW08] SEIBT, Michael ; WÜRZ, Thomas: Auf dem Weg zur optimalen Architektur. In: *Automobil-Elektronik* (2008), Februar, S. 38–40 (Zitiert auf Seite 43.)

[Sys10] SYSML: *Systems Modeling Language*. Mai 2010 (Zitiert auf Seite 197.)

[SZ10] SCHÄUFFELE, Jörg ; ZURAWKA, Thomas: *Automotive Software Engineering*. Vieweg + Teubner, 2010 (Zitiert auf den Seiten 14 und 106.)

[TDH11] THOMAS, Jacques ; DZIOBEK, Christian ; HEDENETZ, Bernd: Variability Management in the AUTOSAR-based Development of Applications for in-Vehicle Systems. In: *VaMoS '11* (2011) (Zitiert auf Seite 51.)

[TEF+03] THURNER, T. ; EISENMANN, J. ; FREUND, U. ; GEIGER, R. ; HANEBERG, M. ; VIRNICH, U. ; VOGET, S.: Das Projekt EAST-EEA - Eine middlewarebasierte Softwarearchitecture für vernetzte Kfz-Steuergeräte. In: *VDI-Tagung Elektronik im Fahrzeug, Baden-Baden, VDI Verlag* (2003), September (Zitiert auf Seite 198.)

[TF01] TAKEISHI, Akira ; FUJIMOTO, Takahiro: Modularization in the Auto Industry: Interlinked Multiple Hierarchies of Product, Production, and Supplier Systems / Hitotsubashi University. 2001. – Forschungsbericht (Zitiert auf den Seiten 22, 24 und 26.)

[TFF+01] THIEL, Steffen ; FERBER, Stefan ; FISCHER, Thomas ; HEIN, Andreas ; SCHLICK, Michael: A Case Study in Applying a Product Line Approach for Car Periphery Supervision Systems. In: *Proceedings of In-Vehicle Software, SAE World Congress* (2001), März, S. 43–55 (Zitiert auf den Seiten 48, 50 und 203.)

[TH02] THIEL, Steffen ; HEIN, Andreas: Modeling and Using Product Line Variability in Automotive Systems. In: *IEEE Software* (2002), Juli, S. 66–72 (Zitiert auf Seite 54.)

[TMKG07] TISCHER, Christian ; MÜLLER, Andreas ; KETTERER, Markus ; GEYER, Lars: Why does it take that long? Establishing Product Lines in the Automotive Domain. In: *11th International Software Product Line Conference* (2007), S. 269–274 (Zitiert auf Seite 203.)

[Tra10] TRAUB, Matthias: *Durchgängige Timing-Bewertung von Vernetzungsarchitekturen und Gateway-Systemen im Kraftfahrzeug*, Karlsruher Institut für Technologie (KIT), Diss., Juli 2010 (Zitiert auf den Seiten 4 und 44.)

[Ulr95] ULRICH, K.: The role of product architecture in the manufacturing firm. In: *Research Policy* Vol 24, No 3 (1995), S. 419–440 (Zitiert auf den Seiten 191 und 193.)

[UML10] UML: *Unified Modeling Language*. Mai 2010 (Zitiert auf Seite 197.)

[WA08] WALLIN, Peter ; AXELSSON, Jakob: A Case Study of Issues Related to Automotive E/E System Architecture Development. In: *Proceedings of 15th Annual IEEE International Conference and Workshop on the Engineering of Computer Based Systems* (2008), März, S. 87–95 (Zitiert auf den Seiten 20, 36, 60 und 204.)

[War10] WARKENTIN, Andreas: *Systematik zur funktionsorientierten Modellierung von Elektrik/Elektronik-Systemen über den Produktlebenszyklus*, Heinz Nixdorf Institut, Universität Paderborn, Diss., November 2010 (Zitiert auf Seite 15.)

[WDR08] WOHLGEMUTH, Dr. F. ; DZIOBEK, Christian ; RINGLER, Dr. T.: Erfahrungen bei der Einführung der modellbasierten AUTOSAR-Funktionsentwicklung. In: *Modellierungs-Workshop Modellbasierte Entwicklung von eingebetteten Fahrzeugfunktionen, TU Braunschweig* (2008), März, S. 1–15 (Zitiert auf Seite 198.)

[Wei08] WEILAND, Jens: *Variantenkonfiguration eingebetteter automotive Software mit Simulink*, Universität Leipzig, Diss., 2008 (Zitiert auf den Seiten 27, 52 und 107.)

[WHK+03] WIELAND, Oliver ; HEIN, Andreas ; KOWALEWSKI, Stefan ; MACGREGOR, John ; THIEL, Steffen: Anwendungserfahrungen und methodische Anpassungen bei der Einführung von Software-Produktlinien. In: *Workshop: Automotive SW Engineering & Concepts, 33. Jahrestagung der GI* (2003), September (Zitiert auf den Seiten 51 und 203.)

[WHW09] WINNER, Hermann ; HAKULI, Stephan ; WOLF, Gabriele ; ATZ/MTZ-FACHBUCH (Hrsg.): *Handbuch Fahrerassistenzsysteme - Grundlagen, Komponenten und Systeme für aktive Sicherheit und Komfort*. Vieweg + Teubner Verlag, 2009 (Zitiert auf Seite 1.)

[Wil97] WILHELM, B. ; SPRINGER, Berlin (Hrsg.): *Platform and modular concepts at Volkswagen - Their effects on the assembly process in Transforming Automobile Assembly*. 1997 (Zitiert auf Seite 194.)

[Wil02] WILDEMANN, H. ; LEITFADEN (Hrsg.): *Komplexitätsmanagement*. Bd. 3. 2002 (Zitiert auf Seite 191.)

[WJA09] WALLIN, Peter ; JOHNSSON, Stefan ; AXELSSON, Jakob: Issues Related to Development of E/E Product Line Architectures in Heavy Vehicles. In: *Proceedings of the 42nd Hawaii International Conference on System Sciences* (2009), Januar (Zitiert auf den Seiten 1, 18, 35, 60, 61 und 204.)

[WK06] WOLMERINGER, Gottfried ; KLEIN, Thorsten: *Profikurs Eclipse 3 - Mit Eclipse 3.2 und Plugins professionell Java-Anwendungen entwickeln*. Vieweg Verlag, 2006 (Zitiert auf Seite 146.)

[WR06] WALLENTOWITZ, H. ; REIF, K.: *Handbuch Kraftfahrzeugelektronik - Grundlagen, Komponenten, Systeme, Anwendungen.* Vieweg Verlag, Wiesbaden, 2006 (Zitiert auf Seite 15.)

[WSN00] WALL, Anders ; SANDSTRÖM, Kristian ; NORSTRÖM, Christer: Product Line Architectures for Embedded Real-Time Systems / Department of Computer Engineering, Mälardalen University. 2000. – Forschungsbericht (Zitiert auf Seite 204.)

[XT10] XT, V-Modell: *V-Modell XT.* Mai 2010 (Zitiert auf Seite 31.)

VERÖFFENTLICHUNGEN

Die in dieser Dissertation vorgestellte Arbeit entstand zwischen März 2009 und
Februar 2012 am Institut für Technik der Informationsverarbeitung (ITIV), Karlsruher Institut für Technologie (KIT), und in der Abteilung E/E-Architektur und
Standardisierung der Daimler AG. Einige Ideen und Darstellungen sind bereits
in den im Folgenden aufgelisteten vorherigen Veröffentlichungen erschienen:

Konferenzbeiträge:

- **M. Jaensch**, M. Conrath, B. Hedenetz und K. D. Müller-Glaser: *Integra-
  tion of Electrical/Electronic-Relevant Modules in the Model-Based Design of
  Electrical/Electronic- Architectures*, 1. Energy Efficient Vehicles Conference
  (EEVC), Juni 2011, Dresden.

- **M. Jaensch**, B. Hedenetz, M. Conrath und K. D. Müller-Glaser: *Transfer
  von Prozessen des Software-Produktlinien Engineering in die Elektrik/Elektronik-
  Architekturentwicklung von Fahrzeugen*, 40. Tagung der Gesellschaft für Informatik, 8. Workshop Automotive Software Engineering (ASE), September
  2010, Leipzig.

Zeitschriftenbeiträge:

- **M. Jaensch**, P. Prehl, G. Schwefer, K. D. Müller-Glaser und M. Conrath:
  *Modellbasierter E/E-Architekturentwurf 2.0 - Produktlinien Engineering und
  Architekturoptimierung*, ATZelektronik, August 2011.